DATA MINING

データマイニングの極意

うまく やすく はやく 楽しく

―ExcelとS-PLUSによる実践活用ガイド―

トライアル版 CD-ROM付

上田太一郎　編著

共立出版

はじめに

　ガテマラに住んでいる日本人の方からメールをいただきました。「HP（www.sanuk.co.jp/datamining）を見て，データマイニングに大変興味を持ちました。ついては通信教育で勉強したい。どうすればいいのでしょうか」という内容です。また，ニューヨーク在住の方から，「データマイニングを勉強したい。データマイニングの本を教えてほしい」というメールもありました。

　大阪のコールセンターにリーダーとして勤務している女性の方から，「通信教育でデータマイニングの勉強をしていますが，いくつか疑問点がありますので，教えてください」。

　こんなメールもありました。「データマイニングをやりたい。文系だけど大丈夫でしょうか」。韓国の大学教授から，「筆者の著書を是非入手したい。授業で使用したいのでよろしくお願いします」。

　神戸の外資系の会社の支社長からは，「有志でデータマイニングの勉強会をしています。是非ご指導ください」。有志の方の中には日本の科学技術の振興に関する責任者としていまなお現役でいながら，この勉強会に出席している70歳の方がおられます。その方はデータマイニングビジネスを立上げ，関西を，いや全国を活性化させたいというのが希望だそうです。

　九州の八代と大阪で，筆者の「Excelのデータマイニングセミナー」にアシスタントとしてお願いした女性の通訳の方が，このデータマイニングに非常に興味を持ち，勉強したいというたっての望みで，現在メールを使って猛勉強中です。いつか，英語でデータマイニングの本を出版する夢を語りあっています。

　この他にも，データマイニングに関する質問や，興味を抱いたというメールが，世界中から筆者の元に届いています。

　ところで，データマイニングとは何でしょう。データマイニングとはデータをマイニング（採掘）して宝物（情報・知識・知見・仮説・課題など）を見つける手法・プロセスのことです。宝物探しですから楽しい作業です。データマイニングの極意は「うまく」，「はやく」，「やすく」，「楽しく」です。

　「うまく」，「はやく」，「楽しく」マイニングするにはツールが必要です。多くの人が使っているExcelは実はデータマイニングツールを備えています。Excelでかなりデータマイニングが可能です。Excelなので「やすく」できます。

　そこで，筆者はデータマイニングの普及のためにExcelを用いてセミナーを行ってきました。まず，Excelでデータマイニングを勉強することをお勧めしているわけです。特に回帰分析が役に立つと強調しています。回帰分析は本書の重要なテーマの一つです。

　しかしながら，データマイニングで有用なクラスター分析，樹形モデル，双対尺度法など多

変量解析法やニューラルネットは Excel ではサポートしていません。本格的にデータマイニングをやるには上のような手法が必須です。そこで，登場するのが探索的データマイニングソフトである S-PLUS です。S-PLUS は初歩的なデータマイニングの機能から，高度な機能（関数にして 2000 個以上）をサポートしている極めて魅惑的なデータマイニングツールです。魅惑的とは極めて多くの手法をサポートしているということです。さらに，自分で考えた手法を関数として実現できる，自由度が高いツールだということです。S-PLUS は無限の可能性を秘めているので魅惑的なツールといえます。

筆者は簡単なものには Excel を使い，解析効率が要求され，いろいろな角度からマイニングすることが必要なときは S-PLUS を使っています。

データマイニングを普及するヒントはここにあるのではないかと思い，そのノウハウを本にまとめてみることにしました。

本書は Excel で役に立つ手法を紹介し，データマイニングの入門としました。Excel ではどうしても解けないが，S-PLUS で簡単に解ける事例を紹介し，データマイニングの上級技術者に進むためのノウハウとヒントを入れています。これは上達への近道となり，多変量解析の格好の入門書にもなるのではないかと思います。

本書の内容・特徴は以下のようになっています。

① 書名「データマイニングの極意」の示すように，まずもっとも基本的な散布図と単回帰からはじまり，役に立つ重回帰分析が Excel を用いて可能であることを丁寧にわかりやすく解説しています。
② Excel で解析可能な数量化理論 1 類，コンジョイント分析などもやさしく解説しています。
③ 読者自身が自分の問題を解析できるように Excel の操作も丁寧に説明しています。
④ 事例はすぐ役に立ち，興味深いものを採用しています。
⑤ データマイニングはすでに存在する（膨大な）データを扱うことからいうと，コンジョイント分析はその範疇に入らないと考えられますが，有効な手法なのであえて取り入れました。
⑥ S-PLUS でサポートしている回帰モデル，樹形モデル，クラスター分析，双対尺度法などの使用法を，事例を入れて解説しました。
⑦ ニューラルネットについても読者がすぐ使えるように，解析事例を用いてわかりやすく解説しました。ニューラルネットの普及に役立つと思います。
⑧ S-PLUS の役に立つ関数の使用法と事例を載せています。
⑨ 豊富な演習問題と解答を載せました。読者がデータマイニングの腕を磨く一助になることを願っています。

筆者にはデータマイニングの心強い同志がいます。データマイニングを仕事（職業）としていきたい気持ち（志）を持っている方々で，プロのデータマイニング技術者を目指す人たちで

す．データマイニングのパートナーでもあります．本書はそのデータマイニングのパートナーとの共著で，完成しました（本書巻末の執筆者紹介参照）．

　筆者の夢は，同志とともにデータマイニングを普及し，データマイニングでは日本が世界でトップレベルになることです．多くの人にデータマイニングの楽しさをわかっていただき，業務に役立てていただくことです．本書がデータマイニングの普及に，すこしでもお役に立てれば望外の幸せです．

　S-PLUSについては㈱数理システムの水野宗久氏に全面的に支援していただきました．感謝いたします．共立出版㈱の石井徹也氏，横田穂波氏には企画から最後までお世話になりました．ここに，厚くお礼申しあげます．

　前著「データマイニング事例集」，「データマイニング実践集」と同様，休日・ゴールデンウィーク・夏休み返上の毎日でした．家族，特に妻由美子の支援・理解に感謝しています．

2002年2月

著者代表　上田太一郎

　　本書を入社以来，統計学の指導をしていただきました
　　国立筑波技術短期大学
　　　　　　　　小池將貴　教授
　　に捧げます．

トライアル版 S-PLUS 2000 使用方法

　このトライアル版は実際の S-PLUS 2000 とまったく同様の機能を持っていますが，利用可能期間がインストール後 60 日間に限定されています。また，トライアル版を一度インストールされ，利用可能期間を過ぎてしまった場合，再度インストールされてもご利用になれません。また，アンインストールされますと，利用可能期間内でもご利用できなくなります。インストールの際には十分ご注意ください。

　本トライアル版は英語版となっております。メニューはいずれも英語のままです。また，日本語を含むデータはご利用いただけません。あらかじめご了承ください。

　トライアル版を含む S-PLUS 2000 に関してのお問合せは下記までご連絡ください。
　株式会社　数理システム　S-PLUS グループ
　〒160-0022 東京都新宿区新宿 2-4-3 フォーシーズンビル 10 F
　TEL：03-3358-6681
　FAX：03-3358-1727
　e-mail：splus-info@msi.co.jp
　URL：http://www.msi.co.jp/splus/

　本書に出てくるデータ（Excel 形式）は以下の HP から入手できます。
　　URL：http://www.msi.co.jp/splus/ueda/
　なお，本書の内容および付録 CD-ROM の運用結果につきましては，本書およびプログラムの正否にかかわらず，著者および共立出版(株)はいかなる責任も負いません。

目次

第1章 データマイニングとは何か　*1*　　　（上田太一郎，福留憲治）
1. はじめに―ニュースに見る，データマイニングの威力― …………………………………… *1*
2. データマイニングのノウハウの応用―身近な問題にも，データマイニングは威力を発揮する― *3*
3. データマイニングのノウハウを学ぶには？―便利に楽しく，実践的なノウハウを学ぶ方法― *4*
4. データマイニングの事例 …………………………………………………………………… *7*

第2章 相関と単回帰　*9*　　　（石井敬子，上田太一郎）
1. はじめに―関係を見つけるには散布図を― ……………………………………………… *9*
2. 関係式を求める ……………………………………………………………………………… *11*
3. 関連度のモノサシ，相関係数 r を使う ………………………………………………… *14*

第3章 重回帰分析―最適な回帰式を求める―　*22*　　　（石井敬子，上田太一郎，福留憲治）

第4章 定性的な情報で注目しているデータの予測をしたり，要因分析をする ―数量化理論1類―　*45*　　　（上田太一郎，福留憲治）
1. はじめに ……………………………………………………………………………………… *45*
2. 回帰分析を実行する ………………………………………………………………………… *46*
3. 予測と要因分析 ……………………………………………………………………………… *49*
4. S-PLUS を用いて分析してみる ……………………………………………………………… *50*
5. どんなデータでも解ける …………………………………………………………………… *53*

第5章 最大電力需要を予測する　*56*　　　（上田太一郎，福留憲治）
1. はじめに―未来を予測することはなぜ重要か？― ……………………………………… *56*
2. グラフを描く―最初はグラフで，状況を把握する― …………………………………… *57*
3. 何をするのか―分析によって，何ができるかを整理する― …………………………… *60*
4. 回帰分析を実行する―Excel での効率的な分析方法― ………………………………… *61*
5. 要因を分析する―影響の「原因」を把握する― ………………………………………… *62*
6. 予測する―過去のパターンから未来が見える― ………………………………………… *64*

第6章　関連がありそうなデータを用いて予測する　65　（上田太一郎，福留憲治）

1. はじめに ……………………………………………………………………… 65
2. 相似法で予測する …………………………………………………………… 66
3. 数量化理論1類モデルによる予測 ………………………………………… 71
4. 重回帰分析による予測 ……………………………………………………… 76

第7章　コンジョイント分析と事例―リフォームのとき何を重要視するか？―　79
（上田太一郎，福留憲治）

1. はじめに―なぜコンジョイント分析なのか― …………………………… 79
2. コンジョイント分析の手順 ………………………………………………… 81
3. データ解析 …………………………………………………………………… 87
4. おわりに ……………………………………………………………………… 101

第8章　どんな出前寿司が人気があるのか―コンジョイント分析の事例―　103
（上田太一郎，福留憲治）

1. はじめに ……………………………………………………………………… 103
2. 要因と水準を考える ………………………………………………………… 103
3. 直交表を利用する …………………………………………………………… 104
4. データを収集する …………………………………………………………… 105
5. 分析の準備 …………………………………………………………………… 108
6. 回帰分析を実行する ………………………………………………………… 108
7. 要因分析をする ……………………………………………………………… 110
8. 細分化（セグメンテーション）を行い，分析を深めていく …………… 112
9. 30代の分析を深めていく …………………………………………………… 116
10. カラーラベル付き散布図で傾向を見てみる ……………………………… 118
11. 顔グラフを利用する ………………………………………………………… 119
12. おわりに ……………………………………………………………………… 119

第9章　クリエイティブを科学的に比較する― 一対比較 ―　121　（天辰次郎）

1. はじめに ……………………………………………………………………… 121
2. 一対比較とは ………………………………………………………………… 122
3. 事　例―最適なロゴは― …………………………………………………… 128

第10章 樹形モデルは非線形データに強い　*133*　　　　　（上田太一郎，福留憲治）

1. 樹形モデルとは何か？―駅員の仕事のたとえ話―‥‥‥‥‥‥‥‥‥‥‥‥‥‥*133*
2. 樹形モデルで分類する―2変数の事例―‥‥‥‥‥‥‥‥‥‥‥‥‥‥‥‥‥*134*
3. より複雑なデータに樹形図を用いる―馬蹄形のデータの場合―‥‥‥‥‥‥‥*138*
4. 回帰分析と樹形モデルを比較する―回帰分析で分析すると，どうなるか―‥‥*141*
5. 定量的なデータの予測に，樹形モデルを利用する―樹形モデルで，定量データの予測が可能―‥‥‥‥‥‥‥‥‥‥‥‥‥‥‥‥‥‥‥‥‥‥‥‥‥‥‥‥‥‥*142*
6. 説明変数に定数的データ，定量的データの両方がある場合―データから賃料を予測する―‥‥‥‥‥‥‥‥‥‥‥‥‥‥‥‥‥‥‥‥‥‥‥‥‥‥‥‥‥‥‥*148*
7. お わ り に―樹形モデルの有用性―‥‥‥‥‥‥‥‥‥‥‥‥‥‥‥‥‥‥*151*

第11章 非線形が得意なニューラルネット　*152*　　　　　（天辰次郎，福留憲治）

1. はじめに―ニューラルネットとは何か―‥‥‥‥‥‥‥‥‥‥‥‥‥‥‥‥*152*
2. データの読み込み‥‥‥‥‥‥‥‥‥‥‥‥‥‥‥‥‥‥‥‥‥‥‥‥‥‥*156*
3. nnet を用いる‥‥‥‥‥‥‥‥‥‥‥‥‥‥‥‥‥‥‥‥‥‥‥‥‥‥‥‥*157*
4. nnet の解説‥‥‥‥‥‥‥‥‥‥‥‥‥‥‥‥‥‥‥‥‥‥‥‥‥‥‥‥‥*159*
5. nnet を利用してひょうたん島の判別モデルを作成する‥‥‥‥‥‥‥‥‥‥*159*
6. モデルの確認‥‥‥‥‥‥‥‥‥‥‥‥‥‥‥‥‥‥‥‥‥‥‥‥‥‥‥‥*163*
7. 予 測 す る‥‥‥‥‥‥‥‥‥‥‥‥‥‥‥‥‥‥‥‥‥‥‥‥‥‥‥‥‥*172*

第12章 双対尺度法と最適なクロス表　*175*　　　　　（上田太一郎，天辰次郎）

1. は じ め に‥‥‥‥‥‥‥‥‥‥‥‥‥‥‥‥‥‥‥‥‥‥‥‥‥‥‥‥‥*175*
2. インストール‥‥‥‥‥‥‥‥‥‥‥‥‥‥‥‥‥‥‥‥‥‥‥‥‥‥‥‥*176*
3. 解 析 す る‥‥‥‥‥‥‥‥‥‥‥‥‥‥‥‥‥‥‥‥‥‥‥‥‥‥‥‥‥*178*
4. AIC を使ってグループ化する‥‥‥‥‥‥‥‥‥‥‥‥‥‥‥‥‥‥‥‥‥*179*
5. お わ り に‥‥‥‥‥‥‥‥‥‥‥‥‥‥‥‥‥‥‥‥‥‥‥‥‥‥‥‥‥*184*

第13章 クラスター分析入門―手法を組み合わせて知見を得る―　*186*

（上田太一郎，福留憲治）

1. はじめに―クラスター分析とは何か―‥‥‥‥‥‥‥‥‥‥‥‥‥‥‥‥‥*186*
2. 2変数の問題に，クラスター分析を実行する‥‥‥‥‥‥‥‥‥‥‥‥‥‥*187*
3. より多い変数で，クラスター分析を実行する―食品を分類する事例―‥‥‥*191*
4. お わ り に‥‥‥‥‥‥‥‥‥‥‥‥‥‥‥‥‥‥‥‥‥‥‥‥‥‥‥‥‥*197*

第14章　自己組織化マップによる顧客行動モデリング―Viscovery® SOMine/Profiler の活用法― 198　　　　　　　　　　（多田薫弘）

 1．はじめに ……………………………………………………………………… 198
 2．多次元データ空間のモデリング ……………………………………………… 198
 3．素朴な「客観的事実」信仰からの脱却 …………………………………… 201
 4．対話による知識発見 …………………………………………………………… 204
 5．要素マップの見方と変数選択 ……………………………………………… 206
 6．顧客行動モデリング …………………………………………………………… 208

第15章　役に立つ S-PLUS の関数と利用法　211　　　　　　　　　　（上田太一郎）

 1．Excel データを読み込む ……………………………………………………… 211
 2．グラフを描く …………………………………………………………………… 212
 3．行列データの計算 ……………………………………………………………… 214
 4．クラスター分析 ………………………………………………………………… 215
 5．不等間隔の2次の直交多項式を求める …………………………………… 216
 6．偏相関係数を求める …………………………………………………………… 216
 7．回帰式で予測する ……………………………………………………………… 217
 8．回帰分析関数を作る …………………………………………………………… 218
 9．Mallows の説明変数規準 Cp を用いて最適な説明変数を求める ……… 218
 10．行列データの任意の行・列の併合 ………………………………………… 218
 11．万能分散分析関数 ……………………………………………………………… 219
 12．万能回帰分析関数 ……………………………………………………………… 220
 13．0,1 データを作る ……………………………………………………………… 220
 14．ソート ………………………………………………………………………… 221
 15．分散分析を段階的に行い最適なモデルを求める ………………………… 221
 16．多変量解析 ……………………………………………………………………… 224

演習問題（上田太一郎，福留憲治） …………………………………………………… 233
参考文献 ………………………………………………………………………………… 261
索　引 …………………………………………………………………………………… 263
執筆者紹介 ……………………………………………………………………………… 268

第1章 データマイニングとは何か？

1．はじめに
　　　―ニュースに見る，データマイニングの威力―

　「セブン-イレブンがダイエーを抜き，小売業売上高トップへ」
　2001年4月12日に流れたニュースです。コンビニ業界の雄「セブン-イレブン・ジャパン」が，あの巨大スーパー「ダイエー」を抜いてついに小売業界での売上高トップへ踊り出たという，驚くべきニュースでした。
　セブン-イレブンは利益も好調です。経常利益も連結で約1,483億円（2001年度2月期決算）と，2位の416億円のローソン（2001年連結決算資料）を大きく引き離しています。他のコンビニが低迷している中での出来事でしたから，おどろきもひとしおです。
　では，セブン-イレブンの強さの源泉はどこにあるのでしょうか？
　「それはシェアが高いからですよ。シェアが高ければ大規模に生産できますから生産費を押さえられるし，それに店が多ければその分販売するチャンスも多くなるし，お客さんの目にもよくとまりますから，お店のことを思い出してもらえる確率も高くなるじゃないですか。だから結果として，とても有利になるでしょう。だからこそ，ここまで大きな差が開いたんですよ。」
　友人の一人が意見してくれました。
　たしかに，シェアが高い企業のほうが有利なのは明らかです。理由も友人が言ってくれたとおりです。
　しかし，セブン-イレブンの店舗シェアは全国で28.1％，2位がローソンで17.6％ですから，そこまで大きな差ではないのです。シェアだけではこの差を説明できません（98年度店舗数シェア）。
　では，セブン-イレブンは他のコンビニチェーンと比べて何が強いのでしょうか？セブン-イレブンのほうが他のコンビニに比べて，より生活者に好かれているからなのでしょうか？
　実際に周りの人に聞いてみました。すると，
　「え？　別にコンビニなんて，サービスも店員の対応も商品も，どこでも同じですよ。キャンペーンでもやっていない限り何も変わらないと思いますよ。」
　という意見がほとんどでした。別に「生活者に好かれているから」が原因であるわけ

ではなさそうです。

ただ，一人の生活者が次のように語ってくれました。

「あえていうとセブン-イレブンのほうが，品切れが少ないかもしれないですね。だからこそ，セブン-イレブンによく行っているかもしれません。」

うん？　ここにポイントがあるのかもしれません。

セブン-イレブンのほうが品切れが少なく，品切れによる販売チャンスの喪失が少ないために，効率よく商品が売れているのかもしれません。

そこで，1店舗あたりの売上高を調べてみました。

そうすると，セブン-イレブンの売上高は1店舗あたり平均67.8万円，コンビニ業界での1位でした。2位はサンクスの51.6万円ですから，ダントツでの1位です。

ここでセブン-イレブンの力の源泉がわかってきました。

セブン-イレブンは他のコンビニに比べてはるかに品切れが少なく，効率的に商品を販売しているのです。正確に需要を予測することで，品切れを無くし，かつ無駄な売れ残りの在庫を抱えないようにすることで効率よく販売し，利益とシェアを拡大しているのです。

そしてその結果，「品切れが少ないから，セブン-イレブンに行こう」というニーズまで掘り起こしているのです。

では，セブン-イレブンの需要予測は，どうやって行っているのでしょうか？

実は，大量にある過去の売上データ（POSデータ）から傾向やパターンを分析し，その分析に基づいて予測を行っているのです。

これにより，需要予測の精度を上げることで，「コンビニなんてどこでも同じ」と言われるような状況の中でも，他のコンビニに比べてここまで大きな利益をあげているのです。

このような事実を目の当たりにすると，いつもデータ分析の重要性を痛感します（実はセブン-イレブン・ジャパンは需要予測，流通のシステムなどが非常に優れていることで業界では非常に有名なのです）。

最近，「データマイニング」という言葉をよく聞くようになりました。

「データマイニング」とは，膨大なデータから傾向やパターンをマイニング（採掘）し，新たな知見を得ることをいいます。セブン-イレブンの例でご紹介したデータ分析も，「データマイニング」にあたります。わざわざ「マイニング」といっているのは，ドリルを使って膨大なデータを採掘する豪快なイメージを表現しているわけです。

そして「データマイニング」という言葉をよく聞くようになった理由は，セブン-イレブンのようにデータマイニングを利用することで，大きな成果をあげる事例が数多く出てきているからです。マイニングの作業は決して楽ではありませんが，そこか

ら得られる成果は，ものすごく大きなものとなるのです。

では，データマイニングのノウハウを使ってできることはセブン-イレブンの例のような，大企業の大規模なデータ分析だけなのでしょうか？　もっと他に，そのノウハウを使えることはないのでしょうか？

実は身近なことにも，データマイニングのノウハウは利用できるのです。一例をあげます。

2．データマイニングのノウハウの応用
―身近な問題にも，データマイニングは威力を発揮する―

例えば，食器乾燥機メーカおよび小売店にとっては，どんな乾燥機を作れば，あるいは陳列すれば売れるのか，知りたいところです。

では，売れる食器乾燥器のポイントとは何でしょうか？　それをデータから，データマイニングのノウハウを使って探ってみましょう。

表1.1は食器乾燥機に関するアンケート結果と初月販売数のデータです。

データマイニングのノウハウを使うとこのデータから，売れる食器乾燥機のポイントがわかり，さらにアンケートをとれば初月販売数を予測することができるのです。

表1.1　食器乾燥器の発売前アンケートと初月販売数

商品	洗浄力が強い	サイズが小さい	操作が簡単	ブランド力	広告が目につく	価格が安い	食器を入れやすい	デザインが良い	初月販売数
商品1	99	94	20	17	33	76	61	32	700
商品2	99	76	74	26	62	7	44	26	690
商品3	99	84	50	6	60	8	44	23	660
商品4	99	84	32	25	51	28	42	31	530
商品5	77	37	54	29	38	12	29	22	360
商品6	84	33	38	16	41	6	29	15	310
商品7	94	66	21	4	26	43	39	58	300
商品8	98	50	11	3	23	24	25	32	270
商品9	91	35	30	18	34	21	31	23	240
商品10	46	26	47	31	34	16	32	19	230
商品11	72	23	39	8	31	15	23	36	220
商品12	33	15	84	20	47	12	32	27	200
商品13	52	27	15	8	13	31	25	19	150
商品14	85	20	11	2	16	50	28	32	120
商品15	56	14	28	13	29	13	37	26	120
商品16	43	25	11	3	33	6	29	17	110
商品17	60	7	11	5	8	21	21	54	90
商品18	79	17	8	1	6	25	25	39	70
商品19	30	17	5	1	14	52	26	34	60
商品20	20	8	19	5	14	23	21	30	50

アンケート項目が多すぎて一見すると難しそうでしたが，なんとか項目を絞ってみるとなんとたった二つの項目でいいことがわかりました。

初月販売数を，たった二つの項目で予測できる式が得られました。その式は，

$$初月販売数 = -59.0 + 6.6 \times サイズが小さい + 2.7 \times 操作が簡単$$

消費者は食器乾燥器を購入するときのポイントは「サイズが小さい」こと，「操作が簡単」なことを重要視しているのです。

どうすれば，こんなことがわかるのでしょうか？　データマイニングのノウハウを使ったのです（第3章で詳しく解説します）。

このように，非常に身近な事例でも，データマイニングのノウハウが威力を発揮することは多くあります。

「データマイニング」という言葉そのものはよく聞かれるようになりました。が，多くの方はデータマイニングというと，ものすごく膨大なデータを分析する事例でのみ威力を発揮するものだと考えています。しかし実は，データマイニングのノウハウは，もっと身近なことにも利用でき，威力を発揮するものなのです。

本書ではそのデータマイニングのノウハウを，初歩からできるだけわかりやすく解説していきます。読者の方はそのノウハウを学習されることで，目の前にある問題を解決できるようになってください。

3．データマイニングのノウハウを学ぶには？
　　―便利に楽しく，実践的なノウハウを学ぶ方法―

では，データマイニングのノウハウを学ぶにはどうすればいいのでしょうか？

まず，データマイニングの概念図をまとめると，図1.1のようになります。

通常，データマイニングはデータウェアハウス（データの倉庫）とペアになっています。データウェアハウスはDB（データベース（データの基地））とどこが違うのでしょうか。データウェアハウスの特徴をDBと比較してみます。DBはデータの検索で，データウェアハウスは検索というよりも探索です。深堀りをしていくイメージがあります。ドリルダウンのような機能があります（実はExcelにもこのような機能があります）。データウェアハウスの最大の特徴は時系列データも扱っているということでしょう。時系列データとは毎月の売上高とか週ごとの受注額とか時間（年，月，週，日など）とともに変化するデータのことです。

データウェアハウスにはEssBase，RedBrick，DIAPRISMなどがあります。企業などでデータウェアハウスを導入するときの選定ポイントはデータマイニングとの親和性だと思います。筆者は，Excelはデータウェアハウスの一つと考えています。扱える行の数が65,536行とかなりな行数で，しかもExcelはグラフや分析ツールなどデータマイニングツールもサポートしています。筆者はおおいにExcelを利用し

図1.1　データマイニング概念図

ていきましょうと呼びかけています。

　データマイニングの基礎となる理論・手法に知識工学・パターン認識・ニューラルネット，統計などがあります。特にニューラルネットは活躍しています。統計では多変量解析がデータマイニングの主な手法です。

　データマイニングツールのことをシフトウェア（sift ware）とも呼んでいます。ソフトウェアのまちがいではないかといわれたことがありますが，まちがいではありません。

　sift とは篩（ふるい）という意味です。篩にかけて砂金を見つけるということで宝物を見つけるツールのことをシフトウェアと呼んでいます。

　図1.1の中にナレッジマネジメントという言葉が出ています。最近この言葉をよく聞きます。ナレッジマネジメントとは一口でいうと"知識の創出と共有"だと考えています。データマイニングは知識の創出です。したがって，データマイニングはナレッジマネジメントの有力な一分野だと思います。

　数年前，書店でナレッジマネジメントの本を見かけました。しかし，残念なことにその本にはデータマイニングとの関係は載っていませんでした。それでも，最近は見かけるようになりました。

　シフトウェアにはどんなものがあるのでしょうか。

　表1.2にシフトウェア（データマイニングツール）の一覧を示します。

表1.2 シフトウェア一覧

タイプ		名 称
Suites (tools handling multiple discovery tasks)		DBMiner, Emerald, MLC++, MOBAL, TOOLDIAG, Weka 2.2, Clementine, Darwin, DataDetective, DataEngine 2.1, DataMind, DataCruncher, DataMinerSoftwareKit, Datasage, DecisionCentre, DeltaMiner, GainSmarts, Hyperparallel//Discovery, IBM IntelligentMiner, IDISDataMiningSuite, INSPECT, K-wiz, Kepler, KnowledgeSTUDIO, Magnify PATTERN, NeoVista, Nuggets, ORCHESTRATE, Partek, Pilot Discovery Server, Polyanalyst Family (Pro, Power, Knowledge Server), PRW and Model 1 family, SAS Enterprise Miner, SGI MineSet, SPSS, SRA KDD Toolset, Zoom'n View
Classification (prediction an item class based on historical data)	Multiple	MLC++, JAMSIPINA-W 2.0, ROCConvexHull Program for comparing classifiers, Clementine, DecisionHouse, ModelQuest, PreviaClasspad, XpertruleAnalyser
	決定木 (Decision tree)	LMDT, OC 1, PC 4.5, SE-Learn, AC 2, Aliced'Isoft, BusinessMiner, C 4.5, C 5.0, CART, CognosScenario, Decisionhouse, INDv 2.0, KATE-tools, KnowledgeSEEKER, Preclass, SPSSAnswerTree, Xpertrule Profiler 4.0, 樹形モデル (tree (S-PLUS))
	RuleDiscoveryapproach	Brute, CN 2, DBMiner, DBPredictor, FOIL, MLC++, RIPPER, AIRA, Datamite, DataSurveyor, SuperQuery, WINROSA, WizWhy
	ニューラルネット	Neural Network FAQ free software (39), NEuroNet site, EMSL List of Commercial NN tools (58), Neural Network FAQ list (37), 4 Thought, BrainMaker, DB Prophet, INSPECT, MATLAB NN Toolbox, ModelQuest, NeuralWorks Predict, NeuralWorks Professional II/PLUS, NeuroSolutions, Proforma, PRW, SPSS Neural Connection 2, nnet (S-PLUS)
	ラフ集合	Grobian, Rosetta, RoughEnough, Datalogic, K-DYS
	遺伝的アルゴリズム	GNUEvolver, Evolver, OMEGA
	Nearest Neighbour	MLC++, PEBLS, TiMBL 1.0
	ファジー理論	Lamda 2
推定と回帰		AutoFit, Cubist, KnowlegeMiner, Previa
クラスタリング (Clustering)		Autoclass C, ECOBWEB, Fast Fuzzy Cluster, MCLUST/EMCLUST, Snob, ACPro, Autoclass III, COBWEB/3, CViz Cluster Visualization, SOMine
リンク分析 (Link Analysis)		BAYDA 1.0, BKD:Bayesian Knowledge Discoverer 1.0, BeliefNetworkConstructor 2.0 b, Claudien, FDEP, JavaBayes, Microsoft MSBN, Analytica, AT-Sigma DataChopper, BMR, Ergo, Hugin, Netica, TETRAD II
Sequential Associations		Hyperparallel//Discovery, IBM Intelligent Miner, SAS Enterprise Miner, SRA KDD Toolset, NeoVista DecisionAR
視覚化 (Visualization)		Graf-FX IRIS, VisDB, Xmdv, Cviz Cluster Visualization, Daisy, DataScope, JWAVE, SOMine, SphinxVision, Spotfire, NETMAP, VDIDiscovery for Developers, Visual Insights, VisualMine, WinViz, データマイン君の顔グラフ
Statistical and Scientific Visualization		MLC++, CrossGraphs, DataDesk, DX:IBM Visualization Data Explorer, IDL, Mathematica, PV-Wave, PVE, SPSS Diamond, STATlab
統計 (Statistics)		MODSTAT, Web Pages for Statistical Calculations, UCLA Stat page, XLISP-STAT, BBN Cornerstone, DataDesk, MATLAB, JMP, SAS, S/S-PLUS, SPSS, SYSTAT, SigmaStat, STATlab, STATISTICA, JUSE/MA (日本)
文書マイニング (Text Mining)		CrossReader, Aptex Software (part of HNC), DocumentExplorer, DS Dataset, Monarch, Semio, Text Analyst, TextSmart
Web Mining		Altavista Discovery
特異性検出 (Deviation Detection)		Delta Miner, Kepler, Wizrule, データマイン君の外れ値
要約 (Summarization)		Claudien, DBMiner, Emerald
データのクリーニング (Data Cleaning)		Survey Data Laundering, RelationalTools, NewView
多次元分析 (Dimesional Analysis)		ALEA, Cross/Z, DI-Diver, Essbase, AntColony, RedBrick, SpeedwareMedia, DIAPRISM (日本), DIASTAT (日本)

(注) http://www.kdnuggets.com/siftware.html などを参照して作成しました。

何か難しそうなものばかりです。データマイニングツールをうまく使いこなす（攻略する）にはどうすればいいのでしょうか。

まず，最も身近なデータマイニングツールであるExcelを使いこなしましょう。

意外と知られていないのですが，前述したように，Excelにデータマイニングの機能（グラフや分析ツール）がサポートされているのです。これを使うことで，データマイニングがとても手軽に，しかもすぐに実践できるようになります。そこで本書では極力Excelを使って，データマイニングをする方法を具体的に解説していきます。

4．データマイニングの事例

では，データマイニングの事例にはどのようなものがあるのでしょうか。
データマイニングの事例を表1.3にまとめました。

表1.3　データマイニングの事例

目　標	具体的目標	必要事項（データ）	分析手法/システム	対応業種
売上拡大	出店増	既存店のデータと地区データ	地図情報システム クラスター分析	チェーン店
	売上高アップ	販促活動（イベント，チラシ等）	実験計画法（*）	チェーン店
		日々の売上データ	数量化理論1類を用いた予測システム（*）	小売業
		パンの売上個数の予測		チェーン店
	併せ買いを見つける	POSデータ レシート	ショッピングバスケット分析（*） クロス表の分析（*）	小売業
	売れ筋を見つける	POSデータ	外れ値（データマイン君）	小売業
	ヒット商品を開発する	ブレーンストーミングによるアンケートデータ	コンジョイント分析（*）	製造業
		過去のヒット商品のデータ	マハラノビスの距離	小売業
	与信管理	与信データによる判別予測	決定木 マハラノビスの距離	金融業
コストダウン（業務改善）	適正在庫	売上データ 新作ゲームソフトの総予約数の予測 辛子明太子の販売予測	予測（最適適応法）（*） 回帰分析（*）	小売業 製造業
	倒産予防	店舗の経営データ	マハラノビスの距離	チェーン店
	最適なダイレクトメール	顧客データ	RFM分析（*） 判別分析（*） マハラノビスの距離	通販 小売業
	ロスの削減	売上データ 在庫データ	最適適応法（*）	小売業
	コストをできるだけかけないで製品を開発する	L_{18}直交表による実験データ	タグチメソッド（*）	製造業
コミュニケーション強化（顧客満足度向上）	顧客の声を拾い上げCS向上に役立てる	アンケートデータ	双対尺度法（対応分析） クラスター分析	小売業 製造業
		売れるラーメンは	コンジョイント分析（*）	通販
	顧客の囲い込み	顧客データ	マハラノビスの距離	チェーン店

＊が付いているのはExcelでできるということで重要なことです。

データマイニングの初歩はまずExcelから入り，楽にデータマイニングができるようになることです。これが，データマイニングのノウハウを早く楽しく習得し，実践で使えるようにするコツだと考えています。

そしてレベルが上がってきたら，S-PLUSなどの高度な分析が可能なデータマイニングソフトを利用していけばいいのです。

本書はまずExcelで初歩から入り基礎をかため，その後でS-PLUSなどを利用した中級レベル以上の，データマイニングの格好の導入書となるようにしました。

ここから得られるノウハウは，マーケティング，分析，調査，企画，研究など，さまざまな分野で応用が可能です。

読者の方はそのノウハウを習得し，是非それぞれの目の前の問題を解決できるようになってください。

第2章　相関と単回帰

1. はじめに
―関係を見つけるには散布図を―

表2.1は，白菜100gと白菜漬け100gの価格のデータを月ごとにまとめたものです。

常識的に考えると，白菜100gの価格が高くなると，それにつれて白菜漬け100gの価格も高くなりそうです。

では，白菜の価格と白菜漬けの価格の間には，どのぐらい密接な関係があるのでしょうか？　また，どのような関係があるのでしょうか？　白菜の価格から，白菜漬けの価格を予測するにはどうすればいいのでしょうか？

この章では，表2.1のデータからそれをExcelで分析する方法を紹介します。

表2.1　白菜100gと白菜漬け100gの価格

	白菜	白菜漬け
1月	13.30	55.82
2月	16.38	56.50
3月	24.67	63.20
4月	30.55	69.02
5月	22.12	65.33
6月	23.22	66.43
7月	29.06	67.72
8月	35.88	72.21
9月	31.51	70.94
10月	16.87	65.29
11月	9.40	57.65
12月	9.47	58.15

ある量とある量との関連（関係）を見るには，まずグラフにして，視覚的に状況を確認することが重要な第一歩になります。二つの量の関係を見るとき，グラフは散布図が適しています。

それでは表2.1の散布図を描いてみましょう。Excelでの操作手順は次のようになります。

散布図作成の操作手順（図2.1参照）

① データを範囲選択します。二つの量の関係を見るグラフを作成しますので，範囲選択は白菜の列と，白菜漬けの列です。
② グラフウィザードボタンをクリックします。
③ グラフの種類で散布図をクリックし，完了ボタンを押します。

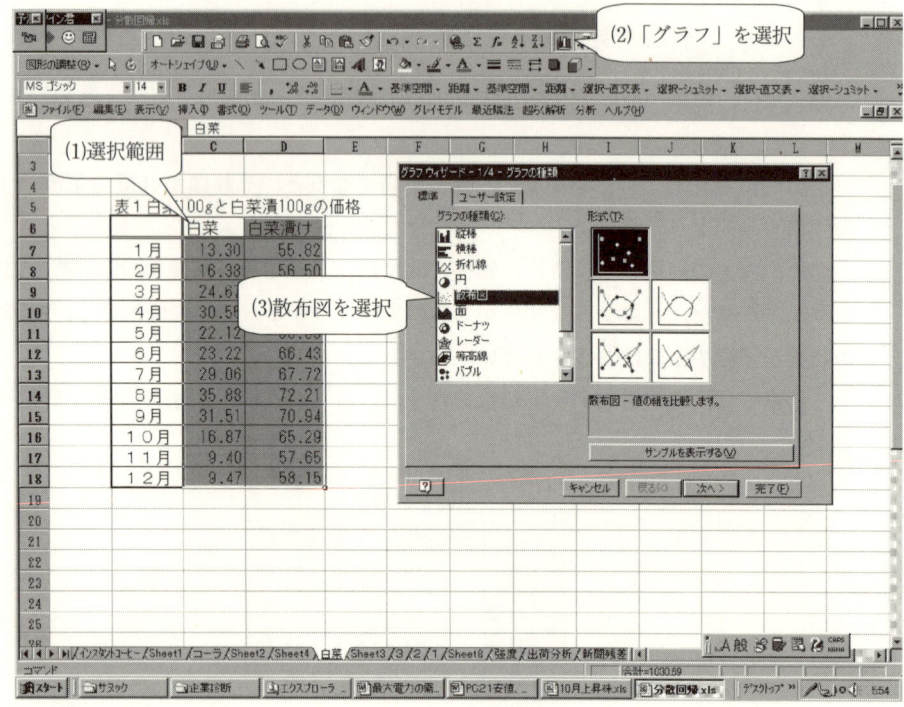

図2.1 散布図を描く操作

　そうすると，出来上がる散布図は図2.2のようになります。横軸が白菜100gの価格，縦軸が白菜漬け100gの価格を表しています。図2.2を見るとはっきりとわかりますが，白菜100gの価格が高くなるほど（右にいくほど），白菜漬け100gの価格も高くなっている（上にいく）ことがわかります。

　このように，片方の数字（統計では変数と呼びます）が変化すると，それに合わせてもう片方の数字も変化するとき，この二つの変数について「相関がある」といいます。そして，片方の数字が大きくなるほどもう片方の数字も大きくなるとき，**正の相関がある**といいます。その時の散布図は図2.2のように右肩上がりになります。

　逆に，片方の数字が大きくなるほどもう片方の数字が小さくなるとき，**負の相関がある**といいます。その時の散布図は，右肩下がりになります。

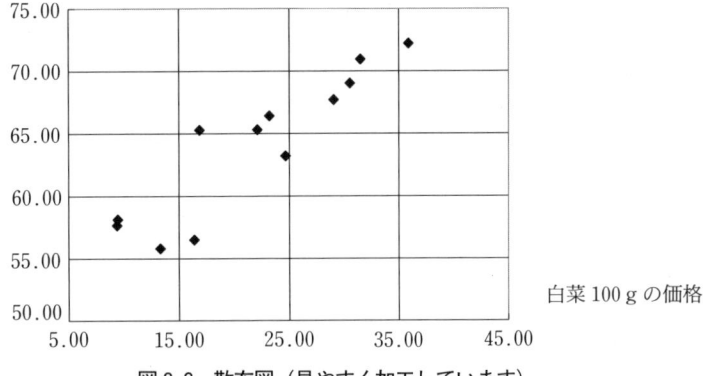

図 2.2 散布図（見やすく加工しています）

2．関係式を求める

では，白菜 100 g の価格と白菜漬け 100 g の価格との関係式を実際に求めてみましょう。

横軸を x，縦軸を y として，x と y の関係式（単回帰式と呼びます）を描く手順は以下のようになります。

関係式を描く手順（操作画面は図2.3，図2.4を参照）

① 散布図の中の 12 個の点のいずれかを左クリックします。

② グラフメニューをクリックします。

③ 近似曲線の追加をクリックします。近似曲線の追加ダイアログボックスが表示されます。種類パネルで「線形近似（L）」を選択し，オプションのパネルの見出しをクリックして切り替えます。

④ オプションパネルでは「□グラフに数式を表示する」の□にレ（チェック）を付け，OK ボタンをクリックします。

次の図 2.5 が直線を挿入したグラフです。直線の式も求まります。式は図 2.5 のグラフにも表示されている，

$$y = 51.1 + 0.6x$$

です（図 2.5 では，$y = 0.5906x + 51.106$ となっているのを書き直しました）。

具体的に書くと，

白菜漬け 100 g の価格 ＝ 51.1 ＋ 0.6 × 白菜 100 g の価格

となります。

12   第2章 相関と単回帰

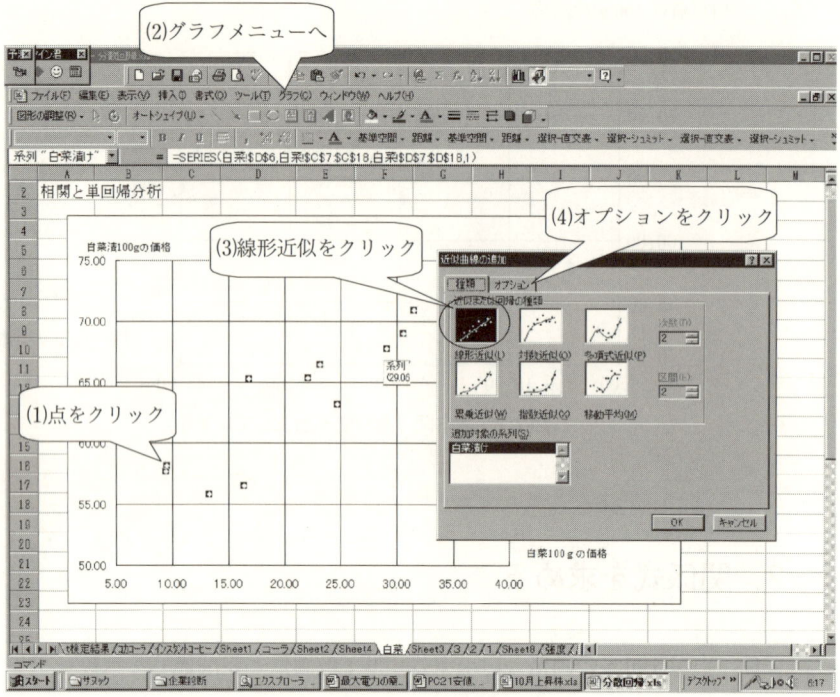

図 2.3 直線を求める操作(1)

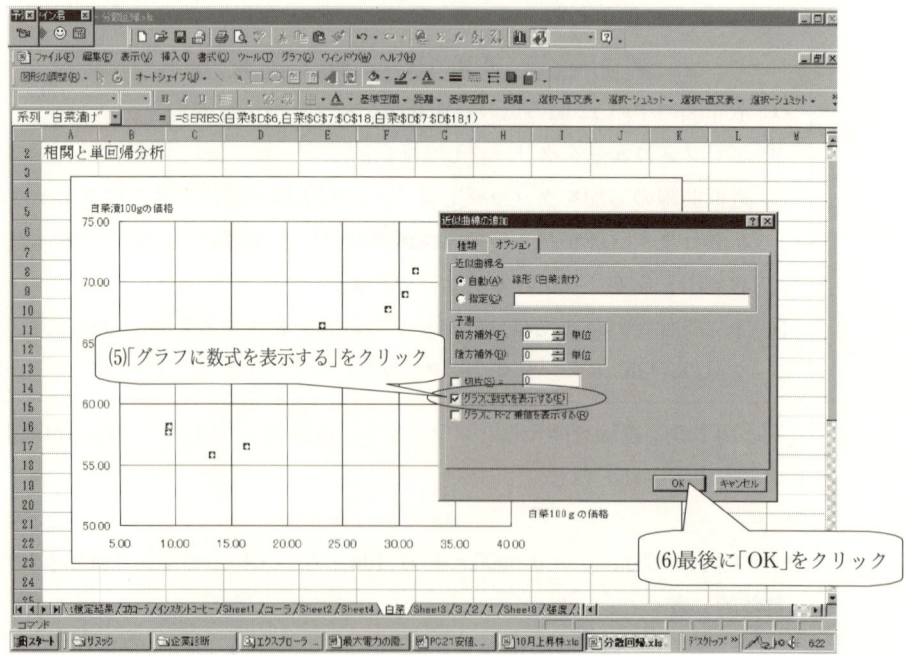

図 2.4 直線を求める操作(2)

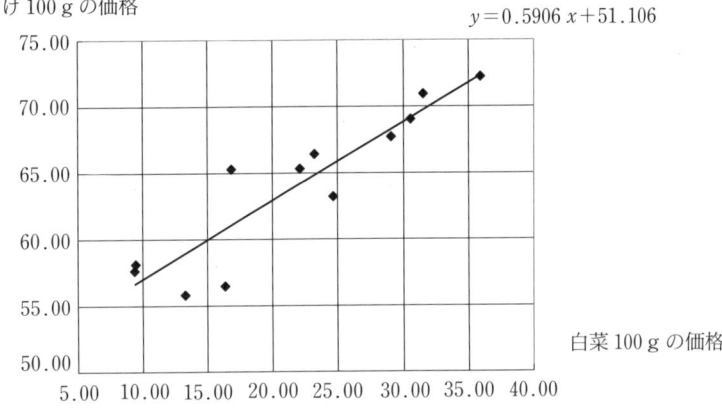

図2.5　直線の挿入と式

　上の式の意味は，"白菜漬けにすることにより51.1円の付加価値を生み，白菜漬けの価格の約6割が白菜の価格になっている"と言えるのではないでしょうか。
　また，上の式は予測に使えます。例えば白菜100gが10円のときは，$x=10$を代入して白菜漬け100gは$51.1+0.6\times10=57$円と予測できます。35円のときは，$51.1+0.6\times35=72$円と予測できます。
　このように，単回帰式を求めることで，予測も非常に簡単にできるようになります。ただし，次のような注意点があります。
　得られたデータの範囲内の予測（内挿といいます）は信頼できるが，範囲外の予測（外挿といいます）は要注意だということです。つまり，白菜が9.40円から35.88円の間は予測しても安心ですが，5円とか56円のときは要注意ということです。直線をまっすぐ伸ばして予測できる保証はないからです。
　少し伸ばす程度ならおそらく大丈夫でしょう。例えば，38円のときは，$51.1+0.6\times38=74$円と予測しても，おそらく近い値になるでしょう。
　しかし，白菜の価格がどんどん上がったとしても，白菜漬けの価格もどんどん上がるでしょうか。おそらく白菜漬けの価格はある価格以上には上がらなくなるのではないでしょうか。そのような場合，予測が大きくはずれてしまうのです。
　もう一つ注意することがあります。
　白菜100gの価格，白菜漬け100gの価格のように，いろいろな数字をとる可能性がある項目のことを統計では**変数**と呼びます。そしてこのような散布図を書く場合，横軸にはどちらかといえば原因となるような変数を，縦軸に結果となるような変数を持ってこなければいけない，ということです。
　このケースでは，白菜100gの価格が上昇したので，その結果白菜漬け100gの価格が上昇したと考えられます。つまりこの場合は，白菜100gが原因となる変数であ

り，白菜漬け100gがその結果影響した変数となるわけです。ですから，白菜100gを横軸に，白菜漬け100gを縦軸にしたわけです。

他の例では，気温とアイスクリームの売上個数のデータなら，気温が変わったためにアイスクリームの売上個数に影響を与えたのですから，気温を横軸にアイスクリームの売上個数を縦軸に持ってくるわけです。スーパーの売場面積と売上高のデータなら，売り場面積を変えたために売上高が変わったのですから，横軸に売場面積を，縦軸に売上高を持ってくるわけです。

Excelではデータを入力する際に，原因となるようなものを左の列に，結果となるようなものを右の列に入力し，グラフウィザードでグラフを作成すると，横軸に原因となるようなものが，縦軸に結果となるようなものがとられます。

一般に，単回帰式を $y = a + bx$ としたとき，x のことを説明変数，y のことを被説明変数と呼んでいます。x がわかると y がわかる x と y の関係式です。

3．関連度のモノサシ，相関係数 r を使う

単回帰分析では二つの変数の関係を直線で表しているわけですから，実際のデータ（点）がこの直線にぴったりとあてはまるほど予測値とデータのずれ，つまり**誤差**が少ない正確な分析ができていることを意味しています。

ここは非常に重要なポイントです。逆に言えば，データ（点）が直線から遠い場合は誤差が大きく，分析も正確ではないことを表しているのです。

今回のデータ（点）は図2.5のように直線のまわりに少しばらついていますから，**誤差**があります。ではその誤差の大きさは，どのぐらいのものなのでしょうか？ これを定量的に量ることで，分析の正確さを表すことができるのです。

ここで誤差の大きさを定量的に把握できる**相関係数** r を利用して，二つの変数の関連度を調べます。相関係数 r とは，二つの変数の直線的な関連度を表すモノサシ（指標）です。つまり，図2.5のように，実際のデータ（点）がどの程度，回帰直線と一致しているかを定量的に表すことができる便利なモノサシ（指標）です。

誤差が全くなくすべてのデータ（点）が直線上に乗って，右肩上がりになっている場合は，相関係数 $r = 1$ になります。逆に，右肩下がりで誤差が全くない場合は，相関係数 $r = -1$ になります。

相関係数 r は -1 から 1 の間の値をとり，1 に近いとき**強い正の相関**があるといいます。このとき，ある量 x が増加すると，ある量 y も増加します。グラフは右肩上がりになります。逆に -1 に近いとき，**強い負の相関**があるといいます。この場合はある量 x が増加すると，ある量 y は減少します。つまり右肩下がりになるわけです。

そして相関係数 r が 0 のときは，相関（関連）がない状態を表しています。この

場合，ある量 x とある量 y には直線的な関連はありません。

　相関係数 r の式は以下のようになります。なお，この数式はわかりにくければ，最初は気にしないでくれてかまいません。Excel を使えば簡単に求められるからです。

　式そのものよりも，相関係数 r の Excel での求め方と，r の意味をしっかりと押さえてください。

（備考）相関係数 r の計算式

データ x_i, y_i $(i = 1, 2, \cdots, n)$ が与えられたとき，x と y の相関係数 r は

$$r = \sum_{i=1}^{n}(x_i - \bar{x})(y_i - \bar{y}) \Big/ \sqrt{\sum_{i=1}^{n}(x_i - \bar{x})^2} \sqrt{\sum_{i=1}^{n}(y_i - \bar{y})^2}$$

となります。ここで，

$$\bar{x} = \sum_{i=1}^{n} x_i / n, \quad \bar{y} = \sum_{i=1}^{n} y_i / n$$

（x, y の平均）です。

　では，白菜のデータでは相関係数 r はいくらになるか求めてみましょう。Excel では「分析ツール」を使って相関係数を求めます。操作手順は次のようになります。

(注) Excel の分析ツールは標準では組み込まれていません。ツールメニューのアドインから「分析ツール」と「分析ツール VBA」を組み込んでください。Excel 2000 をお使いの方は組み込みのときに Excel 2000 の CD-ROM を要求されるので，注意してください。

相関係数の計算手順

①「ツールメニュー」から「分析ツール」を選択します。

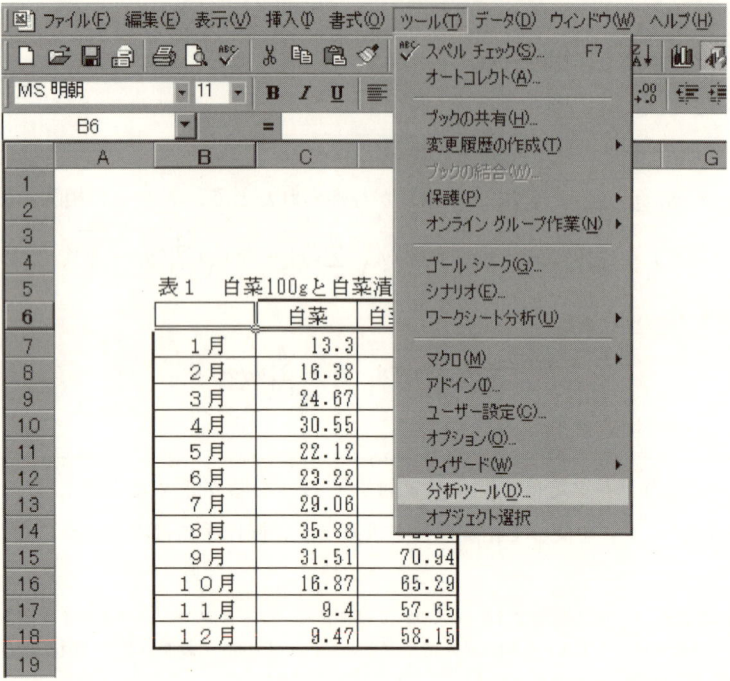

②「データ分析」のダイアログボックスが表示されます。「相関」を選択し，「OK」ボタンで次に進みます。

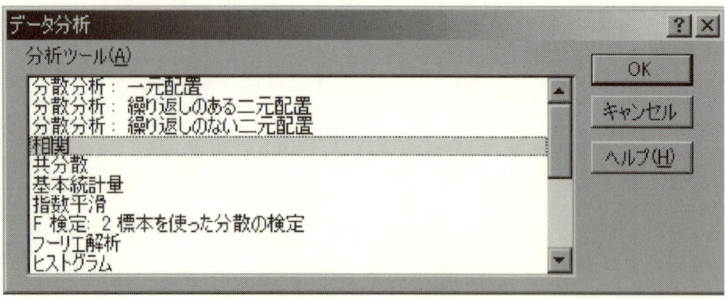

③「相関」のダイアログボックスが表示されます。

「相関」のダイアログボックスの「入力範囲」のテキストボックス内をクリックし，白菜と白菜漬けの列をラベルも含めてドラッグで範囲選択します（C6からD18までをドラッグ）。

「先頭行をラベルとして使用」のチェックボックスにチェックを入れて，「OK」ボ

タンで閉じます。

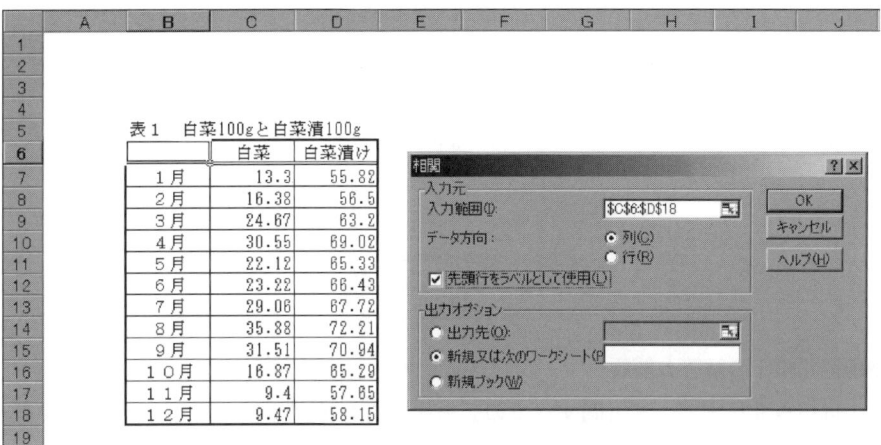

④ 新しいシートに結果が表示されます。

　白菜と白菜漬けの相関係数 $r = 0.91$ となりました。かなり 1 に近い値です。1 に近いほど関係は強くなります。目安ですが，データ数が 100 くらいの場合，相関係数は 0.9 以上でかなり強い相関があると考えてよいでしょう。データ数によって違ってきます。

　さあ，これで相関係数 r を使って，相関の強さも定量化できました。$r = 0.91$ ということは相関が強く，非常に誤差の少ない分析になっていることがわかったわけです。

　白菜と白菜漬け，この価格にはやはり，密接な関係がありました。

　さて，最後に練習問題を用意しました。現実にこの分析手法を応用しようとするときにぶつかる壁もきちんと用意してあります。これらの問題を自力で解き，かつその解説で紹介したコツも体得することで，分析手法を完全に自分のものにすることができます。是非チャレンジして，この分析手法を完全に身につけてください。

練習問題 1　　株価を予測する

　次のデータから 10 日目の終値を予測しなさい。

第2章 相関と単回帰

経過日	終値
1	114
2	109
3	111
4	111
5	112
6	113
7	114
8	116
9	117
10	?

◆練習問題1の解答と解説

1日から9日まで，9日間すべてのデータで折れ線グラフを描くと，図M.1のようになります。

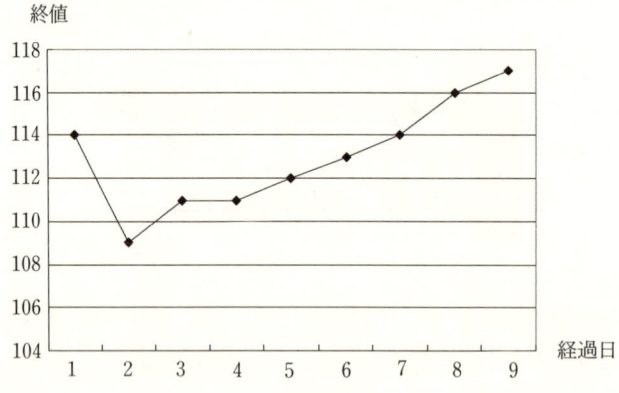

図M.1　1日から9日まで，9日間すべてのデータの折れ線グラフ

2日から9日までの8日間のデータで折れ線グラフを描くと，図M.2のようになります。

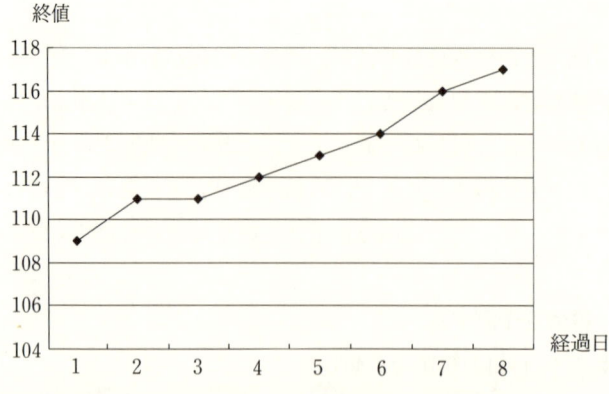

図M.2　2日から9日までの8日間のデータの折れ線グラフ

図 M.2 のほうがまっすぐ一直線になっています。直線になったらしめたものです。

回帰分析は直線での分析となるため，できるだけ直線的なデータにしてから分析を行うのが，分析を正確なものにするコツです。そこで今回は図 M.2 より単回帰式を求めて，10 日目の終値を予測します。散布図を描いて直線を引き，単回帰式を求めたものが図 M.3 になります。

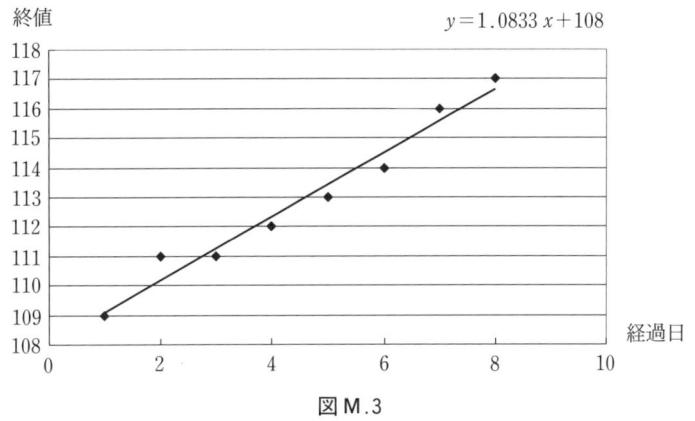

図 M.3

単回帰式は［終値］$y = 1.0833 \times$ ［経過日］$x + 108$ となります。経過日 9 を代入すると，x に 9 が代入されますから，終値 y は

$$y = 1.0833 \times 9 + 108$$
$$y = 117.75$$
$$y = 118$$

つまり，10 日目の終値の予測値は 118 円になります。

練習問題 2　部品数と修理時間

下の表はパソコンの部品数と修理時間のデータです。パソコン部品数と修理時間には関係があるのでしょうか？　関係があれば関係式を求めなさい。

パソコン部品数	修理時間
2	21
3	26
3	46
4	55
4	63
5	75
6	78
7	87
8	98
8	99
9	100
10	110

◆練習問題 2 の解答と解説

パソコン部品数と修理時間には関係があるのか？　散布図を描いてみます。

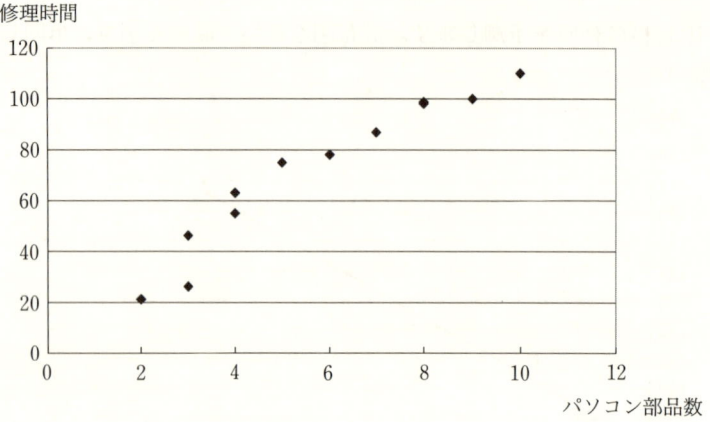

パソコンの部品数が増えると修理時間は明らかに多くなっています。

関係があることがわかったので散布図に直線を引いて関係式を求めます。

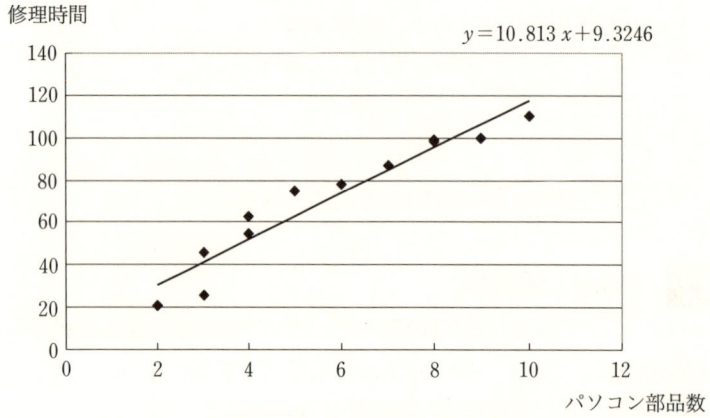

関係式は

$$y = 9.3 + 10.8 \times x$$

具体的に書くと

修理時間＝9.3＋10.8×パソコン部品数

となります。

よく統計の本に，回帰分析は因果分析であると書いてあるのがありますが，実はこれは正しい表現ではありません。

回帰分析式の二つの係数 a と b を最小自乗法という方法で求めているだけなのですから，すべての因果（関係）が分析できるわけではありません。

具体的な一例として，例えば $y = (x - 2)^2 + 3$ という関係があったとします。この関係式のうち，x が -2 から 6 の間で散布図にすると，

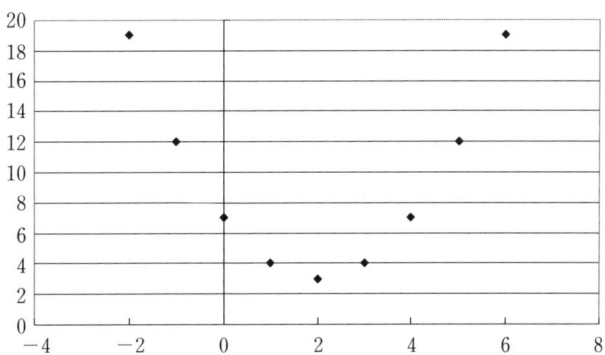

となり，明らかに関係があります。

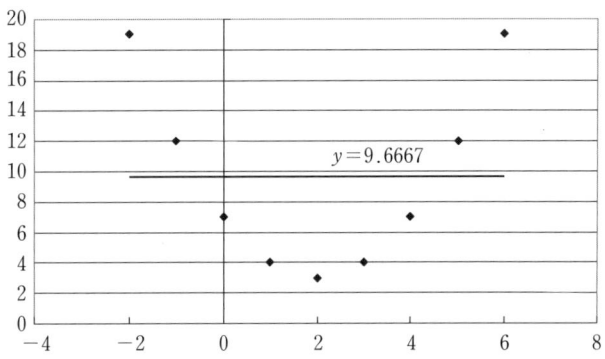

しかし，このデータで単回帰式を求めると，上図のように $y = 9.6667$ となり，「相関がない」と判断されてしまいます。

つまり，相関係数では分析できない関係がある，ということなのです。ですから，相関係数 r が 0 だからという理由だけで，すぐに「関係がない」と決めてはいけません。

上記のような散布図を書き，それを自分の目で見て確かめる作業を行う必要があるのです。

ただ直線的な関係がある場合は，回帰分析は非常に便利な分析手法です。x に原因となるようなデータを，y に結果となるようなデータを持ってきて回帰分析を利用すると，分析が容易にできる上に，予測にも使うことができるのです。

是非，上記の注意点をしっかりと踏まえた上で，回帰分析を活用してください。

第3章　重回帰分析
―最適な回帰式を求める―

　下の表は，食器乾燥器の発売前アンケートの結果と，その食器乾燥器を始めて売り出したときの初月販売数のデータです（第1章の表1.1の再掲）。初月から販売数が伸びる売れ筋商品と，あまり伸びていない商品があるようです。

　ここで，売れ筋商品に必要な特徴をこのデータから見つけることを考えてみましょう。もし売れ筋になる商品の特徴がわかれば，その特徴に合わせて商品開発をすることでヒット商品ができる確率が高くなるはずで，楽しみな分析です。

表1.1　食器乾燥器の発売前アンケートと初月販売数（再掲）

商品	洗浄力が強い	サイズが小さい	操作が簡単	ブランド力	広告が目につく	価格が安い	食器を入れやすい	デザインが良い	初月販売数
商品1	99	94	20	17	33	76	61	32	700
商品2	99	76	74	26	62	7	44	26	690
商品3	99	84	50	6	60	8	44	23	660
商品4	99	84	32	25	51	28	42	31	530
商品5	77	37	54	29	38	12	29	22	360
商品6	84	33	38	16	41	6	29	15	310
商品7	94	66	21	4	26	43	39	58	300
商品8	98	50	11	3	23	24	25	32	270
商品9	91	35	30	18	34	21	31	23	240
商品10	46	26	47	31	34	16	32	19	230
商品11	72	23	39	8	31	15	23	36	220
商品12	33	15	84	20	47	12	32	27	200
商品13	52	27	15	8	13	31	25	19	150
商品14	85	20	11	2	16	50	28	32	120
商品15	56	14	28	13	29	13	37	26	120
商品16	43	25	11	3	33	6	29	17	110
商品17	60	7	11	5	8	21	21	54	90
商品18	79	17	8	1	6	25	25	39	70
商品19	30	17	5	1	14	52	26	34	60
商品20	20	8	19	5	14	23	21	30	50

　まず，複数の項目の中から初月販売数に関係のある項目を探してみましょう。最初に散布図を描いて，関係を見てみます。

　散布図は二つの量の関係を表すグラフです。初月販売数を被説明変数 y として，それぞれの説明変数について調べます。

① 洗浄力が強いと初月販売数

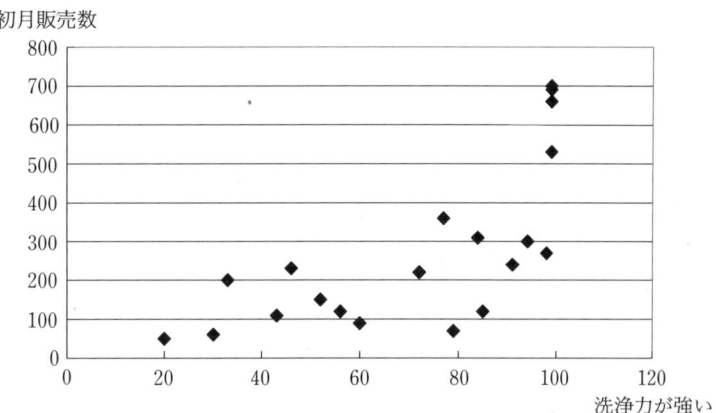

② サイズが小さいと初月販売数

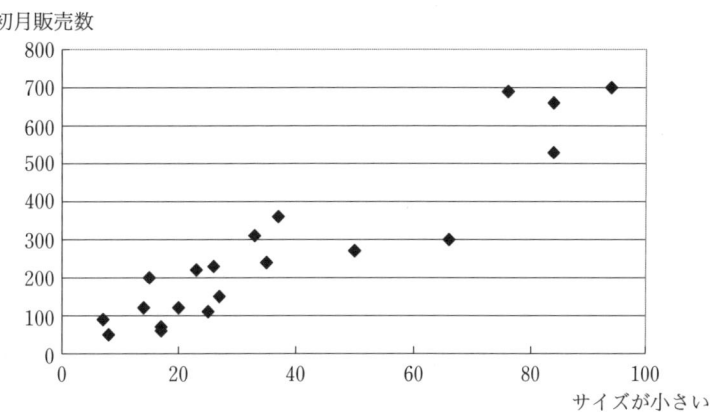

③ 操作が簡単と初月販売数

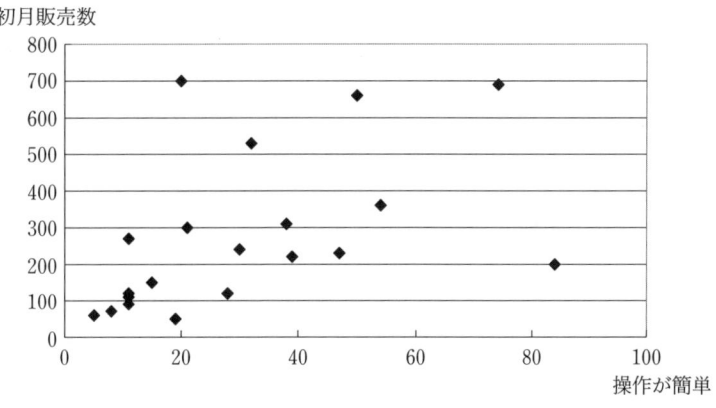

④ ブランド力と初月販売数

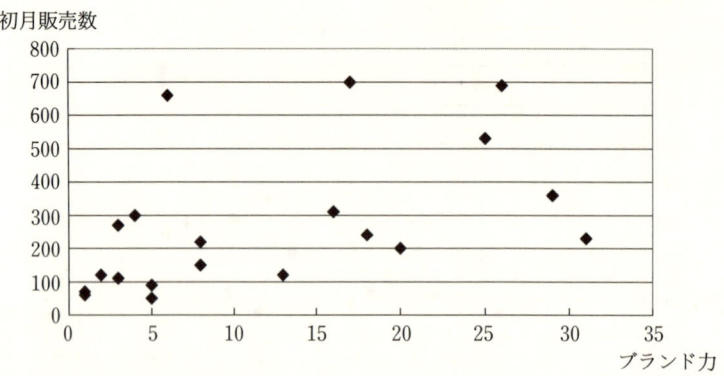

⑤ 広告が目につくと初月販売数

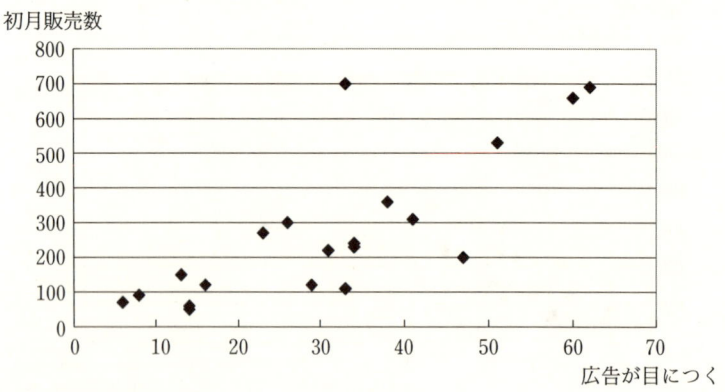

⑥ 価格が安いと初月販売数

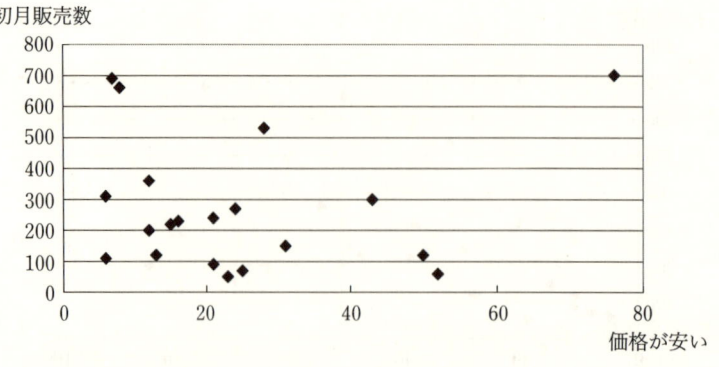

⑦ 食器を入れやすいと初月販売数

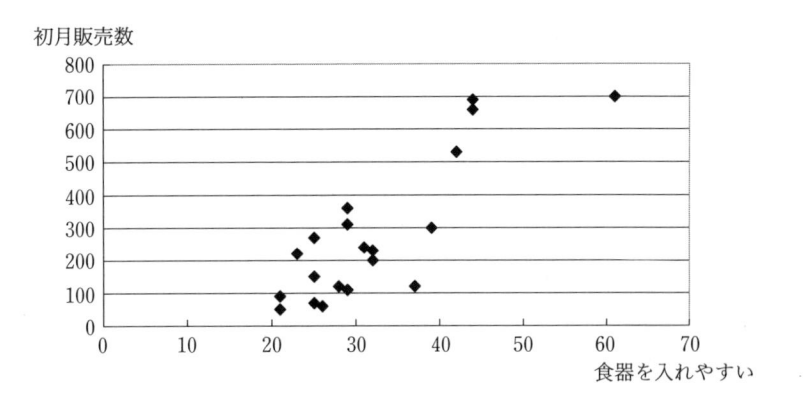

[散布図: 横軸「食器を入れやすい」(0〜70), 縦軸「初月販売数」(0〜800)]

⑧ デザインが良いと初月販売数

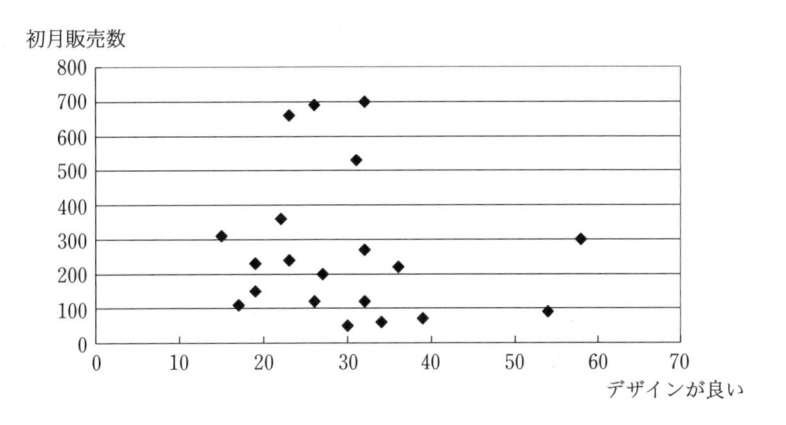

[散布図: 横軸「デザインが良い」(0〜70), 縦軸「初月販売数」(0〜800)]

　散布図を描いてみると，初月販売数と関係がありそうなものは，「洗浄力が強い」，「サイズが小さい」，「広告が目につく」，「食器を入れやすい」のようです。

　では，その中で最も関係が強いのはどの項目でしょうか？　また，関係が弱いのは？　相関図を作って目視で確認するだけでは，それを判断するのは難しそうです。

　そこで，さらに数値的に関係の大きさを調べてみます。それにはまず**相関係数**を求めます（相関係数については第2章を参照）。

　ここでは，初月販売数と八つの説明変数の相関を一度に求める方法をご紹介します。Excelの分析ツールを使って相関係数を求める方法で，大変便利な機能です。

　操作手順は次のようになります。

① 「ツールメニュー」から「分析ツール」を選択します。

② 「データ分析」のダイアログボックスが表示されます。「相関」を選択し，「OK」ボタンで次に進みます。

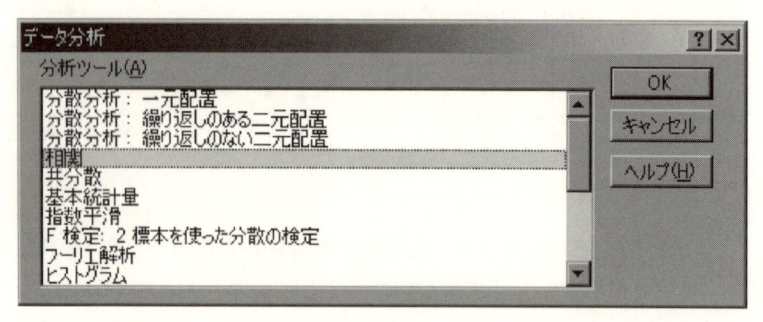

③ 「相関」のダイアログボックスが表示されます。

「相関」のダイアログボックスの「入力範囲」のテキストボックス内をクリックし，「洗浄力が強い」から「初月販売数」のデータをドラッグで範囲選択します（C 2 から K 22 までをドラッグ）。

「先頭行をラベルとして使用」のチェックボックスにチェックを入れて，「OK」ボタンで閉じます。

結果は以下のように表示されました。この相関係数の一覧表を**相関係数行列**といいます。

	A	B	C	D	E	F	G	H	I	J	K
1											
2		商品	洗浄力が強い	サイズが小さい	操作が簡単	ブランド力	広告が目につく	価格が安い	食器を入れやすい	デザインが良い	初月販売数
3		商品1	99	94	20	17	33	76	61	32	700
4		商品2	99	76	74	26	62	7	44	26	690
5		商品3	99	84	50	6	60	8	44	23	660
6		商品4	99	84	32	25	51	28	42	31	530
7		商品5	77	37	54	29	38	12	29	22	360
8		商品6	84	33							310
9		商品7	94	66							300
10		商品8	98	50							270
11		商品9	91	35							240
12		商品10	46	26							230
13		商品11	72	23							220
14		商品12	33	15							200
15		商品13	52	27							150
16		商品14	85	20							120
17		商品15	56	14							120
18		商品16	43	25							110
19		商品17	60	7							90
20		商品18	79	17	17	1	6	25	25	39	70
21		商品19	30	17	5	1	14	52	26	34	60
22		商品20	20	8	19	5	14	23	21	30	50

(相関ダイアログ: 入力範囲 $C$2:$K$22, 列, 先頭行をラベルとして使用)

	洗浄力が強い	サイズが小さい	操作が簡単	ブランド力	広告が目につく	価格が安い	食器を入れやすい	デザインが良い	初月販売数
洗浄力が強い	1								
サイズが小さい	0.76	1.00							
操作が簡単	0.07	0.23	1.00						
ブランド力	0.15	0.30	0.72	1.00					
広告が目につく	0.40	0.64	0.80	0.63	1.00				
価格が安い	0.13	0.24	−0.51	−0.41	1.00				
食器を入れやすい	0.53	0.84	0.30	0.40	0.60	0.34	1.00		
デザインが良い	0.14	0.01	0.34	0.43	0.43	0.41	−0.06	1.00	
初月販売数	0.70	0.93	0.48	0.49	0.78	0.07	0.84	−0.14	1.00

(注)洗浄力が強いと初月販売数との相関係数

　数値的に初月販売数と関係があるのは（相関係数が1に近いものは），「洗浄力が強い0.70」，「サイズが小さい0.93」，「広告が目につく0.78」，「食器を入れやすい0.84」となり，散布図のときと同じ結果です。では操作が簡単（相関係数0.48）やブランド力（相関係数0.49）は相関がないとしてしまってもいいのでしょうか？
　0.48や0.49では，相関があると言えるかどうか微妙なところです。
　そこで相関係数を求めた後に，相関の有無を正確に判定することが必要です。相関の有無の判定は次の式を用います。

$$r^2 > 4/(データ数+2) \quad \cdots 筆者が提案した簡便法です$$

　この式が成り立つときに「相関がある」といいます。この式を解いた結果が次の表です。

	r^2	4÷(データ数+2)
洗浄力が強い	0.490	0.182
サイズが小さい	0.869	0.182
操作が簡単	0.235	0.182
ブランド力	0.244	0.182
広告が目につく	0.606	0.182
価格が安い	0.004	0.182
食器を入れやすい	0.704	0.182
デザインが良い	0.021	0.182

「相関がある」と判定されたものにアンダーラインを引いた結果が，次の表です。

	洗浄力が強い	サイズが小さい	操作が簡単	ブランド力	広告が目につく	価格が安い	食器を入れやすい	デザインが良い	初月販売数
洗浄力が強い	1								
サイズが小さい	<u>0.76</u>	1.00							
操作が簡単	0.07	0.23	1.00						
ブランド力	0.15	0.30	<u>0.72</u>	1.00					
広告が目につく	0.40	<u>0.64</u>	<u>0.80</u>	<u>0.63</u>	1.00				
価格が安い	0.13	0.24	<u>−0.51</u>	−0.26	−0.41	1.00			
食器を入れやすい	<u>0.53</u>	<u>0.84</u>	0.30	0.40	<u>0.60</u>	0.34	1.00		
デザインが良い	0.14	0.01	−0.34	−0.43	−0.43	0.41	−0.06	1.00	
初月販売数	<u>0.70</u>	<u>0.93</u>	<u>0.48</u>	<u>0.49</u>	<u>0.78</u>	0.07	<u>0.84</u>	−0.14	1.00

　一番下の行の初月販売数と相関があるのは，「洗浄力が強い」，「サイズが小さい」，「操作が簡単」，「ブランド力」，「広告が目につく」，「食器を入れやすい」となりました。

　これらが，売れ筋商品に必要な特徴といえるのではないでしょうか。

　さらに第2章で紹介した回帰分析を使うと，初月販売数をアンケート結果から予測することができます。第2章では白菜漬け100ｇの価格を白菜100ｇの価格で表す単回帰式を求めましたが，ここでは初月販売数を複数の説明変数で表す式を求めます。このように，説明変数が複数ある回帰式を**重回帰式**といいます。重をとって回帰式ともいいます。

　重回帰式は x が複数個（k 個）あります。式で書くと

$$y = a + b_1 x_1 + b_2 x_2 + \cdots + b_k x_k$$

となります。$k=1$ のとき，つまり説明変数が一つだけのときが単回帰式になります。単回帰式とは重回帰式の特殊なケースといえます。a を **y 切片**，$b_1 \sim b_k$ を**回帰係数**と呼びます。

　食器乾燥機のデータでは初月販売数を被説明変数，洗浄力が強い（x_1）からデザイ

ンが良い（x_8）を説明変数として重回帰式を求めます。

しかし，説明変数が複数ある重回帰式から予測をするときは，このアンケート結果のすべての説明変数を使うべきなのでしょうか？　または，相関があると判定された説明変数だけを使うべきなのでしょうか？

答えから言ってしまうと，説明変数は本当に初月販売数に効いているものだけを使って重回帰式を求めるべきです。できるだけ少ない変数（項目）でかつ重要な変数で初月販売数を表す回帰式を用いたほうが，現実で応用するときに，調べる変数が少なくてすむため利用しやすくなり，かつ押さえなければいけないポイントも少なくなるためアクションもとりやすくなるからです。本当に効いている説明変数だけで作った式を「**最適な回帰式**」といいます。最適な回帰式を求める手順をご紹介します。

まず，すべての説明変数を用いて回帰分析を実行します。Excel の操作手順は次のようになります。

① 「ツールメニュー」から「分析ツール」を選択します。

② 「データ分析」のダイアログボックスが表示されます。「回帰分析」を選択し，「OK」ボタンで次に進みます。

③ 「回帰分析」のダイアログボックスが表示されます。

入力 Y 範囲のテキストボックス内をクリックし，初月販売数の列をドラッグして範囲選択します。項目名も含めます（K 2 から K 22 まで）（被説明変数の指定です）。

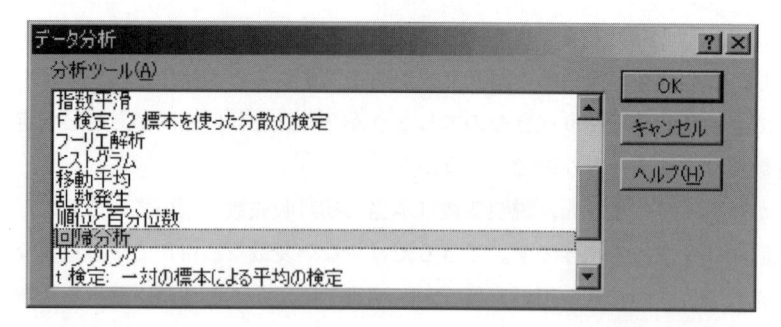

第3章　重回帰分析

入力 X 範囲のテキストボックス内をクリックし，「洗浄力が強い」から「デザインが良い」までを同様に項目名も含めてドラッグで範囲選択します（C2からJ22まで）（説明変数の指定です）。

「ラベル」のチェックボックスにチェックをいれて，「OK」ボタンで閉じます。

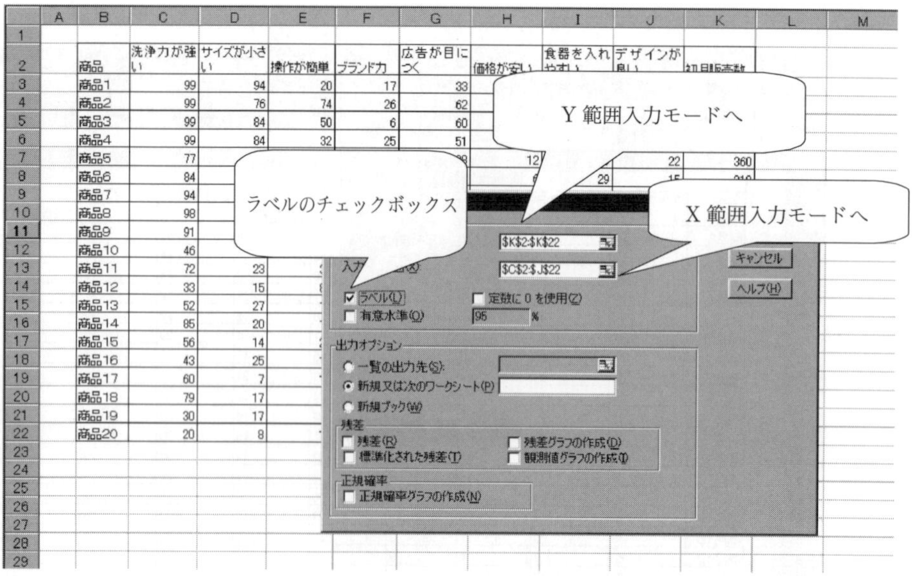

結果は次のようになります（表3.1）。

たくさん出力されますが，見るところは5カ所でOKです。他のところは見なくても結構です。重要なところだけを見ることにします。

次に説明変数を一つ減らしてもう一度回帰分析を行います。どの説明変数を減らせばよいのでしょうか。P-値を見ます。P-値とは危険率という意味です。危険率が一番大きい説明変数を取り除いて，再度回帰分析を実行します。ここではP-値が最大な説明変数は，「ブランド力」です。ブランド力を除いた七つの説明変数で回帰分析

表3.1 8変数の場合

概要

回帰統計	
重相関 R	0.98
重決定 R²	0.96
補正 R²	0.92
標準誤差	58.78
観測数	20.00

重回帰式の良さを示します。重相関 R は 0 と 1 の間の値をとり，1 に近いほど重回帰式としては良いことを示します。

分散分析表

	自由度	変動	分散	観測された分散比	有意 F
回帰	8	813078	101634.8	29.41904	2.31 E-06
残差	11	38002	3454.727		
合計	19	851080			

2.31×10^{-6} のことです。

	係数	標準誤差	t	P-値
切片	−75.8	100.7253	−0.75223	0.467702
洗浄力が強い	0.8	0.85515	0.92161	0.376503
サイズが小さい	5.8	1.526698	3.807976	0.002903
操作が簡単	3.0	1.569182	1.917428	0.081508
ブランド力	0.0	2.18331	0.016909	0.986812
広告が目につく	−1.7	3.258985	−0.51244	0.618473
価格が安い	−0.4	1.490121	−0.23935	0.815237
食器を入れやすい	2.9	3.260204	0.879384	0.397997
デザインが良い	−1.7	1.689368	−1.00568	0.336179

危険率のことです。例えば洗浄力が強いという変数を回帰式に取り入れたが，その危険率は 37.7％であるということです。降水確率は 37.7％という考えと似ています。ブランド力の危険率は 98.7％とほとんど 100％に近くなっています。これは回帰式に取り入れないほうがいいということを示しています。

具体的な重回帰式がわかります。
初月販売数＝−75.8＋0.8×洗浄力が強い＋5.8×サイズが小さい＋3.0×操作が簡単＋0.0×ブランド力−1.7×広告が目につく−0.4×価格が安い＋2.9×食器を入れやすい−1.7×デザインが良い

を実行します。ここで，相関係数で相関がないと判定されたものを除けばよいのではないかとお考えになる方もいらっしゃるでしょう。相関係数を用いてもよいのですが，「見かけの相関に注意」（注：章末の囲み記事参照）のようなことが起こることを避けるためにも，「P-値」＝危険率を用いたほうがより正確な回帰式が求まります。

結果は次のようになります（表3.2）。

第3章　重回帰分析

表3.2　7変数の場合

概要

回帰統計	
重相関 R	0.98
重決定 R^2	0.96
補正 R^2	0.93
標準誤差	56.28
観測数	20

分散分析表

	自由度	変動	分散	観測された分散比	有意 F
回帰	7	813077	116153.9	36.67728	3.58 E-0.7
残差	12	38002.99	3166.916		
合計	19	851080			

	係数	標準誤差	t	P-値
切片	−75.6	95.77426	−0.78904	0.4454
洗浄力が強い	0.8	0.814889	0.968866	0.351735
サイズが小さい	5.8	1.459333	3.984769	0.001811
操作が簡単	3.0	1.272542	2.37548	0.03505
広告が目につく	−1.7	3.070814	−0.54708	0.594387
価格が安い	−0.4	1.426688	−0.24991	0.806881
食器を入れやすい	2.9	3.08247	0.932907	0.369259
デザインが良い	−1.7	1.497606	−1.14166	0.275865

後述する要因分析で用います。

分散分析表で回帰式のよさを調べることができます。特に有意Fを見てこれが小さいほど回帰式がよいということです。表3.1と表3.2では表3.2の有意Fのほうが小さいので表3.2のほうが回帰式としてよいということです。

　また，P-値（危険率）を見ます。ここでは「価格が安い」で危険率が最大になっています。そこで，P-値危険率の高い「価格が安い」という説明変数を除いて，六つの説明変数で回帰分析を実行します。

　この操作を説明変数が一つになるまで繰り返します。

　六つの説明変数で回帰分析を行った結果です（表3.3）。

　五つの説明変数で回帰分析を行った結果です（表3.4）。

　四つの説明変数で回帰分析を行った結果です（表3.5）。

　三つの説明変数で回帰分析を行った結果です（表3.6）。

　二つの説明変数で回帰分析を行った結果です（表3.7）。

表 3.3　6 変数の場合

概要

回帰統計	
重相関 R	0.98
重決定 R^2	0.96
補正 R^2	0.93
標準誤差	54.21
観測数	20

分散分析表

	自由度	変動	分散	観測された分散比	有意 F
回帰	6	812879.2	135479.9	46.10477	5.1 E-0.8
残差	13	38200.78	2938.522		
合計	19	851080			

	係数	標準誤差	t	P-値
切片	−81.7	89.14687	−0.91681	0.375936
洗浄力が強い	0.8	0.77127	1.07275	0.302894
サイズが小さい	5.7	1.322384	4.30389	0.000857
操作が簡単	3.0	1.219241	2.452388	0.029082
広告が目につく	−1.2	2.347436	−0.51668	0.614059
食器を入れやすい	2.4	2.470953	0.990912	0.339815
デザインが良い	−1.7	1.442497	−1.18827	0.255982

表 3.4　5 変数の場合

概要

回帰統計	
重相関 R	0.98
重決定 R^2	0.95
補正 R^2	0.94
標準誤差	52.77
観測数	20

分散分析表

	自由度	変動	分散	観測された分散比	有意 F
回帰	5	812094.8	162419	58.32632	7.09 E-0.9
残差	14	38985.23	2784.66		
合計	19	851080			

	係数	標準誤差	t	P-値
切片	−101.7	78.15657	−1.30187	0.213975
洗浄力が強い	0.8	0.750279	1.082858	0.29717
サイズが小さい	5.3	1.094223	4.872399	0.000247
操作が簡単	2.4	0.609401	4.019477	0.001267
食器を入れやすい	2.5	2.402536	1.045021	0.313722
デザインが良い	−1.3	1.181778	−1.10979	0.285789

第3章 重回帰分析

表3.5 4変数の場合

概要

回帰統計	
重相関 R	0.97
重決定 R^2	0.95
補正 R^2	0.94
標準誤差	53.18
観測数	20

分散分析表

	自由度	変動	分散	観測された分散比	有意 F
回帰	4	808665.1	202166.3	71.49596	1.39 E-0.9
残差	15	42414.9	2827.66		
合計	19	851080			

	係数	標準誤差	t	P-値
切片	−140.4	70.51557	−1.99076	0.065048
洗浄力が強い	0.7	0.746426	0.911027	0.376689
サイズが小さい	5.4	1.101883	4.879318	0.0002
操作が簡単	2.7	0.580368	4.60139	0.000346
食器を入れやすい	2.5	2.420962	1.044332	0.312871

表3.6 3変数の場合

概要

回帰統計	
重相関 R	0.97
重決定 R^2	0.95
補正 R^2	0.94
標準誤差	52.41
観測数	20

Ru= 0.922533879

分散分析表

	自由度	変動	分散	観測された分散比	有意 F
回帰	3	807126.7559	269042.252	97.93761809	1.65008 E-10
残差	16	43953.24407	2747.077754		
合計	19	851080			

	係数	標準誤差	t	P-値
切片	−19.9	46.00091487	−0.43176058	0.671677211
サイズが小さい	6.7	0.44780827	14.85956684	8.7976 E-11
操作が簡単	2.5	0.595709541	4.198962391	0.000679969
デザインが良い	−1.2	1.157264691	−0.99845991	0.332918161

表 3.7　2 変数の場合

概要

回帰統計	
重相関 R	0.97
重決定 R^2	0.95
補正 R^2	0.94
標準誤差	52.41
観測数	20

分散分析表

	自由度	変動	分散	観測された分散比	有意 F
回帰	2	804388.1	402194.1	146.4345	1.92 E-11
残差	17	46691.87	2746.58		
合計	19	851080			

	係数	標準誤差	t	P-値
切片	−59.0	24.02277	−2.45724	0.025042
サイズが小さい	6.6	0.44578	14.83277	3.7 E-11
操作が簡単	2.7	0.557253	4.865786	0.000145

表 3.8　1 変数の場合

概要

回帰統計	
重相関 R	0.93
重決定 R^2	0.87
補正 R^2	0.86
標準誤差	78.78
観測数	20

分散分析表

	自由度	変動	分散	観測された分散比	有意 F
回帰	1	739360.4	739360.4	119.1241	2.29 E-09
残差	18	111719.6	6206.642		
合計	19	851080			

	係数	標準誤差	t	P-値
切片	4.3	30.34346	0.143272	0.887667
サイズが小さい	7.1	0.651877	10.9144	2.29 E-09

　一つの説明変数で回帰分析を行った結果です（表 3.8）。
　さて，どの回帰分析の結果が最適な回帰式となるのでしょうか。
　最適な回帰式を求めるときは説明変数選択規準 Ru を利用します。説明変数選択規準 Ru というのは，データがどれぐらいそれぞれの回帰式にあてはまっているかということを数字で表してくれる指標（モノサシ）です（Ru は筆者の提案している方法です）。

各重回帰式でのRuを求め，その値が最大なものを最適な回帰式として採用します。Ruの式は次のようになります。

$$Ru = 1 - (1 - R^2)\frac{n + k + 1}{n - k - 1}$$

R^2は重相関係数（Excelでは重相関と出力されています）の自乗です。nはデータ数，kは説明変数の個数です。八つのすべての回帰分析の結果でこの計算をします。

計算の結果は次の表のようになります。

Ruが最大のものを最適な回帰式としますので，ここでは説明変数が二つのときとなります。

この結果より，初月販売数を表す最適な回帰式は下の表のとおり，

説明変数の数	Ru
8変数	0.882
7変数	0.896
6変数	0.907
5変数	0.915
4変数	0.918
3変数	0.923
2変数	0.926
1変数	0.840

$$初月販売数\ y = -59.0 + 6.6 \times サイズが小さい + 2.7 \times 操作が簡単$$

となり，アンケートの結果を代入することで初月販売数を予測することができます。商品21のアンケート結果はサイズが小さいは40，操作が簡単は60でした。式に代入すると

$$初月販売数\ y = -59.0 + 6.6 \times 40 + 2.7 \times 60$$

＝367，となります。実際には380でした。

相対誤差は（380－367）÷380×100＝3.4％となりました。かなり良い予測精度といえます。

最適な回帰式を再掲します。

消費者が食器乾燥器を購入するときのポイントは，「サイズが小さいこと」と「操作が簡単」なことだということがわかります。

また，「サイズが小さい」ということと，「操作が簡単」ということ，どちらがより初月販売数に対しての影響が大きいかを知るには，t（値）を見ます。t（値）の絶対値（＋，－の符号をとってプラスにしたもの）が大きいほうが，初月販売台数に対して影響が大きいといえます。

概要

回帰統計	
重相関 R	0.97
重決定 R^2	0.95
補正 R^2	0.94
標準誤差	52.41
観測数	20

分散分析表

	自由度	変動	分散	観測された分散比	有意 F
回帰	2	804388.1	402194.1	146.4345	1.92 E-11
残差	17	46691.87	2746.58		
合計	19	851080			

	係数	標準誤差	t	P-値
切片	−59.0	24.02277	−2.45724	0.025042
サイズが小さい	6.6	0.44578	14.83277	3.7 E-11
操作が簡単	2.7	0.557253	4.865786	0.000145

ここでは,「サイズが小さい」がより初月販売数に影響を及ぼしているとします。

まとめ

(1) 重回帰分析とは複数の項目(洗浄力が強いからデザインが良いまで,これを説明変数と呼びます)で初月販売数(これを被説明変数と呼びます)を表す関係式(これを重回帰式と呼びます)を求め,① 予測や② 要因分析を行うことです。

(2) 重回帰式は被説明変数に効いている説明変数のみで作ることが肝要です。つまり,最適な重回帰式を求めることが重要です。

(3) 最適な回帰式の求め方は

> P-値(危険率)を見て説明変数を削除し回帰式を求め,その中で説明変数選択規準 Ru が最大となる式を最適な回帰式とする。

となります。

(4) 最適な重回帰式を用いて予測と要因分析を試みます。

(5) 予測は重回帰式に説明変数のデータを代入して計算すれば求まります。

(6) 要因分析はどの説明変数が被説明変数に強く影響を及ぼしているかを調べることで,t(値)の絶対値が大きいほど影響を及ぼしているとします。

(注)一般に要因分析には偏相関係数を使います。市販の統計ソフトは偏相関係数は出力されますが,Excel では出ません。そこでここではその代用として t(値)を用いています。

	温泉地	泉質がよい	景色がよい	静かにのんびりできる	食べ物がおいしい	リピート希望率
1	湯布院	32	33	34	14	45
2	登別	39	42	30	43	43
3	箱根	40	56	30	20	50
4	草津	65	29	26	9	43
5	別府	54	33	23	17	32
6	熱海	27	25	18	36	30
7	指宿	40	41	22	15	43
8	白浜	33	43	15	37	37
9	鬼怒川	34	35	23	16	30
10	道後	37	26	24	14	34
11	下呂	47	32	35	14	35
12	加賀	33	36	36	50	39
13	那智勝浦	24	48	19	34	38
14	有馬	44	28	25	14	34
15	那須	28	31	27	12	34
16	伊東	31	33	20	47	32
17	東伊豆	36	40	25	48	32
18	湯河原	39	27	33	23	30
19	伊香保	39	23	27	8	32
20	定山渓	25	51	31	29	33
21	和倉	37	43	35	50	36
22	水上	30	31	34	7	28
23	塩原	32	31	29	7	26
24	湯川	23	35	28	36	23
25	石和	23	11	19	15	21
26	飯坂	34	18	21	12	19

（日経流通新聞　99/10/30 より転載）

　最後に，重回帰分析についての練習問題を用意しました．是非お手元の Excel で練習してみてください．

練習問題

　次のデータは全国温泉地のリピート希望率のアンケート結果です．このデータからリピート希望率を y として最適な回帰式を求め，要因分析しなさい．

◆練習問題の解答

　最適な回帰式を求めます．まず，すべての説明変数を用いて回帰分析を実行します．

表 3.9　4 変数の場合

概要	
回帰統計	
重相関 R	0.77
重決定 R^2	0.59
補正 R^2	0.51
標準誤差	5.16
観測数	26

分散分析表

	自由度	変動	分散	観測された分散比	有意 F
回帰	4	795.3626	198.8406	7.474197	0.000658
残差	21	558.6759	26.60361		
合計	25	1354.038			

	係数	標準誤差	t	P-値
切片	4.87	6.588119	0.73991	0.467547
泉質がよい	0.31	0.114204	2.722996	0.012742
景色がよい	0.48	0.118872	4.063875	0.000558
静かにのんびりできる	0.07	0.179139	0.408836	0.6868
食べ物がおいしい	−0.02	0.08183	−0.22921	0.820927

P-値が最大の「食べ物がおいしい」を除いて，再度回帰分析を実行します．

表 3.10　3 変数の場合

概要	
回帰統計	
重相関 R	0.77
重決定 R^2	0.59
補正 R^2	0.53
標準誤差	5.05
観測数	26

分散分析表

	自由度	変動	分散	観測された分散比	有意 F
回帰	3	793.9649	264.655	10.3958	0.000185
残差	22	560.0735	25.45789		
合計	25	1354.038			

	係数	標準誤差	t	P-値
切片	4.49	6.237639	0.720613	0.478735
泉質がよい	0.32	0.107071	2.974168	0.07001
景色がよい	0.47	0.103599	4.54355	0.00016
静かにのんびりできる	0.08	0.174757	0.436495	0.666731

P-値が最大の「静かにのんびりできる」を除いて，再度回帰分析を実行します．

表 3.11　2 変数の場合

概要

回帰統計	
重相関 R	0.76
重決定 R²	0.58
補正 R²	0.55
標準誤差	4.96
観測数	26

分散分析表

	自由度	変動	分散	観測された分散比	有意 F
回帰	2	789.1145	394.5573	16.06378	4.31 E-05
残差	23	564.924	24.56191		
合計	25	1354.038			

	係数	標準誤差	t	P-値
切片	5.95	5.179645	1.148579	0.262535
泉質がよい	0.33	0.103977	3.130147	0.004699
景色がよい	0.48	0.099556	4.822113	7.25 E-05

P-値が大きい「泉質がよい」を除いて，再度回帰分析を実行します．

表 3.12　1 変数の場合

概要

回帰統計	
重相関 R	0.63644
重決定 R²	0.405056
補正 R²	0.380267
標準誤差	5.793592
観測数	26

分散分析表

	自由度	変動	分散	観測された分散比	有意 F
回帰	1	548.4614	548.4614	16.33993	0.000474
残差	24	805.5771	33.56571		
合計	25	1354.038			

	係数	標準誤差	t	P-値
切片	17.87488	4.102052	4.357545	0.000213
景色がよい	0.470208	0.116323	4.042268	0.000474

最適な回帰式は説明変数選択規準 R_u を求めて，その値が最大なものとします．

説明変数の数	Ru
4 変数	0.391
3 変数	0.436
2 変数	0.474
1 変数	0.306

Ru が最大なものは説明変数が 2 変数の場合です。

表 3.13 最適な回帰式

概要

回帰統計	
重相関 R	0.76
重決定 R^2	0.58
補正 R^2	0.55
標準誤差	4.96
観測数	26
	0.473947

分散分析表

	自由度	変動	分散	観測された分散比	有意 F
回帰	2	789.1145	394.5573	16.06378	4.31 E-05
残差	23	564.924	24.56191		
合計	25	1354.038			

	係数	標準誤差	t	P-値
切片	5.95	5.179645	1.148579	0.262535
泉質がよい	0.33	0.103977	3.130147	0.004699
景色がよい	0.48	0.099556	4.822113	7.25 E-05

最適な回帰式は

$$\text{リピート希望率 } y = 5.95 + 0.33 \times \text{泉質がよい} + 0.48 \times \text{景色がよい}$$

となります。

要因分析は t（値）を見ます。絶対値の大きいほうがよりリピート率に効いています。

ここでは「景色がよい」がよりリピート率に影響を及ぼしていることがわかりました。

見かけの相関に注意！

次のデータを考えます。

No.	年齢	血圧	年収	No.	年齢	血圧	年収
1	25	88	410	10	41	92	785
2	47	93	1108	11	43	96	946
3	55	97	1182	12	24	88	401
4	39	89	697	13	32	90	494
5	36	91	752	14	51	95	1098
6	28	89	466	15	47	93	778
7	22	88	348	16	36	90	913
8	48	93	1032	17	33	89	707
9	53	97	944	18	52	96	1135

上の表は，ランダムに選んだ18人の年齢と血圧，年収を表しています。

年齢と血圧，年収の間には，なにか関係があるのでしょうか？　また，年齢や血圧がわかれば，年収は予測できるようになるのでしょうか？　これを散布図を利用して調べてみましょう。

最初に血圧を横軸に，年収を縦軸にして散布図を描いてみます。その結果，図3.1のようになりました。

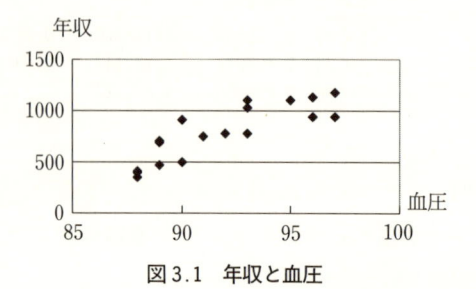

図3.1　年収と血圧

横軸に血圧，縦軸に年収をとってみました。不思議なことに，血圧が高いほど年収が高くなっています。

しかしこの結果は，現実にあてはめるととても違和感のある結果です。高血圧な人にはお金持ちが多いなんて，ちょっと考えられないことです。例えば血圧が高いことによって年収が上がるなんて，考えられますか？　病気にかかりやすいために年収が下がるならわかりますが。

そこで，他の関係も調べてみます。まず，年収と年齢で散布図を描いてみます。そうすると，図3.2のようになりました。

年齢が高いと年収が多い。これなら納得いきます。年齢が高い方ほど会社の

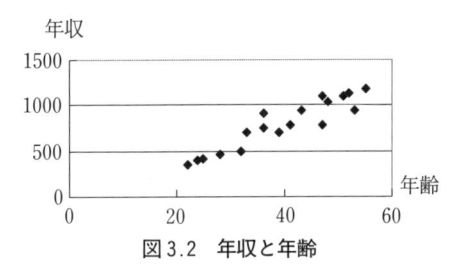

図 3.2　年収と年齢

中でも役職が上である確率が高く，年収が高くなっていくからです。

　もう一つ散布図を描いてみます。最後の組合せ，血圧と年齢です。図 3.3 がその散布図になります。

　図 3.3 のように，年齢が高くなると血圧が高くなっています。

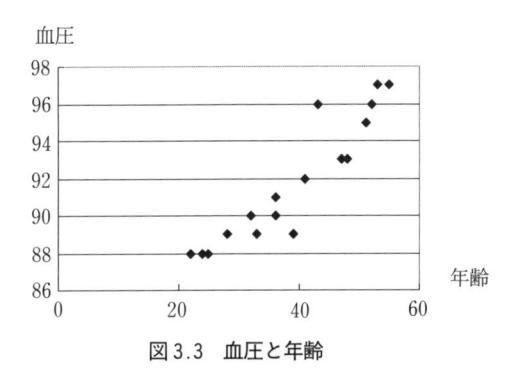

図 3.3　血圧と年齢

　これで図 3.1 が起きた原因がわかりました。年齢が高いと年収が上がります。同時に，年齢が高いほど血圧も高くなります。そのために，血圧が高いほど年収が高いというデータが出てきて，「血圧が上がることによって年収が上がる」というおかしなことになっていたのです。

　この関係を図にすると，図 3.4 のようになります。黒い 2 本の矢印の相関があるために，点線の矢印があるかのように見えたわけです。

　相関係数行列を求めると以下のようになります。

	年齢	血圧	年収
年齢	1.00		
血圧	0.92	1.00	
年収	0.93	0.85	1.00

第3章　重回帰分析

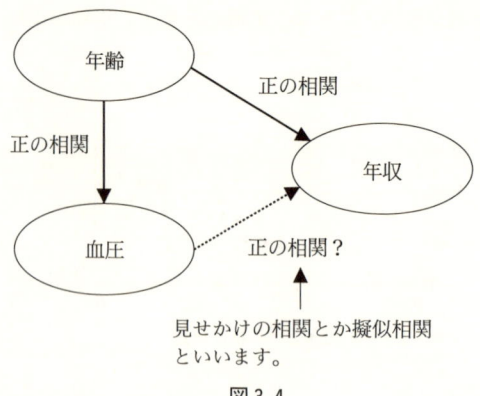

```
    年齢 ──正の相関──→ 年収
     │                  ↑
   正の相関           正の相関？
     ↓                  ┆
    血圧 ┈┈┈┈┈┈┈┈┈┘
```

見せかけの相関とか擬似相関といいます。

図3.4

　相関係数行列を見ると，年齢と年収の相関係数は0.93，年齢と血圧の相関係数は0.92といずれも高くなっています。血圧と年収の相関係数も0.85と高くなっています。

　一般に重回帰分析を行うと，例えば「血圧によって年収が影響している」というようなおかしな結果が出てくるときがあります。これは重回帰分析特有の問題で，説明変数同士に高い相関がある場合に生じます。

　専門的には「多重共線性（multicollinearity）」といい，マーケティングデータ分析の現場ではよくマルチコと略して呼びます。変数間の関係がややこしい時ほどよく起きる，やっかいな問題です。

　この解決方法としてもっとも簡単なものは，今回のように明らかにおかしな相関が出たときに，見かけの相関ではないかと疑ってみることです。

　そして見かけの相関である可能性が高い場合は，変数の一部を削除して上記のように，再度分析をしてみることです。それによって本当に相関があるのか，それともただの見かけの相関なのかが判断できます。

　この見かけの相関，分析結果の判断を間違わせる可能性のある大きな問題です。

　分析の時はどうかくれぐれも注意してください。

　最後に読者へ演習問題をプレゼントします。

　年齢・血圧・年収のデータで年収を被説明変数，年齢・血圧を説明変数として最適な回帰式を求めてください。

第4章　定性的な情報で注目しているデータの予測をしたり，要因分析をする
―数量化理論1類―

1．はじめに

　数量化理論とは林知己夫博士が提唱した統計手法で，1類から4類まであります。そのなかで数量化理論1類とは，定性的な情報で，注目しているデータの予測をしたり，要因分析をする統計手法です。
　ここでは1類について鎌倉観光旅行案の事例で説明します。
　表4.1は鎌倉観光旅行案です。ポイントは行き先，乗り物，料金の三つとしました。数量化理論では，行き先，乗り物，料金のことをアイテムとか要因と呼んでいます。行き先は具体的に円覚寺，大仏，八幡宮としました。円覚寺，大仏，八幡宮のことを数量化理論ではカテゴリといいます。乗り物はタクシー，バス，電車としました。料金は千円，2千円，3千円としました。

表4.1　鎌倉観光旅行案

行き先	乗り物	料金
円覚寺	タクシー	千円
大仏	バス	2千円
八幡宮	電車	3千円

（←アイテム，←カテゴリ）

　表4.1から表4.2のようにアンケートデータをとりました。表4.2の見方は例えばNo.1は，行き先は円覚寺，乗り物はタクシー，料金は2千円という案について何人かの10点満点の回答の平均が6点（回答結果の欄）であったということです。以下No.2～8も同様です。
　数量化理論では回答結果のことを外的基準といっています。
　表4.2をこのままExcelの回帰分析では実行できません。どうすれば実行可能となるのでしょうか。結論は0，1データ（ダミー変数といいます）で表現するのです。表4.3のようにするのです。カテゴリを説明変数として該当していれば1，そうでなければ0としています。

第4章 定性的な情報で注目しているデータの予測をしたり，要因分析をする

表4.2 アンケートデータ

No.	行き先	乗り物	料金	回答結果
1	円覚寺	タクシー	2千円	6
2	円覚寺	タクシー	3千円	1
3	大仏	バス	3千円	2
4	大仏	タクシー	千円	9
5	大仏	電車	2千円	4
6	八幡宮	バス	2千円	1
7	八幡宮	タクシー	3千円	0
8	八幡宮	電車	千円	6

表4.3 表4.2のデータを0, 1データで表現

円覚寺	大仏	八幡宮	タクシー	バス	電車	2千円	3千円	千円	回答結果
1	0	0	1	0	0	1	0	0	6
1	0	0	1	0	0	0	1	0	1
0	1	0	0	1	0	0	1	0	2
0	1	0	1	0	0	0	0	1	9
0	1	0	0	0	1	1	0	0	4
0	0	1	0	1	0	1	0	0	1
0	0	1	1	0	0	0	1	0	0
0	0	1	0	0	1	0	0	1	6

2．回帰分析を実行する

表4.3をこのまま回帰分析を実行しようとしてもできません。

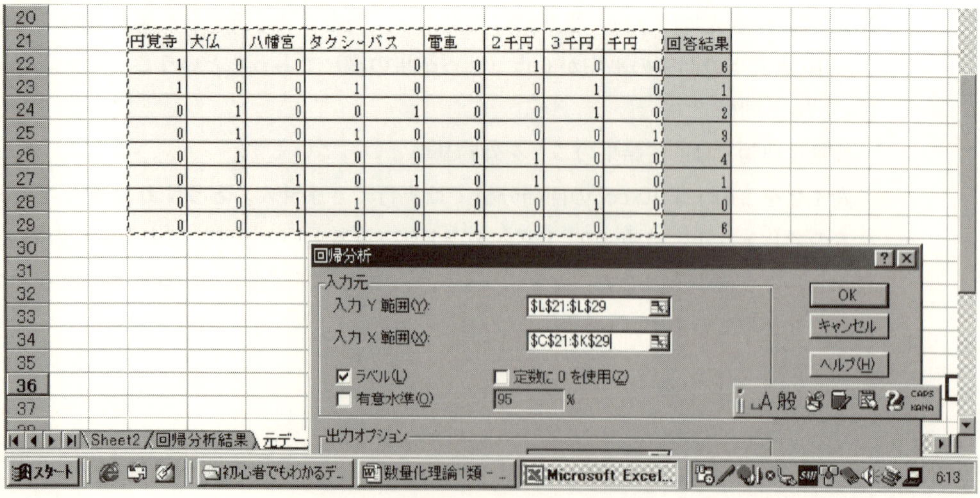

図4.1 回帰分析を実行しようとする

2．回帰分析を実行する

図 4.1 は回帰分析を実行しようとしていますが，図 4.2 のようにうまくいきません。ストップしてしまいます。

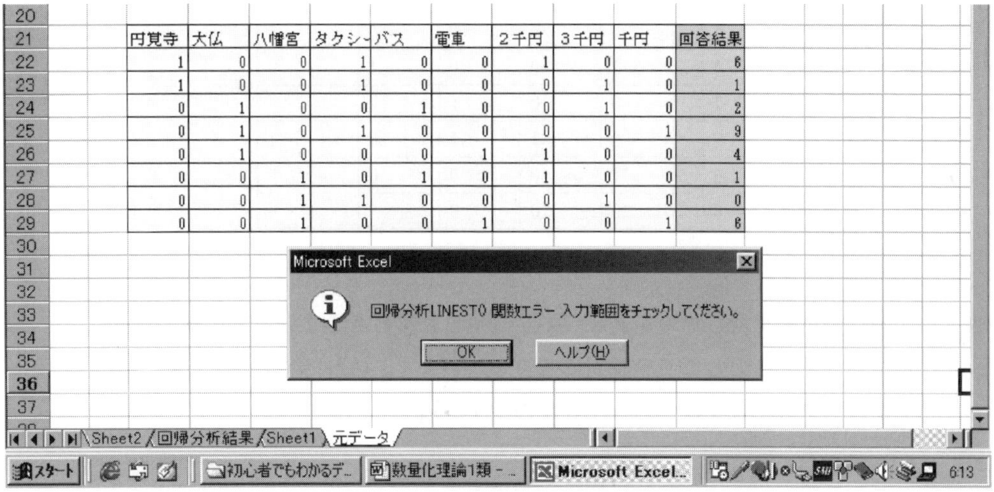

	円覚寺	大仏	八幡宮	タクシー	バス	電車	2千円	3千円	千円	回答結果
22	1	0	0	1	0	0	1	0	0	6
23	1	0	0	0	1	0	0	1	0	1
24	0	1	0	0	1	0	0	1	0	2
25	0	1	0	1	0	0	0	0	1	3
26	0	1	0	0	0	1	1	0	0	4
27	0	0	1	0	1	0	1	0	0	1
28	0	1	1	1	0	0	0	1	0	0
29	0	0	1	0	0	1	0	0	1	6

図 4.2 実行できない

なぜ実行できないのでしょうか。理由を考えてみます。ヒントはエラーメッセージです。"回帰分析 LINEST()関数エラー入力範囲をチェックしてください。"とメッセージが出ています。0,1 データのほうに問題があるようです。例えば，行き先で考えると，

円覚寺＋大仏＋八幡宮＝1 という式がすべての行で成立します。同様に，乗り物についてもタクシー＋バス＋電車＝1 が，料金についても 2 千円＋3 千円＋千円＝1 が成立します。

円覚寺＋大仏＋八幡宮＝1 から式を変形すると，

$$八幡宮＝1－円覚寺－大仏$$

となります。この式は円覚寺あるいは大仏に該当しているか否かがわかると自動的に八幡宮に該当しているか否かがわかるということを意味しています。統計でいう自由度（意味のある列データの数）でいうと 3（列）でなく 2（列）だということです。情報が冗長なのです。乗り物，料金についても自由度は 3 でなく 2 となります。このような理由から，回帰分析を実行可能とするには各アイテムからカテゴリ列を一つずつ削除する必要があります（削除しないで実行しようとすると 0 で割り算をしてしまうので結果がおかしくなるので Excel は実行をストップするのです）。

表 4.3 で八幡宮，電車，3 千円の列を削除したのが表 4.4 です。

表 4.4 表 4.3 で八幡宮，電車，3 千円の列を削除

円覚寺	大仏	タクシー	バス	2千円	千円	回答結果
1	0	1	0	1	0	6
1	0	1	0	0	0	1
0	1	0	1	0	0	2
0	1	1	0	0	1	9
0	1	0	0	1	0	4
0	0	0	1	1	0	1
0	0	1	0	0	0	0
0	0	0	0	0	1	6

表 4.4 で回帰分析を実行したのが表 4.5 です（やっと実行できました！ 筆者はセミナーなどでいつもここのところの説明に苦労しています。統計的にいうとランク落ちが生じて逆行列が求まらないということなのですが）。

表 4.5 回帰分析実行結果

概要

回帰統計	
重相関 R	0.976
重決定 R^2	0.952
補正 R^2	0.666
標準誤差	1.826
観測数	8
Ru＝	0.284

分散分析表

	自由度	変動	分散	観測された分散比	有意 F
回帰	6	66.542	11.090	3.327	0.397
残差	1	3.333	3.333		
合計	7	69.875			

	係数	標準誤差	t	P-値
切片	−1.33	2.134	−0.625	0.645
円覚寺	2.33	2.211	1.055	0.483
大仏	2.67	1.491	1.789	0.325
タクシー	1.00	2.000	0.500	0.705
バス	0.00	2.082	0.000	1.000
2千円	3.00	1.633	1.837	0.317
千円	7.00	2.000	3.500	0.177

3．予測と要因分析

削除したカテゴリの回帰係数（数量化理論1類ではカテゴリスコアと呼びます）は0とします。表4.5から回帰式は以下のようになります。

$$満足度 = -1.33 + \begin{bmatrix} 2.33 \text{（円覚寺）} \\ 2.67 \text{（大仏）} \\ 0.00 \text{（八幡宮）} \end{bmatrix} + \begin{bmatrix} 1.00 \text{（タクシー）} \\ 0.00 \text{（バス）} \\ 0.00 \text{（電車）} \end{bmatrix} + \begin{bmatrix} 3.00 \text{（2千円）} \\ 0.00 \text{（3千円）} \\ 7.00 \text{（千円）} \end{bmatrix} \quad (4.1)$$

数量化理論1類の目的は①予測と②要因分析です。

(4.1)式を用いて予測ができます。

一番満足度が高くなるのは行き先は大仏で，乗り物はタクシーで，費用は千円で，このとき

$$-1.33 + 2.67 + 1.00 + 7.00 = 9.3$$

となります。

満足度に効いているのはどの要因でしょうか。要因分析をします。行き先，乗り物，料金の影響度は各アイテムのカテゴリスコアのレンジ（範囲＝最大値－最小値）と考えることができるので，

行き先＝2.67－0.00＝2.67，乗り物＝1.00－0.00＝1.00，料金＝7.00－0.00＝7.00

となります。まとめると表4.6のようになります。

表4.6　影響度

行き先	2.67
乗り物	1.00
料金	7.00

表4.6の棒グラフは図4.3のようになります。

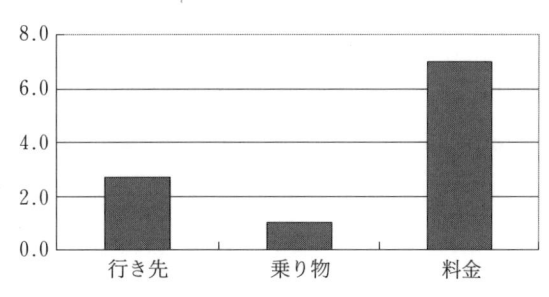

図4.3　各要因（アイテム）の影響度

図4.3を見ると満足度に一番効いているのは料金，次いで行き先，乗り物となっていることがわかります。

4．S-PLUSを用いて分析してみる

S-PLUSを用いて分析してみましょう。S-PLUSの長所がわかります。

万能回帰分析関数を使って回帰分析をします。万能回帰分析関数のソースは以下のようになります。

```
>lsfitall
function(X, Y)
{
        n<- nrow(X)
        k<- ncol(X)
        co<- pen(cbind(1, X)) %*% Y
        estm<- cbind(1, X) %*% co
        res<- Y - estm
        r2<- cor(Y, estm)
        rres<- res/Y * 100
        sawa<- 1 - ((1 - r2^2) * (n - 1) * (n - 2))/(n - k - 1)/(n - k - 2)
        haga<- 1 - ((1 - r2^2) * (n - 1) * (n+k+1))/(n - k - 1)/(n+1)
        aic<- n * log(1 - r2^2)+2 * k
        ueda<- 1 - ((1 - r2^2) * (n+k+1))/(n - k - 1)
        list(co=co, estm=estm, res=res, r2=r2, rres=rres, aic=aic, sawa=sawa, haga=haga, ueda=ueda)
}
>pen
function(X)
{
        p<- qrr(X, perm.ok=F)
        Q<- p$q
        R<- p$r
        Apen<- t(R) %*% solve(R %*% t(R)) %*% solve(t(Q) %*% Q) %*% t(Q)
        Apen
}
qrr
function(X, perm.ok=T)
{
        xqr<- qr(X)
        rank<- xqr$ra
        pivot<- xqr$pivot
        r<- xqr$qr[1:rank,  , drop=F]
        r[col(r)<row(r)]<- 0
        if(!perm.ok)
                r<- r[, order(pivot)]
        q<- qr.qy(xqr, diag(nrow(X)))[, 1:rank, drop=F]
        list(q=q, r=r, rank=rank, pivot=pivot)
}
```

ここで，関数penとqrrは一般逆行列を求める関数で，筑波技術短期大学の小池

将貴教授が作られたものです（掲載をご快諾されましたことにお礼申しあげます）。

データの中味を表示すると以下のようになります。

● hayasi 1 # データの中味を表示してみます。

表4.7　鎌倉観光旅行のアンケートデータ

No.	円覚寺	大仏	八幡宮	タクシー	バス	電車	千円	2千円	3千円	回答結果
1	1	0	0	1	0	0	0	1	0	6
2	1	0	0	1	0	0	0	0	1	1
3	0	1	0	0	1	0	0	0	1	2
4	0	1	0	1	0	0	1	0	0	9
5	0	1	0	0	0	1	0	1	0	4
6	0	0	1	0	1	0	0	1	0	1
7	0	0	1	1	0	0	0	0	1	0
8	0	0	1	0	0	1	1	0	0	6

　S-PLUS の回帰分析の関数 lsfit で実行すると以下のようになります。

>round(lsfit(hayasi1[,1:9],hayasi1[,10])$co,2)
　　Intercept 円覚寺 大仏 タクシー バス 千円 2千円 3千円 電車 八幡宮
　　　−1.33　　2.33 2.67　　1　　　0　　7　　　3　　0　　0　　0
Warning messages：
　x-matrix collinear; coefficient estimates set to zero for x-variables:
3千円, 電車, 八幡宮 in: lsfit(hayasi1[,1:9], hayasi1[,10])

（注）round は桁を丸める機能で，小数点以下2桁まで求めています。
　S-PLUS は hayasi 1 のデータこのままではうまく実行するとまずいので3千円，電車，八幡宮の列データを削除して実行してくれます。しかも，回帰係数はちゃんと0にしています（まさに賢い！）。

　データ hayasi 1 の 1, 2, 4, 5, 7, 8 列を用いて（3, 6, 9 列を削除して）回帰分析を実行すると，

>round(lsfit(hayasi1[,c(1,2,4,5,7,8)],hayasi1[,10])$co,2)
　　Intercept 円覚寺 大仏 タクシー バス 千円 2千円
　　　−1.33　　2.33 2.67　　1　　　0　　7　　　3

となります。

　では，万能回帰分析関数を用いて実行してみましょう。

>round(lsfitall(hayasi1[,1:9],hayasi1[,10])$co,2)
　　　　　　　[,1]
　　　　　　　2.00
　　円覚寺　　1.33
　　　大仏　　1.67
　　八幡宮　−1.00
　タクシー　　1.33
　　　バス　　0.33

```
電車     0.33
千円     4.33
2千円    0.33
3千円   −2.67
```

回帰式は以下のようになります．

$$満足度 = 2.00 + \begin{bmatrix} 1.33\,(円覚寺) \\ 1.67\,(大仏) \\ -1.00\,(八幡宮) \end{bmatrix} + \begin{bmatrix} 1.33\,(タクシー) \\ 0.33\,(バス) \\ 0.33\,(電車) \end{bmatrix} + \begin{bmatrix} 4.33\,(千円) \\ 0.33\,(2千円) \\ -2.67\,(3千円) \end{bmatrix} \quad (4.2)$$

(4.2)式から，満足度を最大にするのは大仏，タクシー，千円で，このとき 2.00+1.67+1.33+4.33=9.3 となります．(4.1)式から求めたのと一致していることがわかります．

要因分析をします．行き先，乗り物，料金の影響度は各アイテムのカテゴリスコアのレンジ（範囲＝最大値−最小値）と考え，

行き先=1.67−(−1.00)=2.67，乗り物=1.33−0.33=1.00，料金=4.33−(−2.67)=7.00
となり，(4.1)式から求めたものと一致しています．

回帰係数だけを取出し，これを「係数」とするには以下のようにします．

```
>係数<-lsfitall(hayasi1[,1:9],hayasi1[,10])$co
>係数
              [,1]
         2.0000000
円覚寺   1.3333333
大仏     1.6666667
八幡宮  −1.0000000
タクシー 1.3333333
バス     0.3333333
電車     0.3333333
千円     4.3333333
2千円    0.3333333
3千円   −2.6666667
```

この回帰係数から各要因の影響度を求めると以下のようになります．

```
>係数[3]-係数[4]#行き先の影響度
[1]2.666667
>係数[5]-係数[6]#乗り物の影響度
[1]1
>係数[8]-係数[10]#料金の影響度
[1]7
>k 1<-係数[3]-係数[4]
>k 2<-係数[5]-係数[6]
>k 3<-係数[8]-係数[10]
```

棒グラフを描くには以下のようにします．

```
>   cname<-c("行き先","乗り物","料金")
>   barplot(c(2.67,1,7),name=cname)
```

図 4.4 が影響度の棒グラフです．

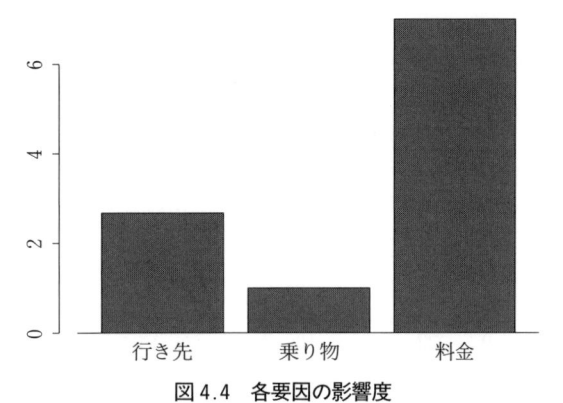

図 4.4 　各要因の影響度

5. どんなデータでも解ける

　万能回帰分析関数を用いるとどんなデータでも解いてしまいます。別のデータでやってみましょう。

表 4.8　ハルドのデータ

```
>cbind(X,Y)#ハルドのデータ
```

	X1	X2	X3	X4	Y
r1	7	26	6	60	78.5
r2	1	29	15	52	74.3
r3	11	56	8	20	104.3
r4	11	31	8	47	87.6
r5	7	52	6	33	95.0
r6	11	55	9	22	109.2
r7	3	71	17	6	102.7
r8	1	31	22	44	72.5
r9	2	54	18	22	93.1
r10	21	47	4	26	115.9
r11	1	40	23	34	83.8
r12	11	66	9	12	113.3
r13	10	68	8	12	109.4

　回帰分析を lsfit で実行すると，

```
>round(lsfit(X,Y)$co,2)
 Intercept   X1    X2    X3    X4
    65.66  1.55  0.47  0.1  -0.18
```

となります。
　回帰式は

第4章　定性的な情報で注目しているデータの予測をしたり，要因分析をする

$$Y=65.66+1.55 X1+0.47 X2+0.10 X3-0.18 X4$$

です。

説明変数 X4 を追加します。

```
>cbind(X,X[,4],Y)
      X1   X2   X3   X4        Y
r 1    7   26    6   60   60  78.5
r 2    1   29   15   52   52  74.3
r 3   11   56    8   20   20 104.3
r 4   11   31    8   47   47  87.6
r 5    7   52    6   33   33  95.0
r 6   11   55    9   22   22 109.2
r 7    3   71   17    6    6 102.7
r 8    1   31   22   44   44  72.5
r 9    2   54   18   22   22  93.1
r10   21   47    4   26   26 115.9
r11    1   40   23   34   34  83.8
r12   11   66    9   12   12 113.3
r13   10   68    8   12   12 109.4
```

このデータの回帰式を求めます。(注)Excel では求まりません。

回帰分析 lsfit では，

```
>round(lsfit(cbind(X,X[,4]),Y)$co,2)
 Intercept   X1   X2   X3    X4
     65.66 1.55 0.47  0.1 -0.18   0
Warning messages:
  X-matrix collinear; coefficient estimates set to zero for X-variables:
in: lsfit(cbind(X, X[,4]), Y)
```

と X5 の回帰係数は 0 としますよ，と警告メッセージを出してくれます。

回帰式は

$$Y=65.66+1.55 X1+0.47 X2+0.10 X3-0.18 X4+0.00 X5$$

となります。

万能回帰分析関数では，

```
>round(lsfitall(cbind(X,X[,4]),Y)$co,2)
       [,1]
      65.66
X1     1.55
X2     0.47
X3     0.10
X4    -0.09
      -0.09
```

となります。X4 と X5 の回帰係数は仲良く -0.09 です。

回帰式は

$$Y=65.66+1.55 X1+0.47 X2+0.10 X3-0.09 X4-0.09 X5$$

となります。どちらの式も正しく，同じものです。

最後に，万能回帰分析を適用したシステムをご紹介します。

5. どんなデータでも解ける

　ある店で自動予測システムを開発しました。中核となるところは回帰分析で，ある食品の毎日の売上数を，予測式を用いて求めるところです。どんな変なデータがきても答えを出してくれるように（解が求まるように），万能回帰分析を使用しました。

　まず，S-PLUSでプロトタイプを作り，ロジックはこれでOKだなと確認し，また実際のデータで試運転しました。そうして，C言語で一般逆行列を用いた万能回帰分析を作成し，実際にはUNIX上で実現しました。現在，順調に稼動しています。

第5章　最大電力需要を予測する

1．はじめに
―未来を予測することはなぜ重要か？―

　形がないためにあまり意識しませんが，私たちがいつも使用している「電気」は発電所でコストをかけて「製造」され，送られてくる「製品」です。
　ですから，工場で作られているような他の「製品」と同じように，作りすぎて無駄な売れ残りをかかえたり，逆に作らなさすぎて供給が足りない状態にならないように，製造量を需要に合わせて調整しなければなりません。
　そのために電力会社からみると，使用される電力の需要を正確に予測することは非常に重要なことです。なぜなら，需要予測の精度は利益にも直結しますし，火力発電などで無駄に発電所を稼動させると環境にも悪い影響を与えてしまうからです。
　では，電力の需要を正確に予測するためにはどうすればいいのでしょうか？　どうすれば，無駄な電力を製造せずに，より大きな利益をあげることができるのでしょうか？　この章では電力会社の社員になったつもりで，その予測にチャレンジしてみましょう。データ分析を利用し未来を予測することの重要性を，理解してもらえると思います。
　表5.1は中部電力の平成11年12月1日〜平成12年2月28日までの毎日の最大需要電力データ（一部）です。

表5.1　最大需要電力データ（一部）

月	日	最大電力（千kw）	最高気温	最低気温	天候
12	1	20066	12.5	3.9	曇
12	2	20156	14.3	8.7	曇
12	3	19754	12.1	3.7	晴
12	4	15798	13.4	1.3	晴
12	5	13630	14.2	7	曇
12	6	19543	16.6	7.4	曇
12	7	20347	10.5	3.4	晴

　このデータはいわゆる時系列データです。

2．グラフを描く
―最初はグラフで，状況を把握する―

時系列データは折れ線グラフが最適です。

表5.1の最大電力の折れ線グラフを描いてみます。図5.1がその折れ線グラフです。

(注意)横軸に時間（時間，日，週，月，年など），縦軸に電力量，売上高などがくる時系列データは折れ線グラフにしましょう。

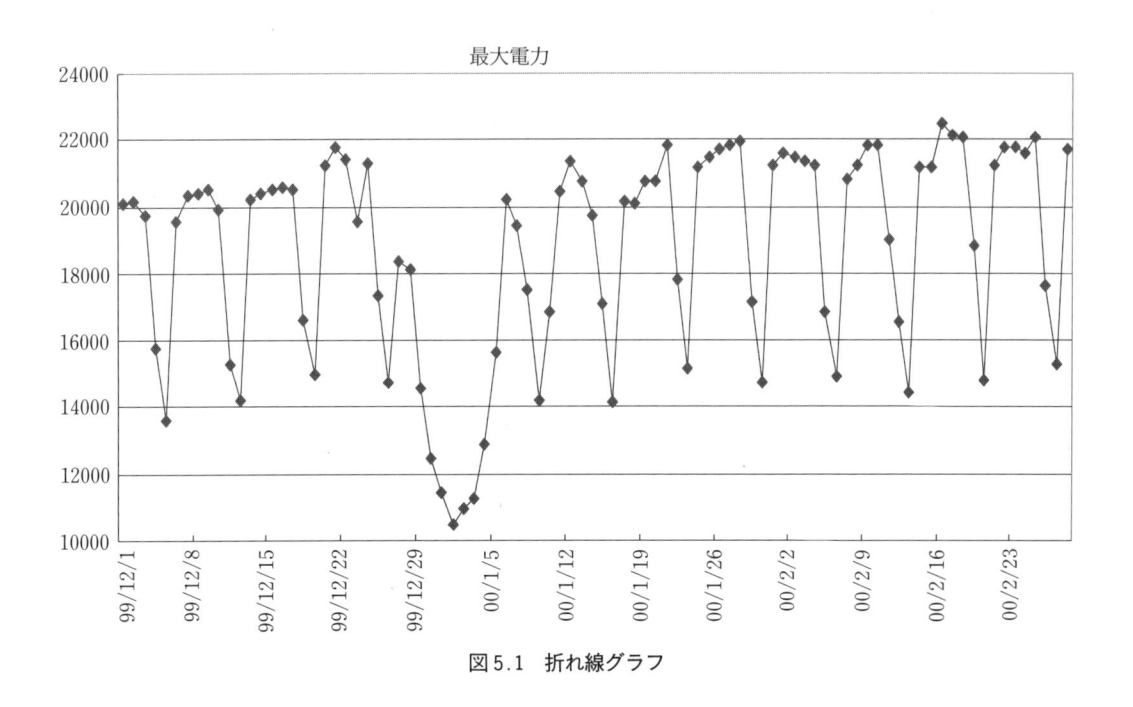

図5.1　折れ線グラフ

筆者は図5.1のグラフを見てなんと美しいのだろうと感動しました。美しいということは，何かパターンとか傾向があるということです。

図5.1を見ると，最大電力量は曜日によって大きく変動していることがわかります。月～金が平均して多く，土が少し減り，日が一番少なくなっています。

また，正月期は需要が落ち込んでいることもわかります。休んでいる企業が多いということでしょう。

そこで，表5.1を表5.2のように作り直しました。さらにExcelの回帰分析で実行できるように表5.3のようにしました。作り方は後述します。

表5.2 修正した最大需要電力データ（一部）

月	日	最大電力（千kw）	曜日	祝日か	正月期か	最高気温	最低気温	天候
12	1	20066	水	いいえ	いいえ	12.5	3.9	曇
12	2	20156	木	いいえ	いいえ	14.3	8.7	曇
12	3	19754	金	いいえ	いいえ	12.1	3.7	晴
12	4	15798	土	いいえ	いいえ	13.4	1.3	晴
12	5	13630	日	いいえ	いいえ	14.2	7.0	曇
12	6	19543	月	いいえ	いいえ	16.6	7.4	曇
12	7	20347	火	いいえ	いいえ	10.5	3.4	晴

表5.3 平成11年12月1日～平成12年2月28日のデータ

月日	最大電力（千kw）	月	火	水	木	金	土	祝	正月期	最高気温	最低気温	晴	曇	雨
12月1日	20066	0	0	1	0	0	0	0	0	12.5	3.9	0	1	0
12月2日	20156	0	0	0	1	0	0	0	0	14.3	8.7	0	1	0
12月3日	19754	0	0	0	0	1	0	0	0	12.1	3.7	1	0	0
12月4日	15798	0	0	0	0	0	1	0	0	13.4	1.3	1	0	0
12月5日	13630	0	0	0	0	0	0	0	0	14.2	7.0	0	1	0
12月6日	19543	1	0	0	0	0	0	0	0	16.6	7.4	0	1	0
12月7日	20347	0	1	0	0	0	0	0	0	10.5	3.4	1	0	0
12月8日	20397	0	0	1	0	0	0	0	0	13.2	1.8	1	0	0
12月9日	20501	0	0	0	1	0	0	0	0	12.1	3.0	0	1	0
12月10日	19890	0	0	0	0	1	0	0	0	14.4	4.0	1	0	0
12月11日	15314	0	0	0	0	0	1	0	0	13.6	3.9	0	1	0
12月12日	14222	0	0	0	0	0	0	0	0	11.4	2.6	0	1	0
12月13日	20237	1	0	0	0	0	0	0	0	12.2	5.3	0	1	0
12月14日	20394	0	1	0	0	0	0	0	0	10.8	5.5	0	1	0
12月15日	20533	0	0	1	0	0	0	0	0	11.0	2.7	0	1	0
12月16日	20599	0	0	0	1	0	0	0	0	12.6	1.8	1	0	0
12月17日	20505	0	0	0	0	1	0	0	0	12.8	3.2	1	0	0
12月18日	16581	0	0	0	0	0	1	0	0	11.3	4.9	0	1	0
12月19日	14986	0	0	0	0	0	0	0	0	8.0	2.5	0	1	0
12月20日	21214	1	0	0	0	0	0	0	0	8.5	−1.2	0	1	0
12月21日	21773	0	1	0	0	0	0	0	0	6.8	−0.7	0	1	0
12月22日	21437	0	0	1	0	0	0	0	0	8.9	−0.1	1	0	0
12月23日	19580	0	0	0	1	0	0	1	0	10.4	−0.7	1	0	0
12月24日	21293	0	0	0	0	1	0	0	0	11.1	−0.8	1	0	0
12月25日	17343	0	0	0	0	0	1	0	0	12.0	2.5	1	0	0
12月26日	14738	0	0	0	0	0	0	0	0	10.1	2.2	1	0	0
12月27日	18379	1	0	0	0	0	0	0	1	10.8	0.4	1	0	0
12月28日	18104	0	1	0	0	0	0	0	1	11.5	−0.7	1	0	0

2．グラフを描く

12月29日	14552	0	0	1	0	0	0	0	1	13.2	1.4	1	0	0
12月30日	12467	0	0	0	1	0	0	0	1	14.5	1.9	1	0	0
12月31日	11423	0	0	0	0	1	0	0	1	14.8	2.0	1	0	0
1月1日	10458	0	0	0	0	0	1	1	1	12.6	3.5	1	0	0
1月2日	10966	0	0	0	0	0	0	0	1	10.7	1.5	0	1	0
1月3日	11257	1	0	0	0	0	0	0	1	15.7	6.0	0	1	0
1月4日	12907	0	1	0	0	0	0	0	1	13.2	4.4	1	0	0
1月5日	15632	0	0	1	0	0	0	0	1	12.1	1.6	0	1	0
1月6日	20216	0	0	0	1	0	0	0	0	10.9	7.0	0	1	0
1月7日	19442	0	0	0	0	1	0	0	0	14.7	4.9	0	1	0
1月8日	17481	0	0	0	0	0	1	0	0	9.9	2.8	0	1	0
1月9日	14189	0	0	0	0	0	0	0	0	9.9	0.8	0	1	0
1月10日	16843	1	0	0	0	0	1	0	0	15.7	5.8	1	0	0
1月11日	20426	0	1	0	0	0	0	0	0	11.1	3.7	1	0	0
1月12日	21330	0	0	1	0	0	0	0	0	10.3	3.8	0	1	0
1月13日	20728	0	0	0	1	0	0	0	0	11.6	7.0	0	0	1
1月14日	19739	0	0	0	0	1	0	0	0	13.6	6.5	1	0	0
1月15日	17113	0	0	0	0	0	1	0	0	13.5	2.9	1	0	0
1月16日	14147	0	0	0	0	0	0	0	0	10.1	4.5	0	0	1
1月17日	20177	1	0	0	0	0	0	0	0	13.8	6.0	1	0	0
1月18日	20106	0	1	0	0	0	0	0	0	13.3	3.5	1	0	0
1月19日	20769	0	0	1	0	0	0	0	0	12.6	0.4	1	0	0
1月20日	20743	0	0	0	1	0	0	0	0	7.8	0.0	1	0	0
1月21日	21823	0	0	0	0	1	0	0	0	5.0	−0.8	1	0	0
1月22日	17824	0	0	0	0	0	1	0	0	7.8	−2.5	1	0	0
1月23日	15180	0	0	0	0	0	0	0	0	4.9	0.8	0	0	1
1月24日	21205	1	0	0	0	0	0	0	0	12.5	3.9	0	1	0
1月25日	21485	0	1	0	0	0	0	0	0	10.4	1.0	0	1	0
1月26日	21742	0	0	1	0	0	0	0	0	7.4	−1.0	1	0	0
1月27日	21862	0	0	0	1	0	0	0	0	7.1	−1.6	1	0	0
1月28日	21973	0	0	0	0	1	0	0	0	9.3	−2.7	1	0	0
1月29日	17148	0	0	0	0	0	1	0	0	11.3	−1.9	1	0	0
1月30日	14763	0	0	0	0	0	0	0	0	8.8	0.0	0	1	0
1月31日	21250	1	0	0	0	0	0	0	0	9.8	0.9	0	1	0
2月1日	21605	0	1	0	0	0	0	0	0	8.7	−1.4	1	0	0
2月2日	21489	0	0	1	0	0	0	0	0	10.0	0.4	0	1	0
2月3日	21371	0	0	0	1	0	0	0	0	11.8	−0.6	1	0	0
2月4日	21253	0	0	0	0	1	0	0	0	8.9	1.2	1	0	0
2月5日	16868	0	0	0	0	0	1	0	0	11.6	−0.6	1	0	0
2月6日	14921	0	0	0	0	0	0	0	0	5.1	1.8	0	0	1
2月7日	20839	1	0	0	0	0	0	0	0	10.2	3.2	1	0	0
2月8日	21221	0	1	0	0	0	0	0	0	9.3	−2.0	1	0	0

日付	需要電力								最高気温	最低気温			
2月9日	21833	0	0	1	0	0	0	0	0	6.2	−1.6	1	0	0
2月10日	21827	0	0	0	1	0	0	0	0	8.9	−2.7	1	0	0
2月11日	19039	0	0	0	0	1	0	1	0	10.3	−1.5	1	0	0
2月12日	16543	0	0	0	0	0	1	0	0	12.4	2.8	1	0	0
2月13日	14446	0	0	0	0	0	0	0	0	13.5	3.6	1	0	0
2月14日	21181	1	0	0	0	0	0	0	0	12.5	2.9	0	1	0
2月15日	21146	0	1	0	0	0	0	0	0	8.3	−1.1	0	0	0
2月16日	22501	0	0	1	0	0	0	0	0	0.8	−2.3	0	0	0
2月17日	22125	0	0	0	1	0	0	0	0	5.0	−3.9	1	0	0
2月18日	22085	0	0	0	0	1	0	0	0	6.6	−0.2	0	1	0
2月19日	18806	0	0	0	0	0	1	0	0	5.2	−1.1	0	1	0
2月20日	14798	0	0	0	0	0	0	0	0	10.7	1.3	1	0	0
2月21日	21243	1	0	0	0	0	0	0	0	7.5	1.0	1	0	0
2月22日	21786	0	1	0	0	0	0	0	0	8.2	−0.9	1	0	0
2月23日	21751	0	0	1	0	0	0	0	0	9.5	−1.2	1	0	0
2月24日	21617	0	0	0	1	0	0	0	0	8.3	−0.1	1	0	0
2月25日	22095	0	0	0	0	1	0	0	0	7.3	−2.3	1	0	0
2月26日	17601	0	0	0	0	0	1	0	0	4.9	−1.3	0	1	0
2月27日	15292	0	0	0	0	0	0	0	0	7.4	−0.4	1	0	0
2月28日	21719	1	0	0	0	0	0	0	0	9.1	−1.8	0	1	0
予測用データ														
2月29日	21919	0	1	0	0	0	0	0	0	7.5	−2.0	1	0	0

3．何をするのか
―分析によって，何ができるかを整理する―

表5.3のデータをマイニングして，次の二つのことをしたいのです。

① 予　測

例えば，平成12年2月29日の最大需要電力はいくらになるか予測します。つまり，予測式を求めるわけです。ただし，その平成12年2月29日が何曜日で，最高気温，最低気温の予測値，天候はわかっていることとします（これらの情報は，実際の予測においても天気予報などからわかります）。

② 要因分析

最大需要電力量の大小に効いているのは，曜日，祝日か否か，正月期か否か，最高気温，最低気温，天候など多々ある要因のうち，どれなのかを分析します。そして，それぞれの要因の影響の大きさを定量的に求めます。

その分析を行うことで，最大需要電力量を上下させている原因を正確に把握できるようになります。それによって，需要を上げるにはどうするか，逆に下げるにはどうするか，も考えられるようになるわけです。

読者は求め方を理解し，自ら各自の直面している予測問題を解決できるようになってください。

ここで，表5.3の作成方法を説明します。

例えば曜日であれば月から日まで0，1データで表し，該当していれば1，そうでなければ0とします。祝日であれば1，そうでなければ0とします。天候は晴，曇，雨，雪のいずれかに該当すれば1，そうでなければ0とします。このように定性的な情報（データ）は0，1データにするのは常套手段です。このようにして作ったのが表5.3です。ただし，回帰分析をすぐ実行できるように，日曜日と雪の列を削除しています。

4．回帰分析を実行する
― Excelでの効率的な分析方法 ―

表5.3で回帰分析を実行します。実行結果から要因として効いていない天候のデータを外して再度回帰分析を実行します。表5.4が再度実行した結果です。

表5.4 回帰分析実行結果

概要

回帰統計	
重相関 R	0.968
重決定 R^2	0.936
補正 R^2	0.928
標準誤差	852.224
観測数	90
Ru=	0.919

分散分析表

	自由度	変動	分散	観測された分散比	有意 F
回帰	10	8.45 E+08	84544017	116.406	5.31 E-43
残差	79	57376594	726286		
合計	89	9.03 E+08			

	係数	標準誤差	t	P-値
切片	16770.6	449.4108	37.3169	6.2 E-52
月	6384.6	344.5213	18.53169	1.72 E-30
火	6269.2	347.4375	18.04402	9.48 E-30
水	6276.4	342.3859	18.33125	3.45 E-30
木	6156.9	341.4138	18.03352	9.84 E-30
金	5942.3	347.4497	17.10277	2.79 E-28
土	2427.8	346.2507	7.011601	7.1 E-10
祝	−1674.7	448.9207	−3.73042	0.000358
正月期	−5614.5	308.6754	−18.189	5.69 E-30
最高気温	−181.1	47.54731	−3.80847	0.000275
最低気温	−125.0	47.7749	−2.61748	0.010613

表 5.4 から最大電力を求める回帰式は次の式 (5.1) のようになります。

$$\text{最大電力} = 16770.6 + \begin{bmatrix} 6384.6(月) \\ 6269.2(火) \\ 6276.4(水) \\ 6156.9(木) \\ 5942.3(金) \\ 2427.8(土) \\ 0(日) \end{bmatrix} + \begin{bmatrix} 0(祝日でない) \\ -1674.7(祝日) \end{bmatrix} + \begin{bmatrix} 0(正月期でない) \\ -5614.5(正月期) \end{bmatrix}$$

$$-181.1 * \text{最高気温} - 125.0 * \text{最低気温} \tag{5.1}$$

5. 要因を分析する
―影響の「原因」を把握する―

上の式から影響度を求め，要因分析を行います。影響度の求め方を説明しましょう。

影響度は，回帰係数のレンジ（最大値－最小値）を求めることで求まります。例えば曜日なら，曜日の最大値は 6384.6，最小値は 0 なので，レンジは 6384.6 − 0.0 = 6384.6 となります。つまり，影響度は 6384.6 になります。

次に最高気温の影響度は，回帰係数 * そのデータのレンジなので，$-181.1 * (16.6 - 0.8) = -2861.1$，最低気温の影響度は，$-125.0 * (8.7 - (-3.9)) = -1575.6$ となります。

その他の影響度も計算すると，表 5.5 のようになります。

表 5.5 影響度

	影響度
曜日	6384.6
祝日	−1674.7
正月期	−5614.5
最高気温	−2861.1
最低気温	−1575.6

表 5.5 の棒グラフを描くと，図 5.2 のようになります。

5. 要因を分析する

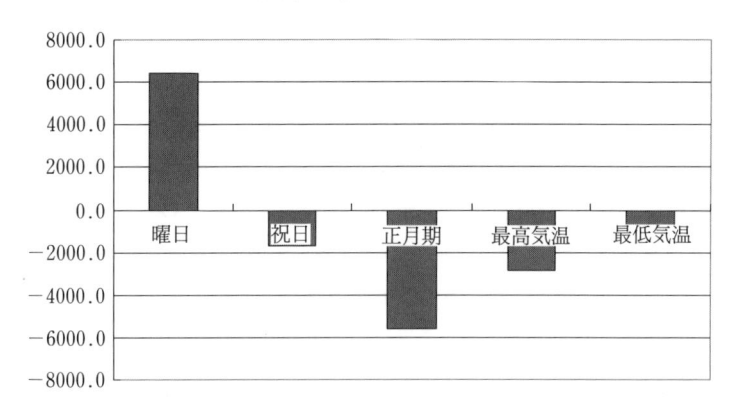

図 5.2 影響度の棒グラフ

図 5.2 を見ると，曜日，正月期，最高気温，祝日，最低気温の順で効いていることがわかります。曜日による違いを調べてみます。表 5.4 から曜日の回帰係数は表 5.6 のようになります。図に描くと図 5.3 のようになります。

表 5.6 曜日による違い

月	6384.6
火	6269.2
水	6276.4
木	6156.9
金	5942.3
土	2427.8
日	0.0

図 5.3 曜日による違い

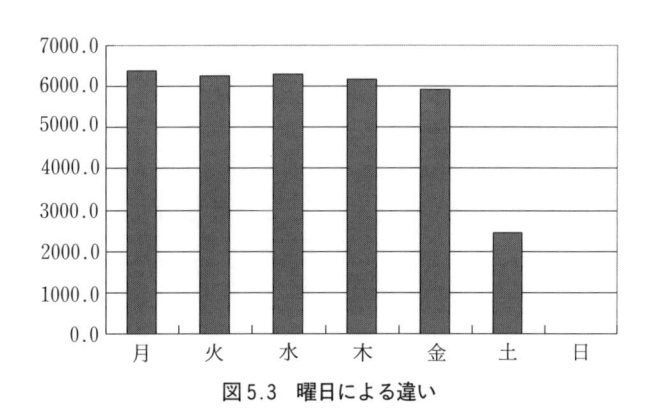

図 5.3 は日曜日を基準 0 として相対的な比較をしています。月曜日から金曜日が多く，土曜日，日曜日と少なくなっています。

このようにして，電力量を上下させている要因を分析することができます。

6．予測する
　　　―過去のパターンから未来が見える―

　要因分析ができたので，いよいよ本題の予測を行います。

　式(5.1)を用いて，2月29日の最大電力の予測にチャレンジしましょう。

　2月29日のデータは表5.3の一番下のようになっています。最高気温，最低気温，そして天候などは，天気予報データからわかります。

　このデータを式(5.1)に代入すると，予測値は21,931.8となります。さあ，この予測値はあたるでしょうか？

　実際の数字は21,919でした。

　このときの相対誤差（％）は (21,919−21,931.8)/21,919 * 100＝−0.06％です。かなりよい予測精度ではないでしょうか。このようにして，最大電力量を正確に予測することができるわけです。

第6章 関連がありそうなデータを用いて予測する

1. はじめに

表 6.1 は月別平年気圧のデータです。理科年表平成 13 年版から引用しました。帯広の 8 月から 12 月をブランクにしてありますが，このブランクを予測するにはどうすればいいのでしょうか。表 6.1 が売上高であったらどうでしょうか。予測が切実な問題となってきます。帯広支店を新規に開店し，1 月から 7 月の売上高から 8 月から 12 月の売上高を予測する問題と置き換えることもできます。

予測問題を解決する方法はいろいろありますし，データによって手法が違ってきます。ここでは，関連がありそうな情報（データ）をフルに用いることを考えます。相似法（仮にこう呼びます），数量化理論 1 類および回帰分析による方法を紹介します。

関連があるかどうかはどうやって調べるのでしょうか。時系列データは折れ線グラフを描くのが鉄則です。

表 6.1 の折れ線グラフを描くと図 6.1 のようになります。

表 6.1　月別平年気圧

単位；省略

	稚内	旭川	網走	札幌	帯広
1月	11.6	12.6	11.2	12.4	11.8
2月	13.2	13.9	13.2	13.7	13.3
3月	12.7	13.6	12.8	13.5	13.1
4月	12.8	13.9	13.5	13.8	14.1
5月	10.0	10.5	10.5	10.5	10.9
6月	9.6	9.4	10.1	9.3	10.3
7月	8.7	8.6	9.3	8.5	9.6
8月	9.3	9.5	9.9	9.2	?
9月	12.5	13.3	13.2	13.0	?
10月	14.2	15.9	15.1	15.7	?
11月	14.0	15.7	14.5	15.8	?
12月	12.0	13.6	12.1	13.8	?

(理科年表平成 13 年版より引用)

第6章 関連がありそうなデータを用いて予測する

図6.1 表6.1の折れ線グラフ

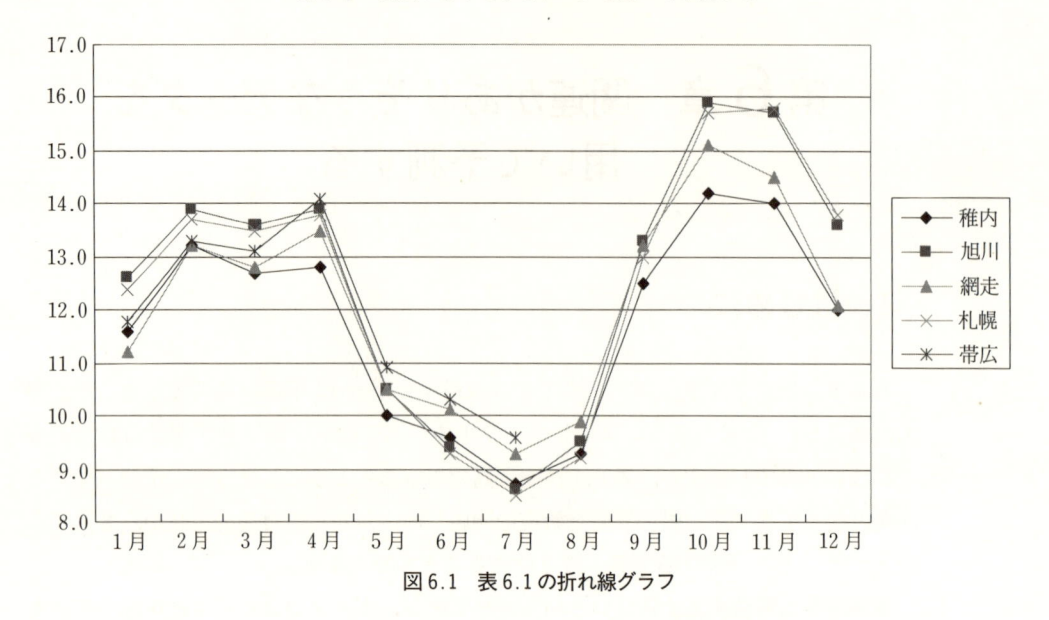

　図6.1を見ると，似たような曲線になっています。きわめて関連が強い，つまり相関が高いことがわかります。1月から7月までのデータの相関係数を求め確認してみましょう（表6.2）。

表6.2　相関係数

	稚内	旭川	網走	札幌	帯広
稚内	1				
旭川	0.993	1			
網走	0.976	0.964	1		
札幌	0.991	0.9996	0.967	1	
帯広	0.971	0.971	0.994	0.974	1

　札幌と旭川の相関係数はほとんど1です。札幌の平均気圧がわかると旭川の平均気圧がきわめて正確に予測できるということです。帯広と相関係数が一番高いのは網走の0.994です。似たような曲線かどうか（相似形かどうか）は相関係数が1に近いかどうかで判定することにします。

2．相似法で予測する

　ここでいう相似法とは，簡単に言えば似たデータを利用して，目的とするデータを予測する手法です。先に述べたとおり，帯広と最もよく似た（相関係数の高い）地域は網走でした（表6.3）。
　網走との相関を元に帯広の8月から12月の平均気圧を予測してみましょう。二つ

2．相似法で予測する

表6.3　網走と帯広

	網走	帯広
1月	11.2	11.8
2月	13.2	13.3
3月	12.8	13.1
4月	13.5	14.1
5月	10.5	10.9
6月	10.1	10.3
7月	9.3	9.6
8月	9.9	
9月	13.2	
10月	15.1	
11月	14.5	
12月	12.1	

のデータの関係を確認するには，相関係数を利用するだけではなく，散布図を利用することが鉄則です。散布図はExcelのグラフ機能を使うことで簡単に作成することができます。網走と帯広の1月から8月までの平年月別気圧の散布図を作成してみます（図6.2）。

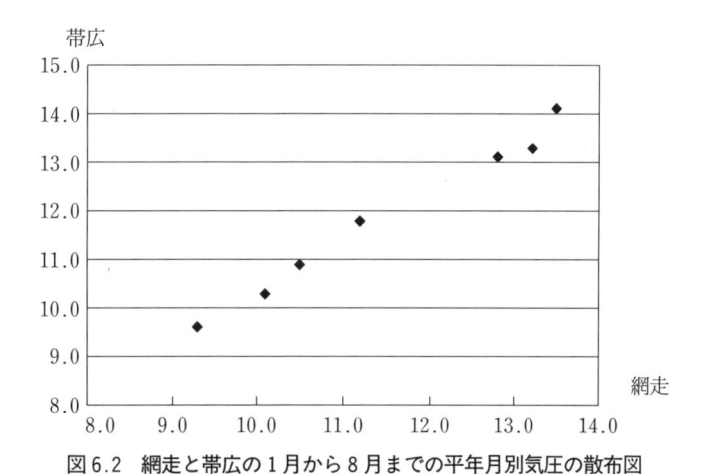

図6.2　網走と帯広の1月から8月までの平年月別気圧の散布図

この図からもわかるように，やはり両者には強い相関関係があることがわかります。予測したい帯広の平均気圧をy，網走の平均気圧をxとして，みなさんが中学校で習ってきた$y = ax + b$という1次関数を作成することで，網走の平年月別気圧から帯広の平年月別気圧を予測することができるのではないでしょうか。実は，この$y = ax + b$という関数を作成する手法が単回帰分析に他なりません。Excelには，散布図などのグラフに回帰分析を行い，近似曲線と言われる線を加える機能があ

ります。先ほど作成した散布図をクリックして，アクティブな状態にすると，Excelのツールバーにグラフメニューが表示されます。その中にある，"近似曲線の追加"をクリックしてください（図6.3参照）。

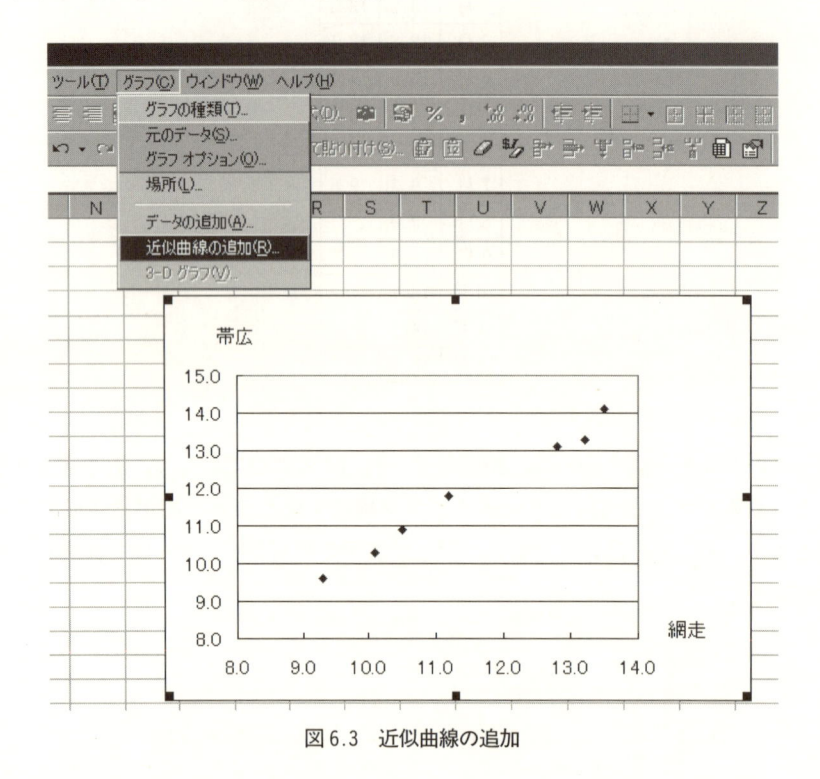

図6.3 近似曲線の追加

　近似曲線の追加ダイアログが表示されます。今回は回帰分析の中で最も基本的な線形近似を行います。種類タブで"線形近似"を選択してください（図6.4）。

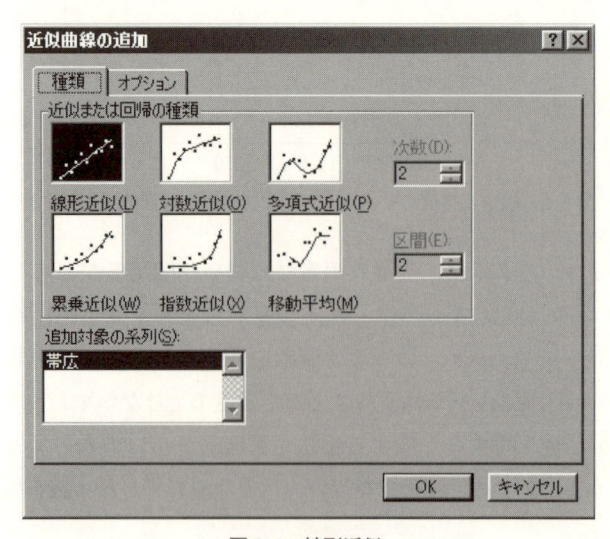

図6.4 線形近似

2．相似法で予測する

線形近似とは難しそうですが平たくいえば直線のことです。

次に，オプションタブで，「グラフに数式を表示する」と「グラフにR-2乗値を表示する」チェックボックスをチェックしてください。

図6.5

こうすることで，線形回帰方程式と呼ばれる式を表示することができます。ここまで設定したら，OKボタンを押してみましょう。先ほどの散布図に単回帰式，R-2乗値が加えられました（図6.6）。

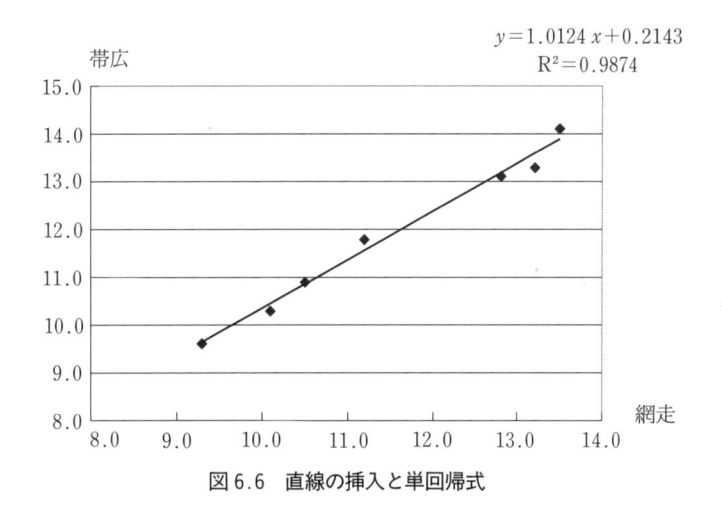

図6.6　直線の挿入と単回帰式

R-2乗値（正確にはR^2）とは，作成した回帰式が実際のデータにどの程度近いかを表す0～1の値をとる尺度で，1に近いほどその曲線の精度が高いことを表してい

ます。R-2乗値が0.9874となっており，かなり精度の高い回帰式が得られたと言ってよいでしょう。

(注)R^2の平方根が重相関係数です。単回帰式のときは，重相関係数＝単相関係数の絶対値，という関係が成り立ちます。

では，回帰分析のより詳細な結果を見てみましょう。そのためには，Excelの分析ツールを利用します。分析ツールの回帰分析を選択すると，回帰分析ダイアログが表示されます。入力Y範囲に，目的変数（ここでは帯広）を，入力X範囲に説明変数（ここでは網走）のデータ範囲をそれぞれ選択してください。その際，"網走"と"帯広"というラベルが入っているセルも選択範囲にし，ラベルチェックボックスにチェックすることで結果にラベルを反映させることができます（図6.7）。

図6.7 回帰分析の実行

OKボタンを押すと，回帰分析の結果が得られます。

概要

回帰統計	
重相関 R	0.994
重決定 R^2	0.987
補正 R^2	0.985
標準誤差	0.207
観測数	7

分散分析表

	自由度	変動	分散	観測された分散比	有意 F
回帰	1	16.87967694	16.87967694	393.2662271	6.0232 E-06
残差	5	0.214608779	0.042921756		
合計	6	17.09428571			

	係数	標準誤差	t	P-値
切片	0.214	0.593017261	0.361394164	0.73257384
網走	1.012	0.051051767	19.83094116	6.0232 E-06

この本で想定している初心者のレベルで理解していただきたいポイントは，R，係数の二つです。

Rは先ほど説明したとおり，0〜1の間をとる値で，1に近いほど精度が高い回帰式であることを示します。

係数とは，回帰式を$y = a + bx$と表現したときの，aとbの値を示しており，上記の係数欄を見ると，切片aが0.214，網走の回帰係数bが1.012となっています。このことから，網走の帯広に対する回帰式は，

$$帯広 = 0.214 + 1.012 * 網走$$

ということになります。

では，得られた回帰式で，帯広の8月から12月のデータを予測してみましょう。網走の8月から12月のデータに先ほどの回帰式をあてはめると，帯広の予測値が得られます。得られた予測値と実測値を比較すると表6.4のようになります。

表6.4 予測値と実測値の比較

網走	予測値	実測値	相対誤差(%)	絶対値
9.9	10.24	10.2	−0.4	0.4
13.2	13.58	13.7	0.9	0.9
15.1	15.50	15.8	1.9	1.9
14.5	14.89	15.4	3.3	3.3
12.1	12.46	13.1	4.9	4.9
			平均	2.3

相対誤差（%）の絶対値の平均が2.3％とかなりよい予測精度といえるのではないでしょうか。

3. 数量化理論1類モデルによる予測

稚内から札幌は帯広とすべて高い相関がありました。そこで，すべての情報を使ってより予測精度を向上させることはできないでしょうか。

そのためには，網走や旭川といった地域を表す値と，1月や2月といった月を表す値をカテゴリデータ（定性的な情報）を用いて，予測式を求めてみます。カテゴリデータを用いた解析手法として有名なものに，林知己夫博士が提唱された数量化理論があります。数量化理論は1類〜4類があり，そのうち，カテゴリデータから注目しているデータを予測する手法が数量化1類です。数量化1類は，データ形式にカテゴリを利用し，回帰分析と同じ方法でモデルを作成することができます。そのため，数量化1類もExcelの回帰分析で，実行することが可能です。

ここでは，平均気圧を外的基準として，地区と月をアイテム（要因）として数量化

理論1類モデルを考えます．数量化1類を行うためにはカテゴリに該当していれば1，そうでなければ0と入力した表を作成します．例えば，稚内の1月の平均気圧が11.6なので，稚内と1月に対応するセルにそれぞれ1を，それ以外の地域と月に0を入力し，平均気圧をy列に入力します．表6.1を上記の手続きでカテゴリデータ化すると，表6.5のようになります．

表6.5 回帰分析用データ

No.	y	稚内	旭川	網走	札幌	帯広	1月	2月	3月	4月	5月	6月	7月	8月	9月	10月	11月	12月
1	11.6	1	0	0	0	0	1	0	0	0	0	0	0	0	0	0	0	0
2	13.2	1	0	0	0	0	0	1	0	0	0	0	0	0	0	0	0	0
3	12.7	1	0	0	0	0	0	0	1	0	0	0	0	0	0	0	0	0
4	12.8	1	0	0	0	0	0	0	0	1	0	0	0	0	0	0	0	0
5	10.0	1	0	0	0	0	0	0	0	0	1	0	0	0	0	0	0	0
6	9.6	1	0	0	0	0	0	0	0	0	0	1	0	0	0	0	0	0
7	8.7	1	0	0	0	0	0	0	0	0	0	0	1	0	0	0	0	0
8	9.3	1	0	0	0	0	0	0	0	0	0	0	0	1	0	0	0	0
9	12.5	1	0	0	0	0	0	0	0	0	0	0	0	0	1	0	0	0
10	14.2	1	0	0	0	0	0	0	0	0	0	0	0	0	0	1	0	0
11	14.0	1	0	0	0	0	0	0	0	0	0	0	0	0	0	0	1	1
12	12.0	1	0	0	0	0	0	0	0	0	0	0	0	0	0	0	0	0
13	12.6	0	1	0	0	0	1	0	0	0	0	0	0	0	0	0	0	0
14	13.9	0	1	0	0	0	0	1	0	0	0	0	0	0	0	0	0	0
15	13.6	0	1	0	0	0	0	0	1	0	0	0	0	0	0	0	0	0
16	13.9	0	1	0	0	0	0	0	0	1	0	0	0	0	0	0	0	0
17	10.5	0	1	0	0	0	0	0	0	0	1	0	0	0	0	0	0	0
18	9.4	0	1	0	0	0	0	0	0	0	0	1	0	0	0	0	0	0
19	8.6	0	1	0	0	0	0	0	0	0	0	0	1	0	0	0	0	0
20	9.5	0	1	0	0	0	0	0	0	0	0	0	0	1	0	0	0	0
21	13.3	0	1	0	0	0	0	0	0	0	0	0	0	0	1	0	0	0
22	15.9	0	1	0	0	0	0	0	0	0	0	0	0	0	0	1	0	0
23	15.7	0	1	0	0	0	0	0	0	0	0	0	0	0	0	0	1	0
24	13.6	0	1	0	0	0	0	0	0	0	0	0	0	0	0	0	0	1
25	11.2	0	0	1	0	1	0	0	0	0	0	0	0	0	0	0	0	0
26	13.2	0	0	1	0	0	0	1	0	0	0	0	0	0	0	0	0	0
27	12.8	0	0	1	0	0	0	0	1	0	0	0	0	0	0	0	0	0
28	13.5	0	0	1	0	0	0	0	0	1	0	0	0	0	0	0	0	0
29	10.5	0	0	1	0	0	0	0	0	0	1	0	0	0	0	0	0	0
30	10.1	0	0	1	0	0	0	0	0	0	0	1	0	0	0	0	0	0
31	9.3	0	0	1	0	0	0	0	0	0	0	0	1	0	0	0	0	0
32	9.9	0	0	1	0	0	0	0	0	0	0	0	0	1	0	0	0	0

3．数量化理論1類モデルによる予測

33	13.2	0	0	1	0	0	0	0	0	0	0	0	0	0	1	0	0	0
34	15.1	0	0	1	0	0	0	0	0	0	0	0	0	0	0	1	0	0
35	14.5	0	0	1	0	0	0	0	0	0	0	0	0	0	0	0	1	0
36	12.1	0	0	1	0	0	0	0	0	0	0	0	0	0	0	0	0	1
37	12.4	0	0	0	1	0	1	0	0	0	0	0	0	0	0	0	0	0
38	13.7	0	0	0	1	0	0	1	0	0	0	0	0	0	0	0	0	0
39	13.5	0	0	0	1	0	0	0	1	0	0	0	0	0	0	0	0	0
40	13.8	0	0	0	1	0	0	0	0	1	0	0	0	0	0	0	0	0
41	10.5	0	0	0	1	0	0	0	0	0	1	0	0	0	0	0	0	0
42	9.3	0	0	0	1	0	0	0	0	0	0	1	0	0	0	0	0	0
43	8.5	0	0	0	1	0	0	0	0	0	0	0	1	0	0	0	0	0
44	9.2	0	0	0	1	0	0	0	0	0	0	0	0	1	0	0	0	0
45	13.0	0	0	0	1	0	0	0	0	0	0	0	0	0	1	0	0	0
46	15.7	0	0	0	1	0	0	0	0	0	0	0	0	0	0	1	0	0
47	15.8	0	0	0	1	0	0	0	0	0	0	0	0	0	0	0	1	0
48	13.8	0	0	0	1	0	0	0	0	0	0	0	0	0	0	0	0	1
49	11.8	0	0	0	0	1	1	0	0	0	0	0	0	0	0	0	0	0
50	13.3	0	0	0	0	1	0	1	0	0	0	0	0	0	0	0	0	0
51	13.1	0	0	0	0	1	0	0	1	0	0	0	0	0	0	0	0	0
52	14.1	0	0	0	0	1	0	0	0	1	0	0	0	0	0	0	0	0
53	10.9	0	0	0	0	1	0	0	0	0	1	0	0	0	0	0	0	0
54	10.3	0	0	0	0	1	0	0	0	0	0	1	0	0	0	0	0	0
55	9.6	0	0	0	0	1	0	0	0	0	0	0	1	0	0	0	0	0

　しかし，表6.5のデータにそのままExcelの回帰分析を行おうとしてもエラーメッセージが表示されてしまいます．実は，カテゴリデータの分析を行う際には，どのカテゴリに属するかが，他のカテゴリのデータが得られることで自動的にわかってしまうので，一つのカテゴリ列のデータを削除するという規則があります．例えば，12月のデータであるかないかは，1月～11月のデータを与えられれば自動的にわかってしまいます．1月～11月のどれかに該当していれば，12月には該当しませんし，どれにも該当していなければ，必ず12月に該当しているからです．統計的には，自由度が12ではなく11ということになり，上記のままではランク落ちが生じて逆行列が求まらないということになるわけですが，初めのうちは，一つのカテゴリのデータを削除するということを理解していれば十分でしょう．

　ここでは，札幌と12月の列をすべて削除します．すると，表6.6のようなデータが得られます．

表6.6 回帰分析実行用データ

No.	y	稚内	旭川	網走	帯広	1月	2月	3月	4月	5月	6月	7月	8月	9月	10月	11月
1	11.6	1	0	0	0	1	0	0	0	0	0	0	0	0	0	0
2	13.2	1	0	0	0	0	1	0	0	0	0	0	0	0	0	0
3	12.7	1	0	0	0	0	0	1	0	0	0	0	0	0	0	0
4	12.8	1	0	0	0	0	0	0	1	0	0	0	0	0	0	0
5	10.0	1	0	0	0	0	0	0	0	1	0	0	0	0	0	0
6	9.6	1	0	0	0	0	0	0	0	0	1	0	0	0	0	0
7	8.7	1	0	0	0	0	0	0	0	0	0	1	0	0	0	0
8	9.3	1	0	0	0	0	0	0	0	0	0	0	1	0	0	0
9	12.5	1	0	0	0	0	0	0	0	0	0	0	0	1	0	0
10	14.2	1	0	0	0	0	0	0	0	0	0	0	0	0	1	0
11	14.0	1	0	0	0	0	0	0	0	0	0	0	0	0	0	1
12	12.0	1	0	0	0	0	0	0	0	0	0	0	0	0	0	0
13	12.6	0	1	0	0	1	0	0	0	0	0	0	0	0	0	0
14	13.9	0	1	0	0	0	1	0	0	0	0	0	0	0	0	0
15	13.6	0	1	0	0	0	0	1	0	0	0	0	0	0	0	0
16	13.9	0	1	0	0	0	0	0	1	0	0	0	0	0	0	0
17	10.5	0	1	0	0	0	0	0	0	1	0	0	0	0	0	0
18	9.4	0	1	0	0	0	0	0	0	0	1	0	0	0	0	0
19	8.6	0	1	0	0	0	0	0	0	0	0	1	0	0	0	0
20	9.5	0	1	0	0	0	0	0	0	0	0	0	1	0	0	0
21	13.3	0	1	0	0	0	0	0	0	0	0	0	0	1	0	0
22	15.9	0	1	0	0	0	0	0	0	0	0	0	0	0	1	0
23	15.7	0	1	0	0	0	0	0	0	0	0	0	0	0	0	1
24	13.6	0	1	0	0	0	0	0	0	0	0	0	0	0	0	0
25	11.2	0	0	1	0	1	0	0	0	0	0	0	0	0	0	0
26	13.2	0	0	1	0	0	1	0	0	0	0	0	0	0	0	0
27	12.8	0	0	1	0	0	0	1	0	0	0	0	0	0	0	0
28	13.5	0	0	1	0	0	0	0	1	0	0	0	0	0	0	0
29	10.5	0	0	1	0	0	0	0	0	1	0	0	0	0	0	0
30	10.1	0	0	1	0	0	0	0	0	0	1	0	0	0	0	0
31	9.3	0	0	1	0	0	0	0	0	0	0	1	0	0	0	0
32	9.9	0	0	1	0	0	0	0	0	0	0	0	1	0	0	0
33	13.2	0	0	1	0	0	0	0	0	0	0	0	0	1	0	0
34	15.1	0	0	1	0	0	0	0	0	0	0	0	0	0	1	0
35	14.5	0	0	1	0	0	0	0	0	0	0	0	0	0	0	1
36	12.1	0	0	1	0	0	0	0	0	0	0	0	0	0	0	0
37	12.4	0	0	0	0	1	0	0	0	0	0	0	0	0	0	0
38	13.7	0	0	0	0	0	1	0	0	0	0	0	0	0	0	0
39	13.5	0	0	0	0	0	0	1	0	0	0	0	0	0	0	0
40	13.8	0	0	0	0	0	0	0	1	0	0	0	0	0	0	0

3．数量化理論1類モデルによる予測　　　　　　　　　　　　　　　　75

41	10.5	0	0	0	0	0	0	0	0	1	0	0	0	0	0	0
42	9.3	0	0	0	0	0	0	0	0	0	1	0	0	0	0	0
43	8.5	0	0	0	0	0	0	0	0	0	0	1	0	0	0	0
44	9.2	0	0	0	0	0	0	0	0	0	0	0	1	0	0	0
45	13.0	0	0	0	0	0	0	0	0	0	0	0	0	1	0	0
46	15.7	0	0	0	0	0	0	0	0	0	0	0	0	0	1	0
47	15.8	0	0	0	0	0	0	0	0	0	0	0	0	0	0	1
48	13.8	0	0	0	0	0	0	0	0	0	0	0	0	0	0	0
49	11.8	0	0	0	1	1	0	0	0	0	0	0	0	0	0	0
50	13.3	0	0	0	1	0	1	0	0	0	0	0	0	0	0	0
51	13.1	0	0	0	1	0	0	1	0	0	0	0	0	0	0	0
52	14.1	0	0	0	1	0	0	0	1	0	0	0	0	0	0	0
53	10.9	0	0	0	1	0	0	0	0	1	0	0	0	0	0	0
54	10.3	0	0	0	1	0	0	0	0	0	1	0	0	0	0	0
55	9.6	0	0	0	1	0	0	0	0	0	0	1	0	0	0	0

概要

回帰統計	
重相関 R	0.984
重決定 R^2	0.968
補正 R^2	0.956
標準誤差	0.440
観測数	55

分散分析表

	自由度	変動	分散	観測された分散比	有意 F
回帰	15	228.4966964	15.2331131	78.63236799	2.32055 E-24
残差	39	7.555303571	0.193725733		
合計	54	236.052			

	係数	標準誤差	t	P-値
切片	12.39	0.246047336	50.35447059	4.20518 E-37
稚内	0.00	—	—	—
旭川	0.83	0.179687568	4.59130261	4.50537 E-05
網走	0.40	0.179687568	2.226086114	0.03185713
札幌	0.72	0.179687568	3.988404287	0.000283514
帯広	0.81	0.216105852	3.733564973	0.000601922
1月	−1.02	0.297590885	−3.425124106	0.001459823
2月	0.52	0.297590885	1.749765573	0.088024322
3月	0.20	0.297590885	0.674463822	0.503995161
4月	0.68	0.297590885	2.287416449	0.027678988
5月	−2.46	0.297590885	−8.263981988	4.2213 E-10
6月	−3.20	0.297590885	−10.75061729	3.16779 E-13
7月	−4.00	0.297590885	−13.43887167	3.21828 E-16
8月	−3.40	0.311227997	−10.92446705	1.97313 E-13
9月	0.13	0.311227997	0.401634818	0.690145286
10月	2.35	0.311227997	7.550734575	3.80271 E-09
11月	2.13	0.311227997	6.827791903	3.6968 E-08
12月	0.00	—	—	—

表6.6のデータで回帰分析を実行します。上記のような結果が得られました。稚内と12月の回帰係数は自分で0とします。

Rはモデルのあてはまりの良さを表しています。（回帰）係数から帯広を表す式は以下のようになります。

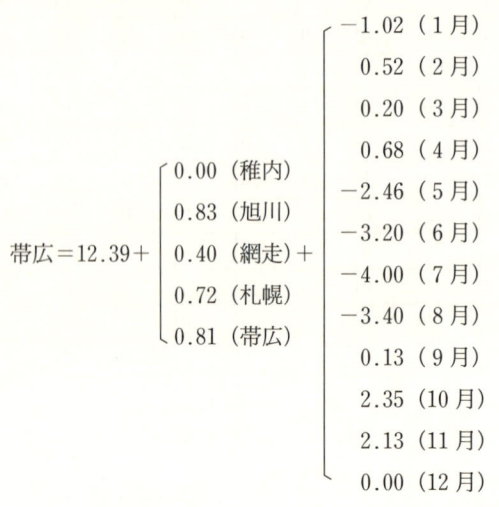

$$帯広 = 12.39 + \begin{cases} 0.00\ (稚内) \\ 0.83\ (旭川) \\ 0.40\ (網走) \\ 0.72\ (札幌) \\ 0.81\ (帯広) \end{cases} + \begin{cases} -1.02\ (1月) \\ 0.52\ (2月) \\ 0.20\ (3月) \\ 0.68\ (4月) \\ -2.46\ (5月) \\ -3.20\ (6月) \\ -4.00\ (7月) \\ -3.40\ (8月) \\ 0.13\ (9月) \\ 2.35\ (10月) \\ 2.13\ (11月) \\ 0.00\ (12月) \end{cases}$$

作成した数量化1類のモデルで予測した帯広の8月～12月の平均気圧と実測値を比較すると，表6.7のようになります。

表6.7 帯広の実測値と数量化1類による予測値

	予測値	実測値	相対誤差(%)	絶対値
8月	9.80	10.2	4.0	4.0
9月	13.32	13.7	2.8	2.8
10月	15.55	15.8	1.6	1.6
11月	15.32	15.4	0.5	0.5
12月	13.20	13.1	−0.7	0.7
			平均	1.9

相対誤差の絶対値の平均値は1.9％と，かなり精度の高い予測値が得られたといっていいでしょう。

4．重回帰分析による予測

最後に重回帰分析による予測を試みます。
表6.1のデータでこのまま回帰分析を実行すると以下のようになります。

4．重回帰分析による予測

概要

回帰統計	
重相関 R	0.999435
重決定 R²	0.99887
補正 R²	0.996611
標準誤差	0.098265
観測数	7

分散分析表

	自由度	変動	分散	観測された分散比	有意 F
回帰	4	17.07497	4.268743	442.0838	0.002258
残差	2	0.019312	0.009656		
合計	6	17.09429			

	係数	標準誤差	t	P-値
切片	1.676	0.438413	3.82219	0.062138
稚内	−1.158	0.322666	−3.5896	0.069603
旭川	2.040	1.08443	1.881213	0.200674
網走	1.241	0.165088	7.515712	0.017247
札幌	−1.296	0.993029	−1.30531	0.321752

説明変数札幌の P-値（危険率）が大きいのでこれを削除して回帰分析を実行すると以下のようになります。

概要

回帰統計	
重相関 R	0.998953
重決定 R²	0.997908
補正 R²	0.995816
標準誤差	0.109185
観測数	7

分散分析表

	自由度	変動	分散	観測された分散比	有意 F
回帰	3	17.05852	5.686174	476.9731	0.000162
残差	3	0.035764	0.011921		
合計	6	17.09429			

	係数	標準誤差	t	P-値
切片	1.53	0.471116	3.247933	0.047564
稚内	−0.86	0.253721	−3.39218	0.042706
旭川	0.64	0.164762	3.871165	0.030503
網走	1.08	0.126389	8.58131	0.003326

説明変数である稚内，旭川，網走の危険率はすべて小さくなっているので，最適な説明変数とします。

最適な回帰式は以下のようになります。

$$帯広 = 1.53 + \begin{cases} -0.86 \text{（稚内）} \\ 0.64 \text{（旭川）} \\ 1.08 \text{（網走）} \end{cases}$$

上の式を用いて予測すると以下のようになりました。

稚内	旭川	網走		予測値	実測値	相対誤差（％）	絶対値
9.3	9.5	9.9		10.32	10.2	−1.2	1.2
12.5	13.3	13.2		13.57	13.7	0.9	0.9
14.2	15.9	15.1		15.83	15.8	−0.2	0.2
14	15.7	14.5		15.22	15.4	1.2	1.2
12	13.6	12.1		13.00	13.1	0.8	0.8
						平均	0.8

相対誤差（％）の絶対値の平均は0.8％とかなり小さくなっています。

今回の事例では回帰分析法が一番予測精度がよくなりましたが，いつもこうだとはいえません。いろいろな手法で予測を試み，一番精度が良い方法をみつけることが肝要です。

第7章 コンジョイント分析と事例
―リフォームのとき何を重要視するか？―

1．はじめに
―なぜコンジョイント分析なのか―

　日本では，家は一生の買い物といわれることがあります。平均的な家庭なら一生にたったの1回ぐらいしか買わない，大きな大きな金額の買い物です。そのうえ購入後に使う年数も非常に長いので，一旦買った家も生活や家族の変化に合わせて，間取りや内装を変える必要があります。

　例えば，お子さんが大きくなったので子供部屋が必要になった，より使いやすいシステムキッチンを導入したい，両親またはご自身の高齢化から敷居などの段差をなくしたい（バリアフリー構造），外壁や屋根を替えたいなど，さまざまなニーズが発生します。このようなニーズによって，リフォームの需要が生まれます。

　では，実際にリフォームをするためにその業者を選ぶとき，われわれはどのような点を重要視して選んでいるのでしょうか？　逆にいえば，どのようにすれば，リフォームの発注をしてもらえるのでしょうか？　それを調査するには，どうすればいいのでしょうか？

　実はその調査方法は，意外と難しいのです。重要視する内容を調査するといっても，単純に

「以下の内容から重要視するポイントをいくつでも選んでください。」

などと書いて，

- システムキッチンが付けられる
- バリアフリー構造（敷居などの段差がない構造）にできる
- 価格が300万円以下
- 地震に強くなる
- 火事に強くなる

というふうに選択肢を作ってしまうと，回答者は自分が好きな選択肢をすべて選んでしまいます。それを分析して得られる答えは，

「地震や火事に強くて，バリアフリーで，システムキッチン付きで，300万円以下でできるリフォーム業者に，回答者は依頼したがっている。」

という，ものすごく当たり前の答えが出て終わりです。

　そんなリフォームが売れるのは当たり前です。そんなリフォームがあるなら，だれ

だって買います。もしそんなリフォームを行って売ることで利益が出せるなら，誰でも喜んで売り出すでしょう。リサーチをする必要なんて全くありません。売れるのがわかっているのですから。

　しかし，現実にはこんなことに自社だけが可能になるような革新的な技術なんて，まず生まれるものではありません。そのため，上記のようなリサーチを行っても意味がないのです。

　この話をすると，7割ぐらいの確率でこんな意見をもらいます。

　「じゃあ，例えば「重要なポイントを三つだけ選んでください」というふうに個数に上限を設けて調査すれば，重要ポイントをリサーチできるんじゃないでしょうか？」

　たしかに，いい方法です。これでやれば，最初のものほど悪い結果にはなりません。それに，実際にそのような手法だけで調査＆分析を行っている事例は，今でも多く見かけます。

　しかし，これでもまだ問題が2点あります。

　1点目の問題は，具体的な対応策がわかりにくい，という点です。例えば，重要視している点が「システムキッチンが導入できる」と，「工事期間が短い」の2点だったとしましょう。この場合，「システムキッチンが付き，工事期間が短い」リフォームを売り出せば，売れそうだということはわかります。

　が，それなら「システムキッチンが付く」だけなら，どのぐらい売れるのでしょうか？　または，「工事期間が短い」だけなら，どのぐらい売れるのでしょうか？

　このようなポイントが，まったくわからないのです。そのため，具体的にどのように対応すればいいのかがわかりにくくなってしまう，という問題が発生するわけです。

　2点目の問題は，回答者が重要視しているポイントというのは単独にあるのではなくて，あくまでシーソーゲームのようにお互いに関係しあっている，という点です。

　例えば「システムキッチン」が欲しい回答者がいるとします。

　この人は，「システムキッチン」が50万円で手に入るなら，「多少お金を払っても欲しい」と思って買ってくれるとします。では，100万円なら買ってくれるでしょうか？　200万円でも，買ってくれるのでしょうか？

　または，1,000万円するプロの料理人用のシステムキッチンは，買ってくれるのでしょうか？　おそらく，高すぎて無理そうです。この人の場合は，「1,000万円もするプロ用のシステムキッチンはいらないけれど，システムキッチンがないのはいやだ。ある程度の性能で，50万円ぐらいで買えるシステムキッチンが欲しい」というニーズを持っているのです。

　この場合は，「システムキッチン」と「価格」がシーソーゲームになっています。

「システムキッチンが付けれる」なら，なんでも買うというわけではありません。

ところが，先の重要視点を挙げるだけの調査では，このシーソーゲームの関係がわかりません。なぜなら，この調査結果からは「システムキッチンが重要視されている」ことしかわからないのです。この調査結果では，このような重要視点同士のシーソーゲームの関係が，まったく考慮されていないのです。これが，2点目の問題です。

そこで，このようなシーソーゲームの関係を明らかにした上で，さらに具体的な対応策まで提示できる分析手法が必要になります。

それを実現する分析手法，それが本章で紹介する「コンジョイント分析」です。比較的簡単にできる上に，非常に効果的な手法であることから，アメリカでは80年代頃から広く普及し，利用されている手法です。日本でも企業の商品開発部門やマーケティング部門，調査部門などで利用されています。

本章はこのコンジョイント分析を使って，「より売れるリフォームを提案するには，どうするか？」を分析するためのアンケート調査を行い，その分析手法をわかりやすく解説していきます。そしてその分析作業は，みなさんの身近にあるとても便利なツール，Excelを使って行います。これによって，読んだ後みなさんもすぐにご自身のパソコンでできるようになるため，すぐに実践できます。そして効果がすぐにめきめきとあがるはずです。

説明の文章の中には少し難しいところもありますが，マスターしたあとに得られる効果もとても大きい分析手法です。是非，頑張って読破し，実践することで身に付けてください。

2．コンジョイント分析の手順

（1） ポイントと，その選択肢を設定する

それでは調査の具体的な方法を説明します。まず，リフォーム業を長くやっておられるプロの方に相談して，回答者がリフォームをお願いする業者を選ぶときに，重要視するポイントと，それぞれのポイントについてどのような選択肢を提示しているかを教えてもらいます。

ここは非常に重要な出発点です。なにしろここが間違っていたら，調査する内容そのものが間違ってしまうからです。このような時はその道（業種）に詳しい人に協力を仰ぐと効果的です。その道（業種）の現場で長く働いてこられた人の「感覚」というのは，その人の過去の長い経験に基づいていることが多く，非常に正確にポイントを上げてくれることが多いからです。

そのような人の力も借りて，しっかりと策定する必要があります。そしてリフォーム業のプロの方に相談した結果，次のようなポイントが重要だとわかりました。

それぞれの「選択肢」は，以下のようにするといいようです（表7.1参照）。
- A. バリアフリー（段差の無い構造にする）：気にしない・配慮する
- B. 環境（有害物質）：従来通り・重要視する・配慮する
- C. プランニング　　　：まかせる・自分で決めたい・相談して決める
- D. 工事時期　　　　　：指定・相談して決める
- E. 期間と内容　　　　：短期間にうまく・長くても丁寧に・土日限定
- F. 費用　　　　　　　：合見積もりをとってから・予算内で・要望が通れば多少オーバーしても出す
- G. アフターサービス費用：一切無料・相談して決める・有料もやむなし
- H. 業者　　　　　　　：どちらでもいい・近所・大手

次に，上がってきたポイントが一般の人に伝えても，正しく伝わる言葉かどうかを素人の目で確認します。

例えばA.の「バリアフリー」という言葉は素人の目から見ると，知らない人も多そうです。このままで調査を実行してしまうと，

「バリアフリーってなに？　よくわかんないから，とりあえず適当に○しとこう」
という回答者も多く出てきてしまい，調査が不正確になります。

このような場合は上記のように，「バリアフリー（段差の無い構造にする）」などとして，意味が正確に伝わるように補足を付けるか，または意味が正確に伝わる言葉に変えます。

また，例えば「ブランド」などのように聞き手によって意味が代わってしまう，定義が曖昧な言葉がある場合も，同じ理由で修正を行います。

次に，それぞれの選択肢が，重複無くきちんと順序だっているかどうかを確認します。

例えば，同じ要因の選択肢に「気にしない」と「配慮しない」というように，同じ意味のものが複数入ってしまっている場合，回答者は「どっちに○をつければいいんだ？」と混乱してしまい，答えがいい加減になってしまいます。その結果，誤差が生じてしまうのです。

この場合も，誤差を生じないように選択肢を修正します。最後に，選択肢の表現の仕方によって，感覚的な誤差が生じないかどうかをチェックします。

例えば，「気にする」という選択肢の反対語として，「気にしない」という選択肢を作成した場合と，「全く気にしない」という選択肢を作成した場合では，答えが変わってしまいます。

回答者は「全く気にしない，というわけではないけれど，多少なら気にしているかな」というふうに考えているとすると，「気にする」なら○をしても，「全く気にしない」では○をしなくなります。これによって，回答が変わってしまうわけです。

2．コンジョイント分析の手順

このような場合は，「全く気にしない」というのは過剰な表現になってしまっていることが原因です。この誤差を無くすために，まず現実と比べて過剰な表現がないかをチェックします。そして過剰だと思われる場合は修正を加えていきます。

また，これと同じ理由で，例えば「環境問題について配慮しない」のように，否定的なニュアンスを与える表現がある場合も，「従来どおり」のように修正を加えます。

さあ，これで重要視するポイントの候補と，その選択肢ができ，分析の前準備ができました。

今から，これを分析する作業を行っていきましょう。

（2） 調査票を設計する

それでは，分析に使う調査票（アンケート用紙）を作りましょう。まず，先ほどのポイントと選択肢を，次のような一覧「要因と水準」（表7.1）として，整理します。

表7.1 要因と水準

	要因（または因子）	第1水準	第2水準	第3水準	水準数
A	バリアフリー	気にしない	配慮する		2
B	環境（有害物質）	従来通り	重要視する	配慮する	3
C	プランニング	まかせる	自分で決めたい	相談して決める	3
D	工事時期	指定	相談して決める		2
E	期間と内容	短期間にうまく	長くても丁寧に	土日限定	3
F	費用	合見積もりとってから	予算内で	要望が通れば多少オーバーしても出す	3
G	アフターサービス費用	一切無料	相談して決める	有料もやむなし	3
H	業者	どちらでもいい	近所	大手	3

上を見るとわかるように，「バリアフリー」などの項目を一番左にまとめています。

そして，その「バリアフリー」などの項目ごとに，右側に｛気にしない，配慮する｝などの選択肢を整理しました。

今回の実験で利用する「実験計画法」においては，「A. バリアフリー」から「H. 業者」までの項目のことを**要因**とか**因子**と呼びます。

要因についての選択肢，例えば業者の｛どちらでもいい，近所，大手｝のことを，**水準**と呼びます。

そうすると，このケースでは八つの要因があり，水準数がそれぞれ 2, 3, 3, 2, 3, 3, 3, 3 水準である，といえます。

もし，このすべての水準の組合せを調査しようとすると，その場合は，$2^2 \times 3^6 = 2,916$ 通りすべてを調査しなければいけません。大変な数になります。

だいいち，一人の人に 2,916 通りについてアンケートをとることなんて，まず不可能です。そこでもっと効率的に調査をするために，「実験計画法」という方法を利用

します。

それによって，はるかに効率的に調査をすることが可能になります。

(注)コンジョイント分析は実験計画法という手法に含まれます。

（3）　直交表を利用して，効率よく調査を行う

直交表は，最小の実験回数で，最大の情報を得るための画期的な手法です。

2,916通りのうち，非常に多くの情報が得られる調査だけを行い，得られる情報が少ない調査は省略することで，効率よく調査を行う手法です。

具体的には，表7.2のL_{18}直交表のようなものがあります。

直交表には，1要因に対する水準が2水準のときに使うL_4，L_8，L_{16}，L_{32}，L_{64}直交表と，3水準のときに使うL_9，L_{27}，L_{81}直交表などがあります。他にも，1要因に対する水準に，2と3のケースが入り混じったL_{18}直交表などもあります。

2水準のときに使う直交表を**2水準系**，3水準のときに使う直交表を**3水準系**といいます。

2水準系の直交表には，1と2の数値が並んでおり，3水準系には，1，2，3が規則正しく並んでいます。また，2水準と3水準が混ざった**混合系**では，1と2が並んでいる列と，1，2，3が並んでいる列が混じっているものです。

Lの右下に付いている4とか8とかいう番号は，実験回数を表すものです。

つまり，例えば「L_8」の場合は，合計8回実験をすればいい，ということを表しています。

今回のケースでは，要因がAからHまでの8要因あるので，8列を使える「L_{18}直交表（表7.2）」（田口玄一博士考案）を用いて，アンケートを作成します。L_{18}直交表は，すでに作られている次のような直交表を引用して使います。

さて，アンケートで直交表を利用するには，**割付け**という作業を行います。

具体的に，L_{18}直交表を用いて要因と水準の割付けをしてみましょう。

まず，L_{18}直交表は横が8列になっています。1列目は1と2の数字が縦に並び，2〜8列は1，2，3の数字が並んでいます。

この横の列が要因，つまり「バリアフリー」などの項目に対応しています。

そしてその列にある1や2，3の数字が「気にする」，「気にしない」などの選択肢である水準に対応しているのです。

この対応関係に合わせて要因と水準をくっつける作業，これを割付けといいます。

では，実際に割付けてみます。1列に「A. バリアフリー」という要因を割付け，その列の数字1には「気にしない」を，2には「配慮する」という水準を割付けます。

同様に，「B. 環境（有害物質）」を2列に割付けます。1は「従来通り」，2は「重

2. コンジョイント分析の手順

表7.2 L_{18}直交表

No.	1列	2列	3列	4列	5列	6列	7列	8列
1	1	1	1	1	1	1	1	1
2	1	1	2	2	2	2	2	2
3	1	1	3	3	3	3	3	3
4	1	2	1	1	2	2	3	3
5	1	2	2	2	3	3	1	1
6	1	2	3	3	1	1	2	2
7	1	3	1	2	1	3	2	3
8	1	3	2	3	2	1	3	1
9	1	3	3	1	3	2	1	2
10	2	1	1	3	3	2	2	1
11	2	1	2	1	1	3	3	2
12	2	1	3	2	2	1	1	3
13	2	2	1	2	3	1	3	2
14	2	2	2	3	1	2	1	3
15	2	2	3	1	2	3	2	1
16	2	3	1	3	2	3	1	2
17	2	3	2	1	3	1	2	3
18	2	3	3	2	1	2	3	1

要視する」，3は「配慮する」を割付けます。「D. 工事時期」は4列を用います。2水準しかないので，4列の2を1，3を2と置きかえます。そして，1に「相談して決める」，2に「指定」と割付けます。

このようにして，8列目まですべて割付けたのが表7.3です。

そして，左端のNo.にあわせて，実験をすることを表しています。No.1から順番にNo.18まで実験するわけです

例えば，No.1の行は「バリアフリー」は「気にしない」，「環境」は「従来通り」，「プランニング」は「まかせる」，「工事時期」は「指定」，「期間と内容」は「短期間にうまく」，「費用」は「合見積もりを取ってから」，「アフターサービス費用」は「一切無料」，「業者」は「どちらでもいい」となっています。つまり，1回目の実験はこの条件で実験をするわけです。

今回はアンケートなので，実験ではなくNo.1のケースでアンケートを取ってみる，ということをします。

そして一人の回答者に対して，18通りの組合せそれぞれについて，リフォームを依頼するなら10点，依頼しないなら0点，わからないなら5点と三択で回答してもらいます。

今回は，118人の方にこのアンケートに答えていただきました。それぞれの人に，

第7章 コンジョイント分析と事例

表7.3 アンケート用紙

次のリフォームのアンケートにご協力下さい。
No.1〜18について，依頼するなら10点
依頼しないなら0点
わからないなら5点を回答欄に記入下さい。

No.	A:バリアフリー	B:環境(有害物)	C:プランニング	D:工事時期	E:期間と内容	F:費用	G:アフターサービス費用	H:業者	回答欄
1	気にしない	従来通り	まかせる	指定	短期間にうまく	合見積もりとってから	一切無料	どちらでもいい	
2	気にしない	従来通り	相談して決める	相談して決める	短期間にうまく	合見積もりとってから	相談して決める	大手	
3	気にしない	従来通り	自分で決めたい	指定	土日限定	要望が通れば多少オーバーしても出す	有料もやむなし	どちらでもいい	
4	気にしない	配慮する	まかせる	相談して決める	短期間にうまく	合見積もりとってから	有料もやむなし	どちらでもいい	
5	気にしない	配慮する	相談して決める	相談して決める	土日限定	要望が通れば多少オーバーしても出す	一切無料	近所	
6	気にしない	配慮する	自分で決めたい	指定	長くても丁寧に	予算内で	相談して決める	大手	
7	気にしない	重要視する	まかせる	相談して決める	長くても丁寧に	要望が通れば多少オーバーしても出す	相談して決める	どちらでもいい	
8	気にしない	重要視する	相談して決める	指定	短期間にうまく	予算内で	有料もやむなし	近所	
9	気にしない	重要視する	自分で決めたい	相談して決める	土日限定	合見積もりとってから	一切無料	大手	
10	配慮する	従来通り	まかせる	指定	土日限定	合見積もりとってから	相談して決める	近所	
11	配慮する	従来通り	相談して決める	相談して決める	長くても丁寧に	要望が通れば多少オーバーしても出す	有料もやむなし	大手	
12	配慮する	従来通り	自分で決めたい	相談して決める	短期間にうまく	予算内で	一切無料	どちらでもいい	
13	配慮する	配慮する	まかせる	相談して決める	土日限定	予算内で	有料もやむなし	大手	
14	配慮する	配慮する	相談して決める	指定	長くても丁寧に	合見積もりとってから	一切無料	どちらでもいい	
15	配慮する	配慮する	自分で決めたい	相談して決める	短期間にうまく	要望が通れば多少オーバーしても出す	相談して決める	近所	
16	配慮する	重要視する	まかせる	指定	短期間にうまく	要望が通れば多少オーバーしても出す	一切無料	大手	
17	配慮する	重要視する	相談して決める	相談して決める	土日限定	予算内で	相談して決める	どちらでもいい	
18	配慮する	重要視する	自分で決めたい	相談して決める	長くても丁寧に	合見積もりとってから	有料もやむなし	近所	

○で囲んでください

性別	女性	男性		
年代	20代	30代	40代	50代以上

現在，リフォームに	関心ある（予定ありなど）	関心ない

回答のやり方

1から18までの組合せで，「このリフォームなら依頼する！」という場合は10点，「さぁ，どうかわからない」という場合は5点，「そのリフォームは依頼しない」という場合は0点として回答して下さい。

質問は，考えれば考えるほど難しく感じますが，ポイントは直感です！ 要素の中で，一つだけでも受け入れられないのがあれば0点でもよいですし，逆に1要素だけ「これは気に入っている」と感じたものには10点，どちらでも無い（可も無し不可も無し）なら5点を，そんな感じの答え方で結構ですので，気軽にお答え下さい。

18通りのリフォーム提案の魅力の大きさについて，答えてもらったわけです。

さあ，これで調査が終了しました。いよいよその結果の分析に入りましょう。どんな結果が出てくるか，すごく楽しみです。

集計をしてみると，必ず特徴が表れ，それが結果として，答えていただいた皆様の判定を十分表してきます。人の直感の判定は，しっかりとした要点をつかんでいるものです。

3．データ解析

（1） 重回帰分析をするための準備

表7.3の組合せと回答欄の点数でどういうことを重要視するかを調べるには，コンジョイント分析では重回帰分析を利用して解析します。

まず，表7.2のL_{18}直交表の組合せを作り直します。要因8列につき，水準がそれぞれ2，または3あります。これを表7.4のように，要因，水準ともに数値データにもどして作り直します。

まず，表のように要因を横の1行目に並べます。そしてその要因ごとの水準を，その下の2行目に並べます。

次に18通りの実験において，それぞれの水準があてはまるかどうかを調べます。

例えばNo.1の実験の場合，要因Aは水準1で実験しました。この場合，要因Aは水準1の「気にしない」にあてはまります。逆に，水準2はあてはまりません。

ここで，あてはまるほうに「1」を，あてはまらないほうには「0」を入れていきます。これをすべての要因と水準に繰り返すと，表7.4のようになります。

表7.4　回帰分析用L_{18}直交表

要因	A		B			C			D			E			F			G			H		
水準	1	2	1	2	3	1	2	3	1	2	3	1	2	3	1	2	3	1	2	3	1	2	3
1	1	0	1	0	0	1	0	0	1	0	0	1	0	0	1	0	0	1	0	0	1	0	0
2	1	0	1	0	0	0	1	0	0	1	0	0	1	0	0	1	0	0	1	0	0	1	0
3	1	0	1	0	0	0	0	1	0	0	1	0	0	1	0	0	1	0	0	1	0	0	1
4	1	0	0	1	0	1	0	0	1	0	0	0	1	0	0	1	0	0	0	1	0	0	1
5	1	0	0	1	0	0	1	0	0	1	0	0	0	1	0	0	1	1	0	0	1	0	0
6	1	0	0	1	0	0	0	1	0	0	1	1	0	0	1	0	0	0	1	0	0	1	0
7	1	0	0	0	1	1	0	0	0	1	0	0	0	1	0	1	0	1	0	0	0	1	0
8	1	0	0	0	1	0	1	0	0	0	1	1	0	0	0	1	0	0	0	1	1	0	0
9	1	0	0	0	1	0	0	1	1	0	0	0	0	1	1	0	0	0	1	0	0	1	0
10	0	1	1	0	0	1	0	0	0	1	0	0	1	0	0	1	0	1	0	0	1	0	0
11	0	1	1	0	0	0	1	0	1	0	0	0	0	1	0	0	1	0	1	0	0	1	0
12	0	1	1	0	0	0	0	1	0	1	0	1	0	0	1	0	0	0	0	1	0	0	1
13	0	1	0	1	0	1	0	0	0	0	1	1	0	0	0	0	1	0	1	0	0	1	0
14	0	1	0	1	0	0	1	0	1	0	0	0	0	1	1	0	0	1	0	0	0	0	1
15	0	1	0	1	0	0	0	1	0	1	0	0	1	0	0	1	0	0	1	0	1	0	0
16	0	1	0	0	1	1	0	0	0	1	0	1	0	0	0	1	0	0	0	1	0	1	0
17	0	1	0	0	1	0	1	0	1	0	0	0	1	0	1	0	0	0	1	0	1	0	0
18	0	1	0	0	1	0	0	1	0	1	0	1	0	0	0	1	0	0	0	1	1	0	0

次に，1要因につき1水準ずつ列を削除していきます。

例えば「バリアフリー」を割付けた要因Aについては「重要視する」と「気にしない」という2水準があるので，そのうち片方の「重要視する」という列を削除してしまいます。

このようにしたものが，表7.5です。

表7.5 回帰分析実行用 L_{18} 直交表加工後

要因	A	B		C		D		E		F		G		H	
水準	1	1	2	1	2	1	2	1	2	1	2	1	2	1	2
1	1	1	0	1	0	1	0	1	0	1	0	1	0	1	0
2	1	1	0	0	1	0	1	0	1	0	1	0	1	0	1
3	1	1	0	0	0	0	0	0	0	0	0	0	0	0	0
4	1	0	1	1	0	1	0	0	1	0	1	0	0	0	0
5	1	0	1	0	1	0	1	0	0	0	0	1	0	1	0
6	1	0	1	0	0	0	0	1	0	1	0	0	1	0	1
7	1	0	0	1	0	0	1	1	0	0	0	0	1	0	0
8	1	0	0	0	1	0	0	0	1	1	0	0	0	1	0
9	1	0	0	0	0	1	0	0	0	0	1	1	0	1	0	1
10	0	1	0	1	0	0	0	0	0	1	0	1	0	1	1	0
11	0	1	0	0	1	1	0	1	0	0	0	0	0	0	1
12	0	1	0	0	0	0	1	0	1	1	0	1	0	0	0
13	0	0	1	1	0	0	1	0	0	1	0	0	0	0	1
14	0	0	1	0	1	0	0	1	0	0	1	1	0	0	0
15	0	0	1	0	0	1	0	1	0	0	0	0	1	1	0
16	0	0	0	1	0	0	0	0	1	0	1	0	1	0	1
17	0	0	0	0	1	1	0	0	0	1	0	0	1	0	0
18	0	0	0	0	0	0	1	1	0	0	1	0	0	1	0

表7.5のように，要因Aのデータを水準1の「気にしない」という列だけにしても，問題がないのでしょうか？ 今消してしまった水準2のデータはいらないのでしょうか？

実は，上の「気にしない」つまり，要因Aの1の数字が「1」の場合は「気にしない」という選択肢で実験したことを意味していますし，「0」のときは必ず，もう一方の選択肢である「重要視する」にして実験したことを意味しています。

つまり，データを片方だけにしても，もう一方のデータが何かはわかるために，問題がないわけです。もちろん，表7.5から表7.4を復元することも可能です。このような状態のことを，専門的には「情報が失われない」と表現します。

ちなみに，このときに削除する水準は，「1」，「2」のどちらでもかまいません。

3．データ解析

この作業を，8要因すべてに対して行うと，表7.5が完成します。

なお，削除した水準はそれぞれ，要因Aは水準2，要因B〜要因Hは水準3でした。

さあ，いよいよ次の作業で分析の準備は終了です。最後は表7.6を作成する作業です。

まず，それぞれの要因に割付けられた水準の番号を，わかりやすいように文章に置きかえます。その結果，横の2行目にあった「1」や「2」の数字が，文字に変わりました。

そして，縦の一番右の列に回答者118人が与えてくれた得点の平均値を入れています。ここは重要度とか魅力度と呼んでもいいでしょう。

表7.6　回帰分析実行用

A	B		C		D	E		F		G		H		平均値
気にしない	従来通り	重要視する	まかせる	自分で決めたい	指定	短期間にうまく	長くても丁寧に	合見積もりとってから	予算内で	一切無料	相談して決める	どちらでもいい	近所	
1	1	0	1	0	0	0	1	0	1	1	0	0	1	0.9
1	1	0	0	0	0	1	0	1	0	0	1	0	0	2.4
1	1	0	0	1	1	0	0	0	0	0	0	1	0	1.1
1	0	0	1	0	0	1	0	1	0	0	0	1	0	1.1
1	0	0	0	0	0	0	0	0	0	1	0	0	1	2.8
1	0	0	0	1	1	0	1	0	1	0	1	0	0	3.0
1	0	1	1	0	0	0	1	0	0	0	1	1	0	1.7
1	0	1	0	0	1	1	0	0	1	0	0	0	1	2.8
1	0	1	0	1	0	0	0	1	0	1	0	0	0	2.8
0	1	0	1	0	1	0	0	1	0	0	1	0	1	0.9
0	1	0	0	0	0	0	1	0	0	0	0	0	0	2.8
0	1	0	0	1	0	1	0	0	1	1	0	1	0	3.5
0	0	0	1	0	0	0	0	1	0	0	0	0	0	3.3
0	0	0	0	0	0	1	1	0	1	0	1	0	0	6.1
0	0	0	0	1	0	1	0	0	0	0	1	0	1	5.4
0	0	1	1	0	1	1	0	0	0	1	0	0	0	3.7
0	0	1	0	0	0	0	0	0	1	0	1	1	0	6.3
0	0	1	0	1	0	0	1	1	0	0	0	0	1	4.3

これで準備はすべて整いました。

いよいよ解析します。

（2） 重回帰分析を実行する

さあ，いよいよ重回帰分析の実行です。

まず，Excelで「回帰分析」の機能を呼び出します。

図7.1のように，まず「ツール」をクリックし，次に「分析ツール」をクリックします。

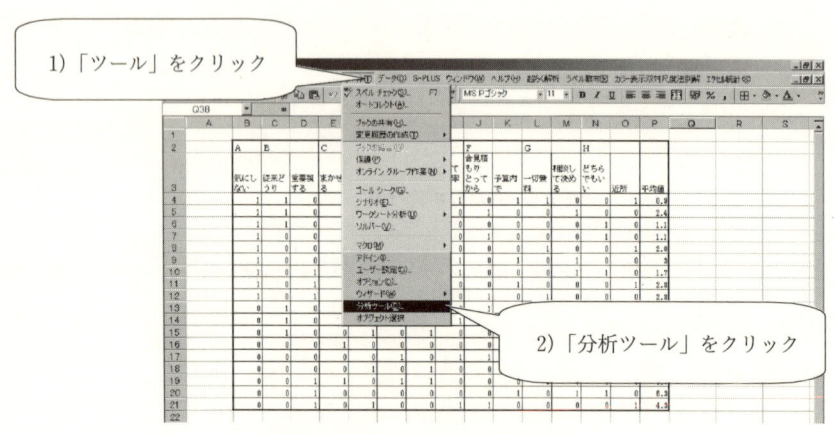

図7.1 分析ツール機能の呼び出し

すると，図7.2のように，分析ツールの機能一覧のボックスが現れます。

そこから「回帰分析」をクリックして，「OK」をクリックします。

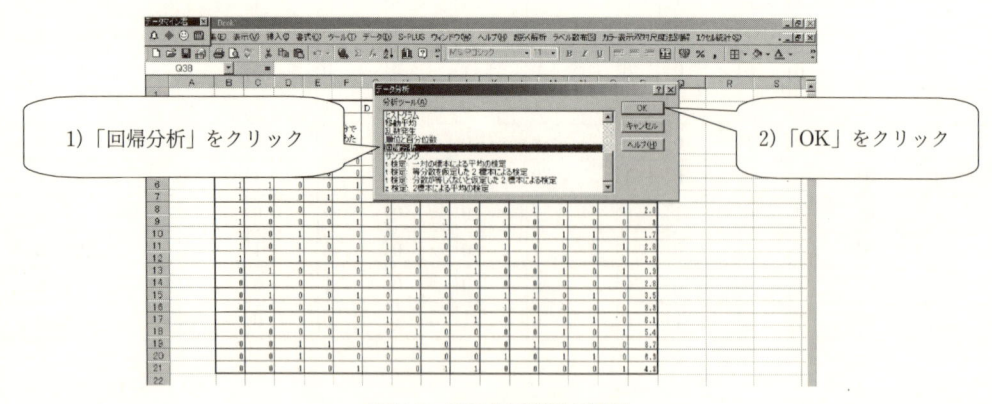

図7.2 回帰分析機能の選択

3．データ解析　　　　　　　　　　　　　　　　　　　　　　　　　　　　　　　　91

すると，図7.3のように，回帰分析のウィザードが現れます。

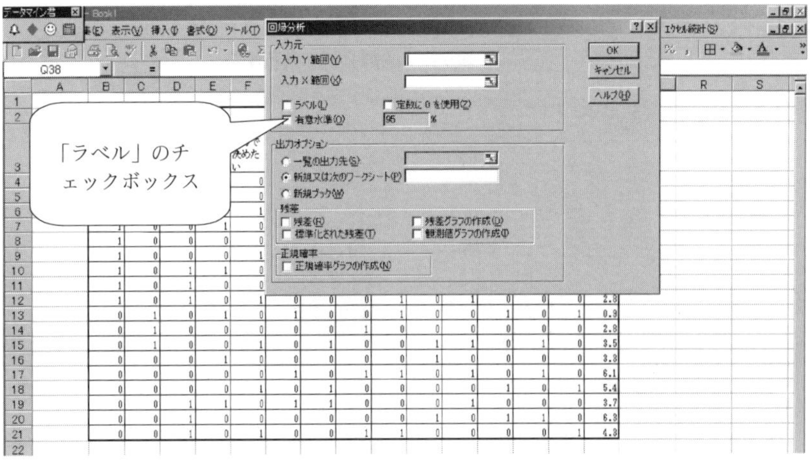

図7.3　回帰分析ウィザード画面

ここで，図7.3の入力y範囲の右側をクリックして入力モードにした後，図7.4のように，表7.6の平均値「い」から4.3「ろ」までを指定します。

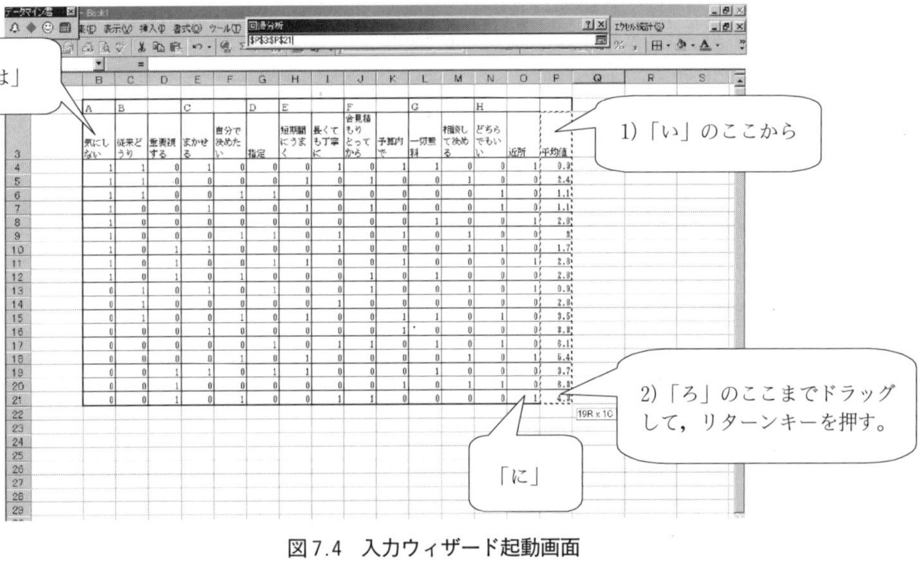

図7.4　入力ウィザード起動画面

同様に，入力x範囲には表7.6の「気にしない」「は」から「近所」の一番下の1「に」までを選択します。

そして，図7.3の「ラベル」のチェックボックスにレ印を付け，「OK」をクリックすれば，重回帰分析が実行できます。その実行結果が表7.7です。

表7.7 回帰分析の実行結果

概要

回帰統計	
重相関 R	0.97
重決定 R²	0.94
補正 R²	0.69
標準誤差	0.93
観測数	18

分散分析表

	自由度	変動	分散	観測された分散比	有意 F
回帰	14	44.37	3.17	3.64	0.16
残差	3	2.61	0.87		
合計	17	46.99			

「係数」ここで，各要因の影響の大きさをみることができる。

	係数	標準誤差	t	P-値
切片	4.625	0.837	5.524	0.012
気にしない	−1.967	0.440	−4.472	0.021
従来通り	−1.683	0.539	−3.125	0.052
重要視する	−0.017	0.539	−0.031	0.977
まかせる	−1.933	0.539	−3.590	0.037
自分で決めたい	−0.517	0.539	−0.959	0.408
指定	−0.175	0.466	−0.375	0.732
短期間にうまく	0.283	0.539	0.526	0.635
長くても丁寧に	0.267	0.539	0.495	0.655
合見積もりとってから	0.017	0.539	0.031	0.977
予算内で	0.383	0.539	0.712	0.528
一切無料	0.733	0.539	1.362	0.267
相談して決める	0.717	0.539	1.331	0.275
どちらでもいい	0.300	0.539	0.557	0.616
近所	−0.150	0.539	−0.278	0.799

（3） 回帰分析結果を読みとる

いろいろな数字が出てきましたが，今回のように1と0のデータだけで行ったコンジョイント分析の結果を分析するときには，とりあえず係数をみるだけで，かなりの分析ができるようになります。

・係　数

それぞれの要因ごとに係数が表示されています。また，冒頭には切片も表示されています。削除した配慮する（バリアフリー），配慮する（環境），相談して決める（プランニング），相談して決める（工事時期），土日限定，要望が通ればオーバーしても出す，有料もやむなし，大手の回帰係数は0とします（Excelはそこまではしてくれません）。

それぞれの要因について，この係数が大きいほど，魅力に対して与える影響が大きいことを表しています。またマイナスの場合は，削除した水準と比較して魅力を下げていることがわかります。

この係数が例えば「2」の要因は，その要因が加わることで，魅力の得点が2点上がることを意味しています。逆に「−3」の場合は，3点下がることを意味しています。

それぞれの要因について，水準ごとに係数をまとめると，式(7.1)のようになります。

$$\text{重要度} = 4.63 + \begin{pmatrix} -1.97(\text{気にしない}) \\ \underline{0}\ (\text{配慮する}) \end{pmatrix}_{A:\text{バリアフリー}} + \begin{pmatrix} -1.68\ (\text{従来通り}) \\ 0.02\ (\text{重要視する}) \\ \underline{0}\ (\text{配慮する}) \end{pmatrix}_{B:\text{環境(有害物質)}} + \begin{pmatrix} -1.93\ (\text{まかせる}) \\ -0.52(\text{自分で決めたい}) \\ \underline{0}\ (\text{相談して決める}) \end{pmatrix}_{C:\text{プランニング}}$$

$$+ \begin{pmatrix} \underline{0.18}\ (\text{指定}) \\ 0\ (\text{相談して決める}) \end{pmatrix}_{D:\text{工事時期}} + \begin{pmatrix} \underline{0.28}(\text{短期間にうまく}) \\ 0.27(\text{長くても丁寧に}) \\ 0\ (\text{土日限定}) \end{pmatrix}_{E:\text{期間と内容}} + \begin{pmatrix} 0.02(\text{合見積りとってから}) \\ \underline{0.38}\ (\text{予算内で}) \\ 0(\text{要望が通ればオーバーしても出す}) \end{pmatrix}_{F:\text{費用}}$$

$$+ \begin{pmatrix} \underline{0.73}\ (\text{一切無料}) \\ 0.72(\text{相談して決める}) \\ 0\ (\text{有料もやむなし}) \end{pmatrix}_{G:\text{アフターサービス費用}} + \begin{pmatrix} \underline{0.30}(\text{どちらでもいい}) \\ 0.15\ (\text{近所}) \\ 0\ (\text{大手}) \end{pmatrix}_{H:\text{業者}} \quad (7.1)$$

（切片：重要度 = 4.63）

これは，例えば要因Aの「バリアフリー」については，「気にしない」を選んだ場合は，「配慮する」に比べて，魅力の得点が1.97点下がるということを意味しています。

要因B～要因Hについても同様です。

この結果から，それぞれの要因の水準がどのように，魅力の大きさに影響しているかがわかります。

また，(7.1)の式を用いて簡単に予測ができます。

魅力の点数が一番高い組合せは，それぞれの要因の中でアンダーラインが引いてある係数が一番大きな水準を選んだ組合せです。

魅力の点数が一番高い組合せは，Aの「バリアフリー」という要因では「配慮する」，Bの「環境」は「配慮する」，Cの「プランニング」は「相談して決める」，Dの「工事時期」は「指定」，Eの「期間と内容」は「短期間にうまく」，Fの「費用」は「予算内で」，Gの「アフターサービス費用」は「一切無料」，Hの「業者」は

「どちらでもいい」を選択した場合, だとわかります。

　これらの得点に, 最初の「係数」の点数をたすことで, 魅力の点数の予測ができます。

　つまり, 魅力の一番高い点数の予測点は, $4.63+0+0+0+0.28+0.38+0.73+0.30=6.32$ となります（筆者はベストの組合せの満足度が8点以上あれば魅力ある商品だと考えています。）。

　次にどの要因が魅力度に効いているかを調べます。それには, (7.1)式から影響度を求めます。各要因の回帰係数の（最大値）－（最小値）が影響度です。

　例えば「バリアフリー」のそれは, $0-(-1.97)=1.97$, 「環境」は, $0-(-1.68)=1.68$……などとなります。表7.8に影響度をまとめました。表7.8を棒グラフに描くと図7.5のようになります。図7.5を見ると, 「バリアフリー」, 「プランニング」, 「環境（有害物質）」の順で効いていることがわかります。

表7.8　影響度（全体118名分）

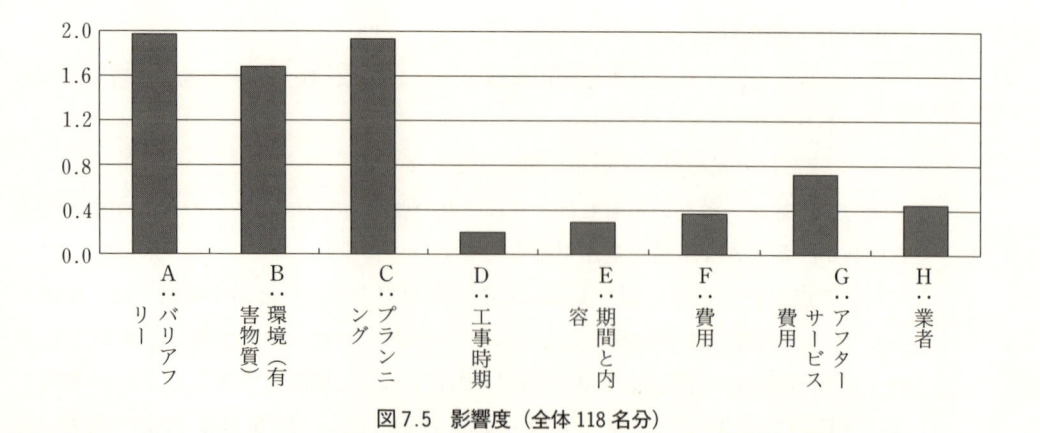

要因	影響度	順位
A：バリアフリー	1.97	1
B：環境（有害物質）	1.68	3
C：プランニング	1.93	2
D：工事時期	0.18	8
E：期間と内容	0.28	7
F：費用	0.38	6
G：アフターサービス費用	0.73	4
H：業者	0.45	5

図7.5　影響度（全体118名分）

最も重要視している点の「バリアフリー」は「配慮する」ということになります。次に，「プランニング」については「相談して決める」傾向にあるようです。

業者に任せっきりではなく，自分の要望と，費用などの面を十分話し合った上でプランニングをしたい。そして高齢化社会と言われて久しい現代の状況を反映して，きちんとバリアフリー構造（段差などのない構造）なども取り入れたリフォームの魅力が高い，ということがわかります。そして，環境問題においてもこれに劣らず関心があることがわかります。

つまり，この3点をしっかりと押さえ，訴求することで，提案するリフォームの魅力の大きさを上げることができる，ということを教えてくれているのです。

（4） 細分化（セグメンテーション）を行い，分析を掘り下げる

さて，先ほどの分析は，調査に回答した人全員の「平均値」から出したものでした。

しかし，お客さんによっては，まったく違ったニーズがあるのかもしれません。

例えば，若い20代，30代の女性の回答者だけで見れば，費用に対するニーズがものすごく大きいのかもしれません。または，ひょっとしたら男性は，環境問題にはあまり配慮していないのかもしれません。そのように，回答者を細かく分類した上で分析を行わなければ見えない「事実」というのが存在します。それは，分析してみなければわかりません。

そこで，ここではさらに回答者を細かく分類した上で，分析を行ってみましょう。

まず，細分化を行う基準を考えます（細分化とはグループ化（層別）のことです）。

例えば「男女」で二つに分けるのか，年齢を「20代」，「30代」と切り分けていくのか，というふうに，細分化するときの切り口を考える，ということです。

細分化の切り口は，リフォームに対して重要視するポイントが切り替わる基準と一致するほど，分析が正確になります。

今回の分析ではまず，「男女」，「年齢」，「現在リフォームに関心があるか」の三つの軸で細分化を行ってみました。いずれも，調査票（アンケート用紙）の最後で調査したものです。

そして，細分化された回答者ごとに同様にして，それぞれの要因の影響度（回帰係数のレンジ）を出しました。それが，表7.9です。

表7.9のデータを「ラベル付き散布図」（注1，章末参照）にしてみると傾向がつかみやすくなります。ここでは，すべてを掲載できませんので，特徴のあるものを数例紹介します。

図7.6は，横軸にバリアフリーの影響度の大きさ，縦軸に環境の影響度の大きさを取っています。そこに，先ほどの細分化された回答者ごとに，どこに位置するかを散布図で表しています。

表 7.9 グループごとの影響度

	A:バリアフリー	B:環境(有害物質)	C:プランニング	D:工事時期	E:期間と内容	F:費用	G:アフターサービス費用	H:業者	重要度
20代 (36名)	1.05	1.64	1.99	0.23	0.53	0.30	1.23	0.23	7.08
30代 (50名)	1.50	1.37	1.45	0.27	0.78	0.35	0.68	0.43	6.40
40代 (23名)	1.96	1.70	1.96	0.18	0.29	0.36	0.72	0.43	6.30
50代 (9名)	2.78	0.56	1.30	0.14	1.76	1.67	1.20	0.74	(*) 8.29
関心ある(39名)	2.21	1.52	1.13	0.09	0.64	0.41	0.96	0.41	6.36
関心ない(79名)	1.22	1.38	1.91	0.25	0.56	0.23	0.81	0.32	6.33
男性 (97名)	1.34	1.45	1.74	0.12	0.57	0.03	0.79	0.27	6.03
女性 (21名)	2.51	1.71	1.27	0.20	0.79	0.60	1.19	0.99	7.72
全体 (118名)	1.55	1.39	1.65	0.14	0.59	0.09	0.86	0.35	6.21

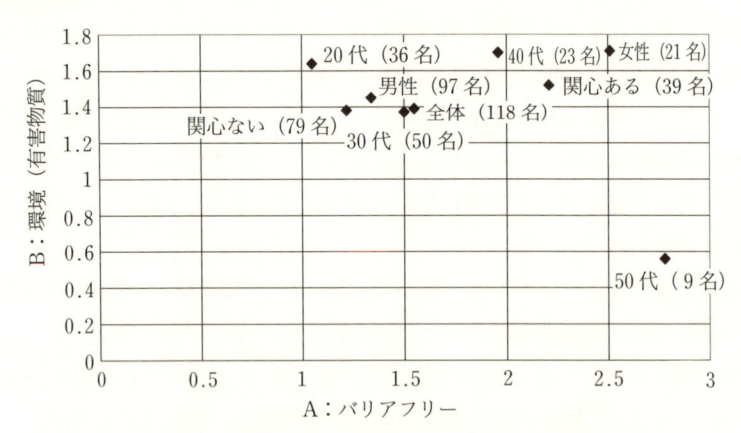

図 7.6 ラベル付き散布図 (バリアフリーと環境)

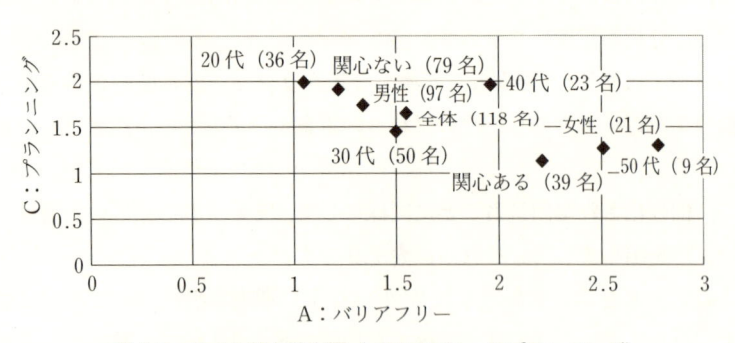

図 7.7 ラベル付き散布図 (バリアフリーとプランニング)

この図からは，若年層においてはバリアフリーへの関心が低く，年代が高くなるにつれ，バリアフリーが重要視されていることがわかります。

また，リフォームに関心のある人たちは，関心のない人たちと比べて，バリアフリ

3. データ解析

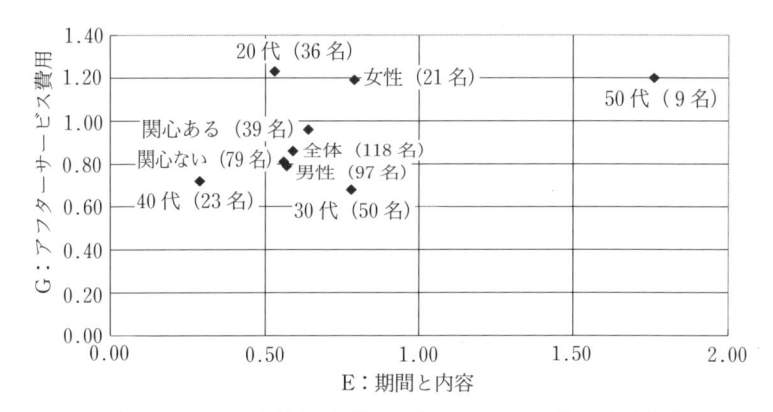

図7.8 ラベル付き散布図（期間・内容とアフターサービス費用）

一，環境問題とも重要視していることもわかります。

また性別では，女性のほうがいずれの関心も強いことがこの図からわかります。特にバリアフリーについては女性のほうが，男性よりもはるかに関心が高いことがわかります。

図7.7は，横軸にバリアフリー，縦軸にプランニングの影響度を取り，散布図を作成したものです。この図からは，全体的にプランニングに関する関心が高いのがわかります。

これは先に全体の分析で示したように，プランニングについては相談した上で決めたいといった回答者側の意向の強さが現れており，その上で，年代が高くなるにつれ，バリアフリーを重要視しているということがわかります。

図7.8は，横軸に期間と内容，縦軸にアフターサービス費用の影響度を取り，散布図を作成したものです。

この図から，働き盛りの30代・40代以外の20代・50代は，アフターサービス費用は，とにかく無料であることを望んでいることがわかります。

また年齢の高い50代は，際立って「工事期間は長くかかってもよいから丁寧にして欲しい」という強いニーズを持っていることがわかります。

次世代のことも考えての傾向が表れているようです。

（5） 気になるセグメント（グループ）のみで，再度解析を行う

表7.9をみると，50代が一番影響度が高そうです。

そこで，50代（9名とちょっと少ないのですが）のみのデータを作成し，コンジョイント分析にかけた解析結果を見てみることにしましょう。

表7.10 回帰分析の実行結果（50代のみ）

概要

	回帰統計
重相関 R	0.985475037
重決定 R²	0.971161049
補正 R²	0.836579276
標準誤差	0.812496703
観測数	18

分散分析表

	自由度	変動	分散	観測された分散比	有意 F
回帰	14	66.69238683	4.763741917	7.216141002	0.064728762
残差	3	1.980452675	0.660150892		
合計	17	68.67283951			

	係数	標準誤差	t	P-値
切片	4.675925926	0.729238108	6.412070179	0.007685966
気にしない	−2.777777778	0.383014619	−7.252406676	0.005408417
従来通り	−0.277777778	0.46909519	−0.592156525	0.595410507
重要視する	−0.555555556	0.46909519	−1.184313051	0.321571529
まかせる	−0.648148148	0.46909519	−1.381698559	0.260980167
自分で決めたい	0.648148148	0.46909519	1.381698559	0.260980167
指定	−0.138888889	0.406248351	−0.341881729	0.75498802
短期間にうまく	1.759259259	0.46909519	3.750324661	0.033108928
長くても丁寧に	0.462962963	0.46909519	0.986927542	0.396443044
合見積もりとってから	−1.666666667	0.46909519	−3.552939153	0.038010925
予算内で	−1.388888889	0.46909519	−2.960782627	0.059506568
一切無料	0.740740741	0.46909519	1.579084068	0.212435368
相談して決める	1.203703704	0.46909519	2.56601161	0.082779767
どちらでもいい	−0.648148148	0.46909519	−1.381698559	0.260980167
近所	−0.740740741	0.46909519	−1.579084068	0.212435368

$$
\begin{aligned}
\text{重要度} = 4.68 &+ \begin{pmatrix} -2.78\,(\text{気にしない}) \\ \underline{0\,(\text{配慮する})} \end{pmatrix}
\quad\text{A：バリアフリー} \\
&+ \begin{pmatrix} -0.28\,(\text{従来通り}) \\ -0.56\,(\text{重要視する}) \\ \underline{0\,(\text{配慮する})} \end{pmatrix}
\quad\text{B：環境（有害物質）} \\
&+ \begin{pmatrix} -0.65\,(\text{まかせる}) \\ \underline{0.65\,(\text{自分で決めたい})} \\ 0\,(\text{相談して決める}) \end{pmatrix}
\quad\text{C：プランニング} \\
&+ \begin{pmatrix} -0.14\,(\text{指定}) \\ \underline{0\,(\text{相談して決める})} \end{pmatrix}
\quad\text{D：工事時期} \\
&+ \begin{pmatrix} 1.76\,(\text{短期間にうまく}) \\ 0.46\,(\text{長くても丁寧に}) \\ \underline{0\,\text{土日限定}} \end{pmatrix}
\quad\text{E：期間と内容} \\
&+ \begin{pmatrix} -1.67\,(\text{合見積もりをとってから}) \\ -1.39\,(\text{予算内で}) \\ \underline{0\,(\text{要望が通ればオーバーしても出す})} \end{pmatrix}
\quad\text{F：費用} \\
&+ \begin{pmatrix} 0.74\,(\text{一切無料}) \\ 1.20\,(\text{相談して決める}) \\ \underline{0\,(\text{有料もやむなし})} \end{pmatrix}
\quad\text{G：アフターサービス費用} \\
&+ \begin{pmatrix} -0.65\,(\text{どちらでもいい}) \\ -0.74\,(\text{近所}) \\ \underline{0\,(\text{大手})} \end{pmatrix}
\quad\text{H：業者}
\end{aligned}
\tag{7.2}
$$

式(7.2)が，50代だけでコンジョイント分析を行い，その結果計算された係数を要因ごとにまとめた数式です。

式(7.2)で魅力度がもっとも高い組合せを作るには，アンダーラインがついている水準を選んでいくことになります。

このときの魅力の得点は
$$4.68+0+0+0.65+0+1.76+0+1.20+0=8.29$$
となります。

ここで，どの要因が重要度に効いているかを見てみるために影響度を分析してみると，図7.9のように1位がダントツの大きさで「バリアフリー」，2位が「期間と内容」，3位が「費用」という順になっていることがわかりました。

50代の方のニーズは，なんといっても「バリアフリー（段差の無い構造）をきちんと作ってくれるリフォームであることが最も重要。そのうえで，工事期間も短く行って欲しい。費用は，望みがかなうなら，多少オーバーしても払う」という，全体ときわめて異なる結果となっているのが特徴的です。そんな50代の方って，確かに現実に多くお見かけしませんでしょうか。

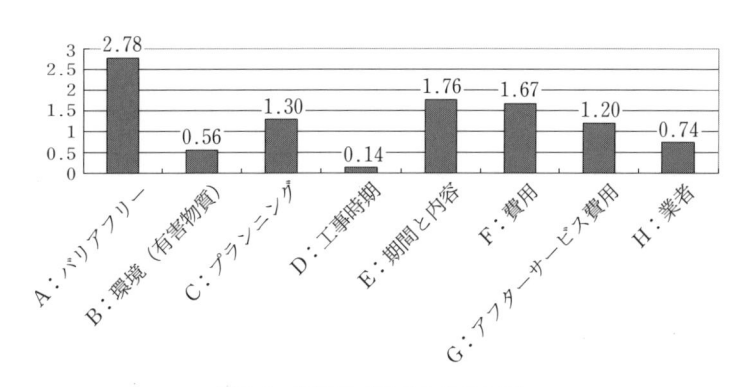

図7.9　影響度（50代9名分のみ）

（6）多くの特徴を，まとめてわかりやすく表示する

さて，これで分析のほとんどを終えました。ただ，先ほどのように散布図で見ていくと，要因が縦と横の二つしか一度に見れないため，分析作業の回数が多くなってしまいます。

統計パッケージなどを使うと3次元散布図も作成できるのですが，それでも一度に表せる要因はたったの三つ，状況はあまり変わりません。

もっとうまく，一目で多くの要因をまとめて表示する方法はないのでしょうか？

ここではその解決手法の一つとして，「顔グラフ」（注2）というとても便利な分析手法をご紹介します。

これは複数の数値を，人間の顔に模したアイコン・グラフに表示することで，非常に多くの特徴を一度に，わかりやすく伝えることができるようにした分析手法です。

人間の顔なら私たちも毎日見ているものですから，見慣れています。多少の違いにもすぐに気がつくことができます。

そこで，顔グラフでは数値的な多くの特徴を顔の特徴に切り替えて表示することで，多くの情報を一度に，非常に簡単に見分けられるようにしているわけです。もともとはチャーノフという統計学者が提唱した方法で，フェース分析とも呼ばれます。

図7.10は表7.9のデータを「顔グラフ」にしたものです。顔の幅や，口の曲がり方などが，それぞれの数字に対応しています。これによって，それぞれの顔の特徴が作られているのです（詳細設定は，図7.10の下の凡例を参照してください）。

いかがでしょう，どの顔が似ていて，どの顔が違っているか，わかってもらえるでしょうか？

顔が似ているほど，重要視するポイントが似ていることを表しています。また，顔が違っているほど，重要視するポイントが違っていることを表しているのです。

関心が高い人と低い人，そして男性と女性でも，だいぶ顔が違うのがわかります。

このように，多くの情報を一目で見せてくれるところに，顔グラフの利点があります。

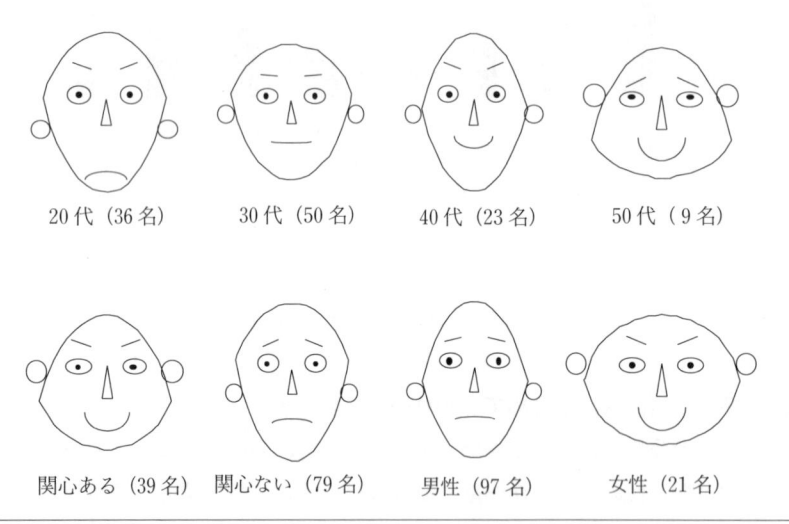

20代（36名）　30代（50名）　40代（23名）　50代（9名）

関心ある（39名）　関心ない（79名）　男性（97名）　女性（21名）

```
凡例：
(1)顔の幅＝重要度,                    (2)耳の位置＝H：業者,
(3)顔の高さ＝C：プランニング,         (4)顔上半分の楕円の離心率＝D：工事時期,
(5)顔下半分の楕円の離心率＝E：期間と内容, (6)鼻の長さ＝F：費用,
(7)口の中心位置＝G：アフターサービスと費用, (8)口の曲率＝A：バリアフリー,
                                      (10)口の長さ＝（なし）,
(9)眉の角度＝B：環境（有害物質）,
(11)目の高さ＝（なし）
```

図7.10　顔グラフ

この顔グラフだけは残念ながら通常のExcelではできませんが，筆者はExcelのアドオンツールを利用することで，Excel上でもできるようにしています。

非常に手軽な価格で追加できる，とても便利なツールも最近は登場しています。章末にそのアドオンツールの紹介も掲載しておきました。業務で使われる方やご興味がある方は是非，ご自身のExcelに装備してください。お勧めのツールです。

4．おわりに

コンジョイント分析は，ヒット商品や良いサービスのコンセプトを探る分析手法の一つです。

このケースでは，リフォームの案を作り，これを直交表を用いてできるだけ少ない労力で答えられるアンケートとして回答者に評価（回答）してもらい，後は回帰分析でそれを解析するという方法で行いました。

この結果，コンジョイント分析を利用することで，非常に効率的にニーズの分析ができ，そしてヒット商品，コンセプトの提案や，それぞれの市場評価の予測ができるようになることが，おわかりいただけたと思います。

従来はコンジョイント分析のソフトウェアがあり，これを用いて解析していましたが，最近では身近で使えるExcelで解析できるようになりました（「超らく解析」（注3）というソフトをExcelにアドオンすれば，もっと簡単になります）。

このおかげで，コンジョイント分析の手法は今，とても手軽にできるものになりました。

解析はExcelでできるとして，一番重要なことは，いかに魅力ある案を作っていくか，ということです。

是非，このコンジョイント分析を利用することで，効果的な調査と分析を実践し，より魅力あるプランを作ってください。そして実践経験を重ねることで，この手法を完全に身につけ，さらに手法を磨き上げてください。

筆者も今後，このコンジョイント分析をさらに発展させたノウハウについて，公開する予定です。

最後になりましたが，アンケートの設計に協力いただきました㈲DIT 上田祐樹社長，リサーチにご協力いただいた回答者の皆様に，心より御礼を申し上げます。

アンケートの作成，Webによる収集，解析は㈲サヌックに全面的にお世話になりました。

〈Excel アドオン・データマイニングツール紹介〉
- （注1）ラベル付き散布図： グラフ化したいデータ範囲を指定するだけで，簡単に見出しラベル付きのわかりやすい散布図を作成できます。
- （注2）顔グラフ（非売品）： 顔の幅，目の高さ，鼻の長さ等の各項目にグラフ化したいデータ項目をあてはめることで，誰にでも見やすく興味深いグラフを作成することができます。
- （注3）超らく解析： コンジョイント分析を行うとき，アンケート用紙のままで簡単に回帰分析まで行えます。
- Excel アドオン・データマイニングツールについては，ホームページ（http://www.sanuk.co.jp/datamining/ma.htm のデータマイニングソフトの項目）を参照，株式会社サヌックまで問い合わせてください。

第8章 どんな出前寿司が人気があるのか
—コンジョイント分析の事例—

1. はじめに

　寿司といえば日本の代表的な食べ物の一つで，その種類も豊富です．一口に寿司といっても，「にぎり寿司」，「ちらし寿司」，「茶巾寿司」などさまざまな種類がありますし，また地域によってもさまざまであり，土産物としてもたくさんの種類の寿司が売られています．

　寿司屋もかつては「お好み」で食べるような寿司屋ばかりで，「時価」のネタもある非常に高価で，敷居の高かった場所でしたが，現在では回転寿司や，安価で食することができるテイクアウト専門店などの台頭により，とても身近な食べ物の一つに変わりました．

　また，家庭でのごちそうのときや来客のあるときなど，出前を取る機会も多いようです．出前寿司を注文するときには，既存のお寿司屋さんと，新しく登場した宅配専門の寿司店等どちらにするか比べることもあります．

　これらの宅配専門などの新しいお寿司屋の登場により，出前寿司を注文するときのニーズは変わったのでしょうか？　変わったのなら，どのように変わったのでしょうか？　そして，今ならどんな出前寿司を売り出せば売れるのでしょうか？　大変興味があるところです．

　そこで，現在どんな出前寿司が人気があるのか，実験計画法（コンジョイント分析はその一手法です）を用いて調べてみることにします．

2. 要因と水準を考える

　出前寿司を注文するときに重要視するポイントを，次の八つとしました．ここは重要な出発点ですから，その業界に長けた人の知恵や知識を借りたり，インターネットや書籍などから情報を収集した上で，しっかり策定します．

　これらのポイントを考えてから，実験計画法という統計手法を用いて，アンケートを取ることにします．そこで，表8.1のように要因と水準として，整理します．

　実験計画法では「A. お店」から「H. 価格」までを**要因**または**因子**と呼びます．

　要因の具体的な選択肢，例えば要因「A. お店」では，「味が自慢の店」，「早さが

表8.1 要因と水準

要因	第1水準	第2水準	第3水準	水準数
A. お店	味が自慢の店	早さが自慢の店	—	2
B. 中心になるネタ1	マグロ系のさかな	ハマチ系のさかな	タイ系のさかな	3
C. 中心になるネタ2	エビ・カニ類	イカ・タコ類	貝類	3
D. 中心になるネタ3	タマゴ	ヒカリモノ	巻きもの	3
E. 個数	12個	10個	8個	3
F. わさびの量	多め	ふつう	なし	3
G. しゃり（ご飯）の量	多め	ふつう	少なめ	3
H. 価格	700円	900円	1,000円	3

自慢の店」のことを，**水準**と呼びます。八つの要因がありおのおのの水準数が2，3，3，3，3，3，3，3になります。

これらの要因や水準について，すべての組合せ（つまりメニュー）について注文したいと思うかどうかのアンケートを取りたいところですが，すべての組合せの数を計算すると，$2 \times 3^7 = 4,374$通りと大変な数になってしまいます。4,374通りすべての組合せについてアンケートを取ることはまず不可能です。

3. 直交表を利用する

そこで，直交表（田口玄一博士考案）を用いて，できるだけ組合せ数（実験回数）を小さくします。直交表とは，最小の実験回数で，最大の情報を得るための画期的な手法です。**直交表**の具体的な中身は，バランスよく1と2（あるいは1, 2, 3）を並べた表で，実験データやアンケート作成などの際に少ない回数で，効率よく多くの情報を得る目的で使用されます。

直交表にはそれぞれの要因について二つずつの水準を持つ**2水準系**のL_4，L_8，L_{16}，L_{32}，L_{64}と，それぞれの要因に三つの水準を持つ**3水準系**のL_9，L_{27}，L_{81}などがあるほか，2水準と3水準が混ざった**混合系**のL_{18}などがあります（第7章参照）。

ここでは，そのうち要因がAからHまでの8要因あるので，8列を使える混合系のL_{18}直交表を用いて，アンケートを作成します（表8.2）。

次に，組合せを作るために**割付け**の作業を行います。では，実際に割付けてみます。要因の1列には「A. お店」の要因を割付け，その列の水準1には第1水準の「味が自慢の店」，水準2には第2水準の「早さが自慢の店」を割付けます。

同様に，要因の2列には「B. 中心になるネタ1」の要因を割付け，その列の1には「マグロ系のさかな」，2には「ハマチ系のさかな」，3は「タイ系のさかな」を割付けます。このようにして，3〜8列も割付けたのが表8.3のアンケート用紙です。

表8.2 L_{18}直交表

No.	1列	2列	3列	4列	5列	6列	7列	8列
1	1	1	1	1	1	1	1	1
2	1	1	2	2	2	2	2	2
3	1	1	3	3	3	3	3	3
4	1	2	1	1	2	2	3	3
5	1	2	2	2	3	3	1	1
6	1	2	3	3	1	1	2	2
7	1	3	1	2	1	3	2	3
8	1	3	2	3	2	1	3	1
9	1	3	3	1	3	2	1	2
10	2	1	1	3	3	2	2	1
11	2	1	2	1	1	3	3	2
12	2	1	3	2	2	1	1	3
13	2	2	1	2	3	1	3	2
14	2	2	2	3	1	2	1	3
15	2	2	3	1	2	3	2	1
16	2	3	1	3	2	3	1	2
17	2	3	2	1	3	1	2	3
18	2	3	3	2	1	2	3	1

これで，18通りの組合せ（18行）ができあがりました。

実際に作成した調査票（アンケート用紙）は表8.3のようになります。これは，例えばNo.1の組合せ（1行目の横列）は「お店」は「味が自慢の店」，「中心になるネタ1」は「マグロ系のさかな」，「中心になるネタ2」は「エビ・カニ類」，「中心になるネタ3」は「タマゴ」，「個数」は「12個」，「わさびの量」は「多め」，「しゃり（ご飯）の量」は「多め」，「価格」は「700円」となります。

この18通りの組合せについて，この組合せの寿司なら注文したいと思えば「注文する」，注文したくないと思えば「注文しない」，わからない場合は「わからない」を選択してもらいます。

ここまでが，直交表へ割付けたアンケートの部分です。

この次にあるのは，例えば，性別や年代，また出前の頻度や嗜好により，アンケート結果に違いがあるかどうかを見るための設問です。

4．データを収集する

表8.3，表8.4のアンケート用紙を用いてアンケートを実施しました。実際の調査では，インターネット上での調査，およびアンケート用紙での調査をお願いしました。

第8章 どんな出前寿司が人気があるのか

表8.3 アンケート用紙(1)

どんな出前寿司が売れるか？ 〜どんな出前寿司を注文したいですか？ 〜アンケートにお答えください。皆さまと共に新鮮なデータを解析し，アンケート・データの作成法，実験計画法による商品開発と要因分析をご紹介します。ご協力をお願いします。今回はまさに新鮮なネタがからんだテーマです。かつて，寿司屋で，特に「お好み」で食べるのは非常に高価で，敷居の高かった寿司屋も，味もよし価格もお得な回転寿司の盛況により，庶民的でより利用しやすい寿司屋が増えてきました。

下記のアンケートは，「店の強み」，「中心になるネタ」，「一人前の個数」，「わさびの量」，「しゃり（ご飯）の量」，「価格」をポイントに，皆さまがどのようなメニューなら注文したいかを解析できるよう，作成したものです。ぜひご協力下さい！ 皆さまの答えを実験計画法で解析をすると，どのくらいの価格でどういったメニューが求められているかがわかります。

結果は寿司屋の経営者が，どのメニューに注力すべきか，どのネタを中心に取り揃えるか等を解明し，より人気のある出前寿司屋にするための指針とします。

アンケートの集計とプレゼント

皆さまの回答を集計し，実験計画法を行ないます。アンケートにご協力いただいた皆さまには，上田塾長による解析結果と併せて，分析方法，結果よりどのようなことがいえるのかなどのレポートをもれなくプレゼントいたします。応募締切：2001年7月16日⇒ プレゼントのお届け：2001年7月末日

アンケートのやり方

実験計画法でできるだけ正確に結果を集計できるように，商品評価の質問形式により，それぞれの組み合わせを採点していただきます。よろしくお願いいたします。質問は列が長めなので，熟慮すると難しく感じてしまいます。ポイントは直感です！

「お店」，「中心になるネタ」といった要素の中で，1つだけでも受け入れられないのがあれば「注文しない」でもいいですし，逆に1要素だけこれは気に入っている点と感じたものには「注文する」を，どちらでもない（可もなし不可もなし）なら「わからない」を，そんな感じの答え方で結構ですので，お気軽にお答えください！

18個の組み合わせで……

「このメニューなら注文したい！」と思えば「注文する」を，「これは注文しないなぁ」と思えば「注文しない」を，「さぁ，どうかわからない」と思えば「わからない」をクリックしてください。

No	お店	中心になるネタ1	中心になるネタ2	中心になるネタ3	個数	わさびの量	しゃり(ご飯)の量	価格	回答欄		
1	味が自慢の店	マグロ系のさかな	エビ・カニ類	タマゴ	12個	多 め	多 め	700円	□注文する	□注文しない	□わからない
2	味が自慢の店	マグロ系のさかな	イカ・タコ類	ヒカリモノ	10個	ふつう	ふつう	900円	□注文する	□注文しない	□わからない
3	味が自慢の店	マグロ系のさかな	貝類	巻きもの	8個	な し	少なめ	1,000円	□注文する	□注文しない	□わからない
4	味が自慢の店	ハマチ系のさかな	エビ・カニ類	タマゴ	10個	ふつう	少なめ	1,000円	□注文する	□注文しない	□わからない
5	味が自慢の店	ハマチ系のさかな	イカ・タコ類	ヒカリモノ	8個	な し	多 め	700円	□注文する	□注文しない	□わからない
6	味が自慢の店	ハマチ系のさかな	貝類	巻きもの	12個	多 め	ふつう	900円	□注文する	□注文しない	□わからない
7	味が自慢の店	タイ系のさかな	エビ・カニ類	ヒカリモノ	12個	な し	ふつう	1,000円	□注文する	□注文しない	□わからない
8	味が自慢の店	タイ系のさかな	イカ・タコ類	巻きもの	10個	多 め	少なめ	700円	□注文する	□注文しない	□わからない
9	味が自慢の店	タイ系のさかな	貝類	タマゴ	8個	ふつう	多 め	900円	□注文する	□注文しない	□わからない
10	早さが自慢の店	マグロ系のさかな	エビ・カニ類	巻きもの	8個	ふつう	ふつう	700円	□注文する	□注文しない	□わからない
11	早さが自慢の店	マグロ系のさかな	イカ・タコ類	タマゴ	12個	な し	少なめ	900円	□注文する	□注文しない	□わからない
12	早さが自慢の店	マグロ系のさかな	貝類	ヒカリモノ	10個	多 め	多 め	1,000円	□注文する	□注文しない	□わからない
13	早さが自慢の店	ハマチ系のさかな	エビ・カニ類	ヒカリモノ	8個	多 め	少なめ	900円	□注文する	□注文しない	□わからない
14	早さが自慢の店	ハマチ系のさかな	イカ・タコ類	巻きもの	12個	ふつう	多 め	1,000円	□注文する	□注文しない	□わからない
15	早さが自慢の店	ハマチ系のさかな	貝類	タマゴ	10個	な し	ふつう	700円	□注文する	□注文しない	□わからない
16	早さが自慢の店	タイ系のさかな	エビ・カニ類	巻きもの	10個	な し	多 め	900円	□注文する	□注文しない	□わからない
17	早さが自慢の店	タイ系のさかな	イカ・タコ類	タマゴ	8個	多 め	ふつう	1,000円	□注文する	□注文しない	□わからない
18	早さが自慢の店	タイ系のさかな	貝類	ヒカリモノ	12個	ふつう	少なめ	700円	□注文する	□注文しない	□わからない

表8.4　アンケート用紙（2）

#	質問							
19	出前を取るのが多いのは？	□寿司	□うどん・そば	□ラーメン	□中華もの	□弁当	□ピザ	□丼もの	□バーガー・フライドチキン
20	何回くらい寿司を食べますか？	□年に数えるくらい	□数ヶ月に1回	□月1回くらい	□週1回以上	□週2回以上	□寿司なしには生きられない		
21	外食の回数は？	□年に数えるくらい	□数ヶ月に1回	□月1回くらい	□週1回くらい	□週2回以上	□ほぼ毎日		
22	好きなアルコールは？	□日本酒	□ワイン	□ウィスキー	□焼酎	□ビール	□発泡酒・カクテル	□果実酒	□飲まないよ
23	予算も時間もたっぷりで、「今晩おごるよ！」と言われたら、何を食べたいですか？	□豪華な中華料理	□一流の寿司,刺身	□高級牛肉のステーキ	□味に定評のあるイタリアン	□雰囲気も味わうフランス料理	□超レアもの	□料亭の懐石料理	□超豪華な甘味もの
24	好きな飲み物は？	□日本茶	□コーヒー	□紅茶	□フルーツジュース	□ミルク	□中国茶	□うまい水	
25	同居しているご家族の人数は？（自分を含む）	□1人	□2人	□3人	□4人	□5人以上			
26	あなたの生まれは？	□牡羊座 3/21-4/19	□牡牛座 4/20-5/20	□双子座 5/21-6/21	□蟹座 6/22-7/22	□獅子座 7/23-8/22	□乙女座 8/23-9/22		
		□天秤座 9/23-10/23	□さそり座 10/24-11/22	□射手座 11/23-12/21	□山羊座 12/22-1/19	□水瓶座 1/20-2/18	□魚座 2/19-3/20		
27	時間もお金もいっぱい。旅にいくなら？		□ニューヨーク		ミュージカル	ジャズ	NY美術館	ウォール街	
			□北極も南極も		オーロラ	ペンギン	採れたて鮭ムニエル	氷河のカキ氷	
			□エジプト		ピラミッド	スフィンクス	ナイル川	らくだで月の砂漠	
			□日本の温泉		温泉三昧	豪華懐石料理	海,山,川,湖	ボーっとする	
			□ヨーロッパ		アルプス	クラシックコンサート	ワイン	カフェ	
			□ケニヤ		サバンナ	熱気球	動物いっぱい	象のタクシー	
			□チベット		ヒマラヤ	寺院	瞑想	澄みきった空気	
			□宇宙旅行		無重力	地球・見酒	豪華宇宙食	究極の静寂	
			□モルディブ		海,海,海	いるか	トロピカルフルーツ	サンゴと熱帯魚	
			□自宅		閉じこもり	テレビ三昧	出前寿司	昼寝	
			□ラスベガス		カジノ	ショーショー	イリュージョン	きらめく街	
28	今興味のあること,力を注いでいること	□仕事	□スポーツ	□恋愛	□趣味	□お金	□音楽芸術	□学習	□旅行
SE	性別	□女性	□男性						
AG	年代	□10代	□20代	□30代	□40代	□50代	□60代以上		
NA	お名前								
EM	E-Mail（半角で入力）								
AD	ご住所	〒							
TE	TEL								
FA	FAX								
JO	職種	□総務人事	□経理財務	□営業販売マーケティング	□教育研修	□技術設計研究開発	□品質管理品質保証	□資材購買調達	□海外業務
		□物流輸送倉庫	□経営企画管理・秘書	□情報システム	□広報宣伝	□製造生産技術	□主婦	□学生	□その他

集められた回答を次の表のようなデータにします。この表では1回答者からの回答データが横1行にならぶようになっています。そして一番左に回答した日付を入れ，その右に質問への回答データを「注文する」を1，「注文しない」を2，「わからない」を3として18列入れていきます。そしてその右に調査票の最後につけた調査項目への回答を，選択肢の番号が表示されるように入れていったものです。

表8.5　データの例（抜粋）

2001/6/28	1	2	2	1	1	2	2	2	2	1	2	2	3	2	2	2	3	7	2	3	5	7	2	4	9	4	4
2001/6/28	3	3	2	1	1	2	2	1	2	2	1	2	1	2	2	2	2	5	4	4	2	3	5	3	4	2	2
2001/6/29	3	2	2	1	2	2	2	3	1	1	1	2	1	1	2	2	1	2	6	3	6	5	7	7	3	8	11	6
2001/6/29	1	1	2	1	2	1	3	3	3	1	3	3	3	3	3	3	3	6	3	4	2	3	2	2	10	11	6
2001/6/29	1	2	1	2	1	1	1	2	1	1	1	2	1	1	1	2	1	6	2	3	1	2	3	1	6	5	4
2001/6/29	1	1	3	3	1	1	2	1	2	1	1	3	3	1	1	3	3	1	1	2	2	5	2	2	4	7	5	1

Webで回答を収集する場合，ExcelのCSVファイルなどに逐一データが蓄積されるような仕組みにすると，上記のような集計作業がとても便利にできます。次に，このように集められたデータの分析の準備に入ります。

5．分析の準備

回答方法は，「注文する」，「注文しない」，「わからない」のうちいずれか一つを選択することになっていますが，これを回帰分析で実行できるようにするため，「注文する」を10点，「注文しない」を0点，「わからない」を5点に置き換え，1～18までのそれぞれの組合せについて，平均点を出します。この平均点を以後「満足度」と呼びます。

次に，Excelの分析ツールの「回帰分析」を用いて，「注文したい」と思うメニューには一体どの要因（この場合は「お店」，「中心になるネタ」など）が最も効いているかを分析してみることにします。

6．回帰分析を実行する

まず，表8.6のデータを，次の表8.7のように作り直します。統計的な理由により，それぞれの要因から1列ずつ（水準を一つずつ）削除しなくてはいけません。

いよいよ解析です。Excelの分析ツールから「回帰分析」を呼び出し，「入力y範囲」には表8.7の「満足度」のセルから「満足度」の一番下の行の「5.102」のセルまでをドラッグして選択します。「入力x範囲」には表8.7の「味が自慢の店」のセ

6．回帰分析を実行する

表8.6　各組合せと満足度

No	お店	中心になるネタ1	中心になるネタ2	中心になるネタ3	個数	わさびの量	しゃり(ご飯)の量	価格	満足度
1	味が自慢の店	マグロ系のさかな	エビ・カニ類	タマゴ	12個	多め	多め	700円	6.122
2	味が自慢の店	マグロ系のさかな	イカ・タコ類	ヒカリモノ	10個	ふつう	ふつう	900円	5.204
3	味が自慢の店	マグロ系のさかな	貝類	巻きもの	8個	なし	少なめ	1,000円	2.245
4	味が自慢の店	ハマチ系のさかな	エビ・カニ類	タマゴ	10個	ふつう	少なめ	1,000円	4.898
5	味が自慢の店	ハマチ系のさかな	イカ・タコ類	ヒカリモノ	8個	なし	多め	700円	2.551
6	味が自慢の店	ハマチ系のさかな	貝類	巻きもの	12個	多め	ふつう	900円	4.898
7	味が自慢の店	タイ系のさかな	エビ・カニ類	ヒカリモノ	12個	なし	ふつう	1,000円	4.286
8	味が自慢の店	タイ系のさかな	イカ・タコ類	巻きもの	10個	多め	少なめ	700円	5.612
9	味が自慢の店	タイ系のさかな	貝類	タマゴ	8個	ふつう	多め	900円	4.592
10	早さが自慢の店	マグロ系のさかな	エビ・カニ類	巻きもの	8個	ふつう	ふつう	700円	6.327
11	早さが自慢の店	マグロ系のさかな	イカ・タコ類	タマゴ	12個	なし	少なめ	900円	4.796
12	早さが自慢の店	マグロ系のさかな	貝類	ヒカリモノ	10個	多め	多め	1,000円	2.857
13	早さが自慢の店	ハマチ系のさかな	エビ・カニ類	ヒカリモノ	8個	多め	少なめ	900円	3.367
14	早さが自慢の店	ハマチ系のさかな	イカ・タコ類	巻きもの	12個	ふつう	多め	1,000円	4.694
15	早さが自慢の店	ハマチ系のさかな	貝類	タマゴ	10個	なし	ふつう	700円	3.673
16	早さが自慢の店	タイ系のさかな	エビ・カニ類	巻きもの	10個	なし	多め	900円	3.469
17	早さが自慢の店	タイ系のさかな	イカ・タコ類	タマゴ	8個	多め	ふつう	1,000円	1.939
18	早さが自慢の店	タイ系のさかな	貝類	ヒカリモノ	12個	ふつう	少なめ	700円	5.102

表8.7　回帰分析実行用データ

味が自慢の店	ハマチ系のさかな	マグロ系のさかな	エビ・カニ類	貝類	ヒカリモノ	巻きもの	10個	12個	ふつう	多め	少なめ	多め	900円	1,000円	満足度
1	0	1	1	0	0	0	0	1	0	1	0	1	0	0	6.122
1	0	1	0	0	1	0	1	0	1	0	0	0	1	0	5.204
1	0	1	0	1	0	1	0	0	0	0	1	0	0	1	2.244
1	1	0	1	0	0	0	1	0	1	0	1	0	0	1	4.897
1	1	0	0	0	1	0	0	0	0	0	0	1	0	0	2.551
1	1	0	0	1	0	1	0	1	1	1	0	0	1	0	4.897
1	0	0	1	0	1	0	0	1	1	0	0	0	0	1	4.285
1	0	0	0	0	0	1	1	0	0	1	1	0	0	0	5.612
1	0	0	0	1	0	0	0	0	1	0	0	1	1	0	4.591
0	0	1	1	0	0	1	0	0	1	0	0	0	0	0	6.326
0	0	1	0	0	0	0	0	1	0	0	1	0	1	0	4.795
0	0	1	0	1	1	0	1	0	0	1	0	1	0	1	2.857
0	1	0	1	0	1	0	0	0	0	1	1	0	1	0	3.367
0	1	0	0	0	0	1	0	1	1	0	0	1	0	1	4.693
0	1	0	0	1	0	0	1	0	0	0	0	0	0	0	3.673
0	0	0	1	0	0	1	0	1	0	0	0	1	1	0	3.469
0	0	0	0	0	0	0	0	0	1	1	0	0	0	1	1.938
0	0	0	0	1	1	0	0	1	1	0	1	0	0	0	5.102

ルから「1,000円」の一番下の行の「0」のセルまでをドラッグして選択します。

出力オプションで，出力先を指定し，「ラベル（L）」にレ（チェック）を付け，「OK」をクリックします（もし，ラベルを範囲として選択しなかった場合は，「ラベル（L）」のチェックは空白のままにしておきます。）。

回帰分析の実行結果が，表8.8です。

表8.8　回帰分析実行結果

概要

回帰統計	
重相関 R	0.968869
重決定 R^2	0.938707
補正 R^2	0.479007
標準誤差	0.937382
観測数	18

分散分析表

	自由度	変動	分散	観測された分散比	有意 F
回帰	15	26.91413	1.794276	2.042001	0.377736
残差	2	1.75737	0.878685		
合計	17	28.6715			

	係数	標準誤差	t	P-値
切片	3.151927	0.883772	3.566448	0.070416
味が自慢の店	0.464853	0.441886	1.051974	0.403159
ハマチ系のさかな	−0.15306	0.541198	−0.28282	0.803899
マグロ系のさかな	0.42517	0.541198	0.78561	0.514388
エビ・カニ類	0.612245	0.541198	1.131278	0.375336
貝類	−0.2381	0.541198	−0.43994	0.702956
ヒカリモノ	−0.44218	0.541198	−0.81703	0.499753
巻きもの	0.204082	0.541198	0.377093	0.742357
10個	0.782313	0.541198	1.445522	0.285195
12個	1.479592	0.541198	2.733921	0.111798
ふつう	1.632653	0.541198	3.016741	0.094554
多め	0.629252	0.541198	1.162702	0.364926
少なめ	−0.05102	0.541198	−0.09427	0.933486
多め	−0.34014	0.541198	−0.62849	0.593889
900円	−0.5102	0.541198	−0.94273	0.445331
1,000円	−1.41156	0.541198	−2.60822	0.120909

7．要因分析をする

実行結果から，満足度を求める式は表8.9のような式（「回帰式」と呼びます）になります。なお，「6．回帰分析を実行する」のところで，各要因につき1水準ずつ削除しましたが，これらの水準の回帰係数については，0とします。

7．要因分析をする

表8.9　回帰分析実行結果から求めた回帰式

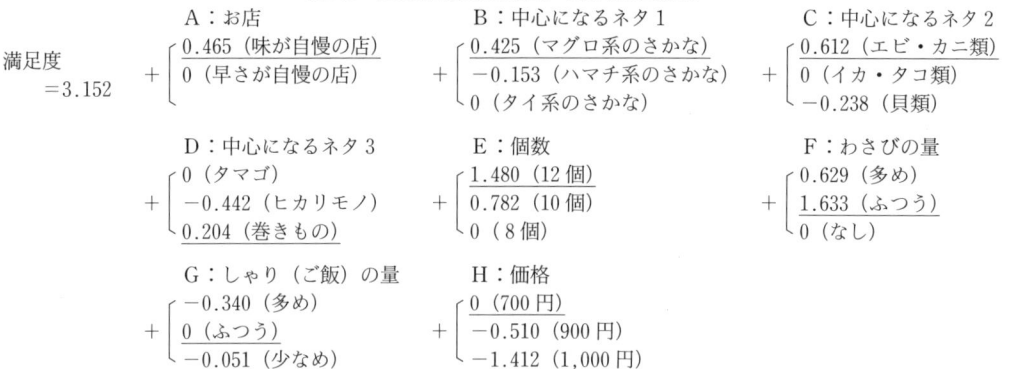

$$
\begin{aligned}
\text{満足度} = 3.152 &+ \begin{array}{l} \text{A：お店} \\ \left[\begin{array}{l} \underline{0.465\ (味が自慢の店)} \\ 0\ (早さが自慢の店) \end{array}\right. \end{array} + \begin{array}{l} \text{B：中心になるネタ1} \\ \left[\begin{array}{l} \underline{0.425\ (マグロ系のさかな)} \\ -0.153\ (ハマチ系のさかな) \\ 0\ (タイ系のさかな) \end{array}\right. \end{array} + \begin{array}{l} \text{C：中心になるネタ2} \\ \left[\begin{array}{l} \underline{0.612\ (エビ・カニ類)} \\ 0\ (イカ・タコ類) \\ -0.238\ (貝類) \end{array}\right. \end{array} \\
&+ \begin{array}{l} \text{D：中心になるネタ3} \\ \left[\begin{array}{l} 0\ (タマゴ) \\ -0.442\ (ヒカリモノ) \\ \underline{0.204\ (巻きもの)} \end{array}\right. \end{array} + \begin{array}{l} \text{E：個数} \\ \left[\begin{array}{l} \underline{1.480\ (12個)} \\ 0.782\ (10個) \\ 0\ (8個) \end{array}\right. \end{array} + \begin{array}{l} \text{F：わさびの量} \\ \left[\begin{array}{l} 0.629\ (多め) \\ \underline{1.633\ (ふつう)} \\ 0\ (なし) \end{array}\right. \end{array} \\
&+ \begin{array}{l} \text{G：しゃり（ご飯）の量} \\ \left[\begin{array}{l} -0.340\ (多め) \\ \underline{0\ (ふつう)} \\ -0.051\ (少なめ) \end{array}\right. \end{array} + \begin{array}{l} \text{H：価格} \\ \left[\begin{array}{l} \underline{0\ (700円)} \\ -0.510\ (900円) \\ -1.412\ (1{,}000円) \end{array}\right. \end{array}
\end{aligned}
$$

　表8.9の式を用いて予測ができます。満足度の一番高い組合せは，アンダーラインが引いてあります。この式から満足度の一番高い組合せは，「味が自慢の店」，「マグロ系のさかな」，「エビ・カニ類」，「巻きもの」，「12個」，（わさびの量）「ふつう」，（ご飯の量）「ふつう」，「700円」となります。そして表8.9の式のそれぞれの水準の回帰係数と，回帰係数実行結果に出てきたy切片（ここでは3.15197）を足し算すると，最適な組合せの満足度が求められます。そのときの満足度は以下のようになります。

　「満足度」＝3.152＋0.465＋0.425＋0.612＋0.204＋1.480＋1.633＋0＋0＝7.971

　（筆者はベストの組合せの満足度が8点以上あれば魅力ある商品だと考えているので，ほぼ合格点に近いと言ってよいでしょう。）

　全体的に見ると，出前は早さよりも味を重視し，ネタは，定番とも言える「マグロ系のさかな」に人気があり，次いで高級感のある「エビ・カニ類」，そしてやはり寿司の定番の一つ「巻きもの」がなくちゃ！というふうになりました。また，個数は12個で価格は700円のメニューが好まれることが明らかになりました。

　次にどの要因が満足度に効いているかを調べます。それには，表8.9の式から影響度指数を求めます。各要因の回帰係数のレンジ（「最大値」から「最小値」を引いた値）が影響度です。回帰分析実行結果からまとめてみると，次のようになります。

　また，表8.10を棒グラフにしたものが，図8.1です。このように，データをグラフにする，つまり**視覚化する**ことは，データマイニングをやって行く上で，重要なポイントの一つです。

　この結果から，出前寿司の満足度は，「わさびの量」，「個数」，「価格」の順で効いており，価格や個数だけではなく，わさびの量についてもこだわっていることがわかります。

表 8.10　影響度

要　因	最大値	最小値	影響度	順位
お　店	0.465	0	0.465	7
中心になるネタ 1	0.425	−0.153	0.578	6
中心になるネタ 2	0.612	−0.238	0.850	4
中心になるネタ 3	0.204	−0.442	0.646	5
個　数	1.48	0	1.480	2
わさびの量	1.633	0	1.633	1
しゃり（ご飯）の量	0	−0.34	0.340	8
価　格	0	−1.411	1.411	3

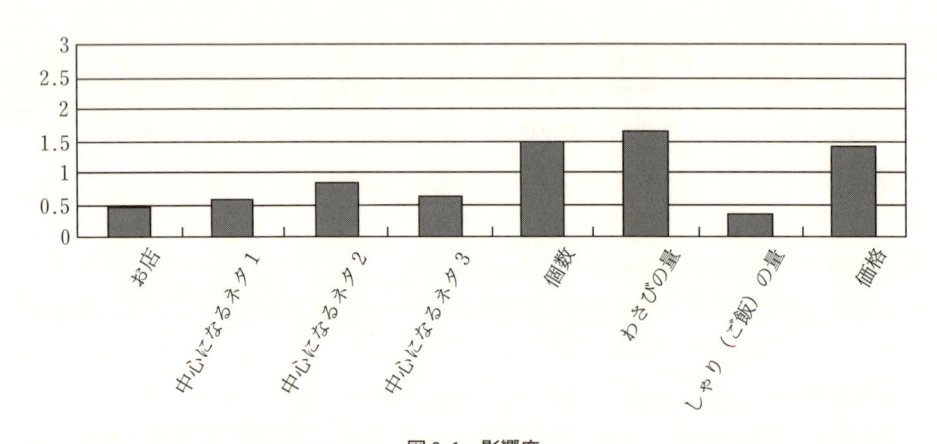

図 8.1　影響度

8．細分化（セグメンテーション）を行い，分析を深めていく

　次に，細分化を行って分析を深堀りしていきます。調査票の最後につけた細分化の切り口は，どの程度ニーズの分かれ目と一致していたのでしょうか？　興味津々です。

　表 8.11 は，年代・性別・寿司を食べる頻度・何の出前をとることが多いか，を切り口に細分化し，それぞれの回答の平均値を求め，これを基に回帰分析を行ったときの影響度を表にしたものです。

8．細分化を行い，分析を深めていく

表 8.11　年代別・性別等の影響度

影響度	お店	中心になるネタ 1	中心になるネタ 2	中心になるネタ 3	個数	わさびの量	しゃり(ご飯)の量	価格	満足度
20 代以下	0.833	0.667	0.917	0.750	1.833	1.417	0.167	1.417	7.833
30 代	0.255	1.424	1.215	1.042	1.007	2.222	0.347	1.424	9.120
40 代	0.694	1.389	0.556	0.417	2.431	1.597	0.833	1.319	8.889
50 代以上	0.000	3.333	1.111	0.556	0.278	0.833	0.278	1.667	8.056
女　性	0.556	0.333	1.417	0.833	0.250	1.333	1.333	1.750	7.361
男　性	0.442	0.641	0.705	0.598	1.838	1.709	0.214	1.325	8.255
数ヶ月に 1 回まで	0.098	1.471	0.686	0.196	1.961	0.588	0.686	2.696	8.529
月 1 回以上	0.660	0.104	0.938	0.885	1.224	2.266	0.885	0.729	7.674
出前は寿司が多い	0.208	0.260	0.365	0.469	0.990	2.656	0.521	0.885	7.708
出前は寿司以外	0.589	0.732	1.086	0.732	1.717	1.136	0.379	1.667	8.224
全　員	0.465	0.578	0.850	0.646	1.480	1.633	0.340	1.411	7.971

（表 8.11 の中で「数ヶ月に 1 回まで」と「月 1 回以上」は，「何回くらい寿司を食べますか？」という設問に対する回答。「出前は寿司が多い」と「出前は寿司以外」は，「出前を取るのが多いのは？」の設問に対する回答。）

　まず，表 8.11 から特徴が目立っている層について，それぞれの影響度を棒グラフにしてみます。どの要因が満足度に効いているかを調べてみましょう。

　表 8.11 を見ると，30 代の満足度が非常に高いことがわかります。そこで，30 代の影響度をグラフ化しました。それが図 8.2 です。

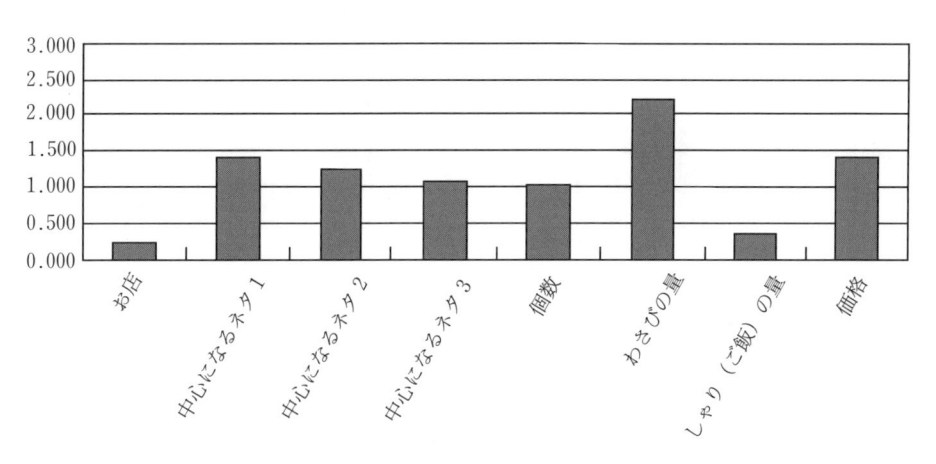

図 8.2　30 代の影響度

　30 代だけで見ると，わさびの量の重要視度が非常に高くなっています。これはどういうことなのでしょうか？　まだ判断はできません。

　とても気になる動きであるため，30 代については後ほど別途，さらに分析を深め

ていくことにします。

先に，他の細分化の切り口を見ていきましょう。

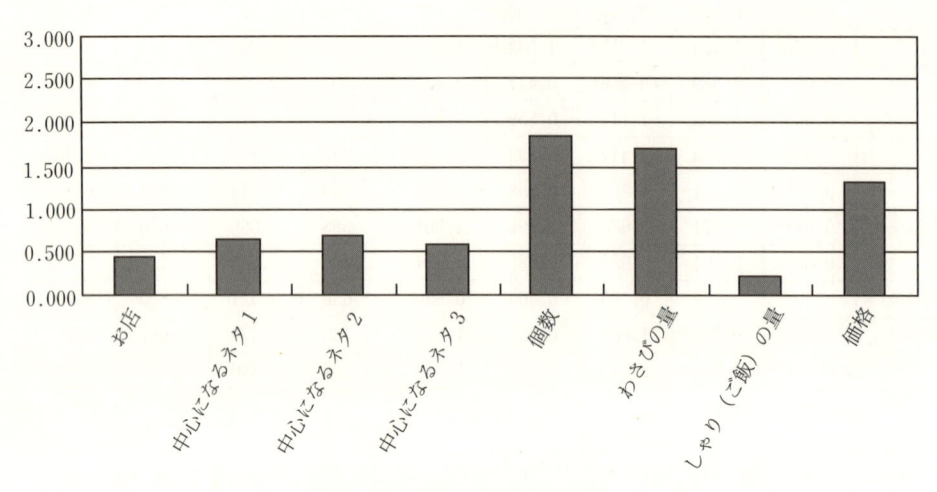

図8.3 男性だけで見た影響度

図8.3は男性だけで見た影響度です。

男性の影響度は，全体の影響度の比率と似た結果が出ました。最適な組合せは，全体の時と同じになりました。

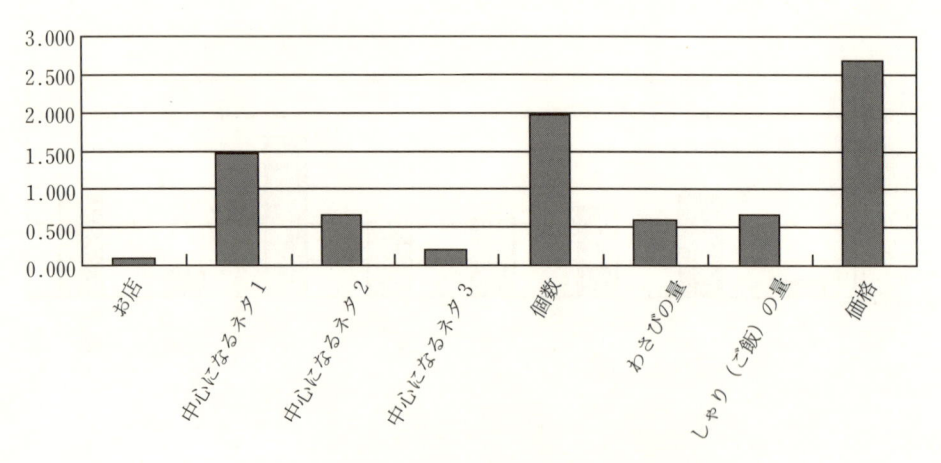

図8.4 数ヶ月に1回ぐらい寿司を食べる人の影響度

次に，寿司を食べる頻度別に影響度を見てみます。まず，寿司を食べる頻度が数ヶ月に1回ぐらいの少ない生活者だけで見てみましょう。それが図8.4です。

比較的寿司を食べる頻度が少ない生活者の影響度を見てみると，「価格」と「個数」に続いて，「中心となるネタ1」が高くなっています。寿司に限らず，たまに食べる

8．細分化を行い，分析を深めていく 115

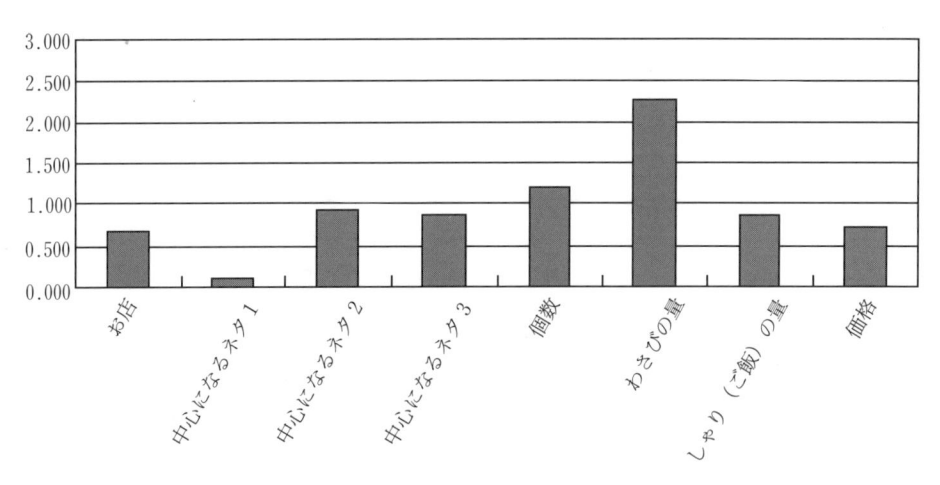

図8.5 月1回以上寿司を食べる人の影響度

ものの場合，「中心として何が入っているか」を重要視しているのがわかります。

次に，月1回以上寿司を食べる人の影響度を見てみます。図8.5がその結果です。

すると他の要因に比べて，「わさびの量」が注目された代わりに，「中心となるネタ1」などは霞んでしまいました。

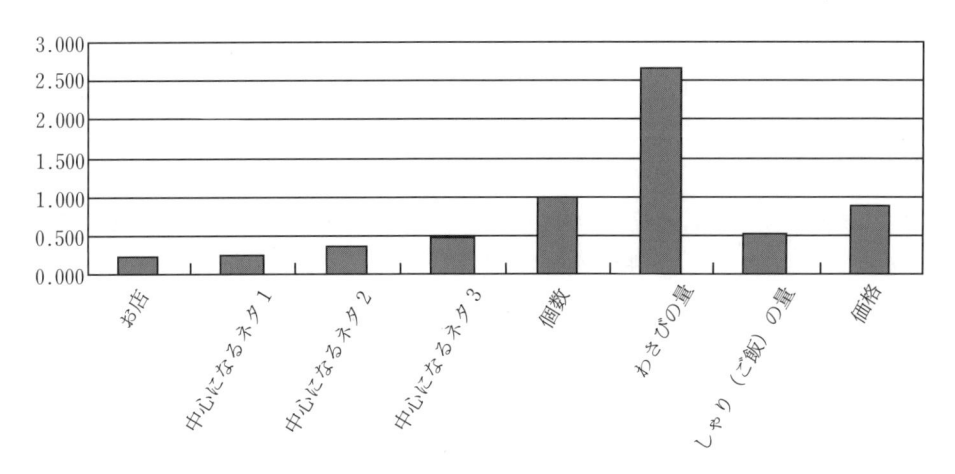

図8.6 「出前を取るのは寿司が多い」生活者の影響度

次に，「出前を取るのは寿司が多い」生活者だけで見てみましょう。図8.6がその結果です。

するとここでも，寿司を比較的よく食べる人の回答と同様，「わさびの量」が群を抜いて影響度が高くなっています。これはあくまで仮説ですが，他の要因の影響度が低いのは，ほぼ決まった店から決まったものを注文しているから，普段からネタや個

数や価格は特別意識していないせいかもしれません。

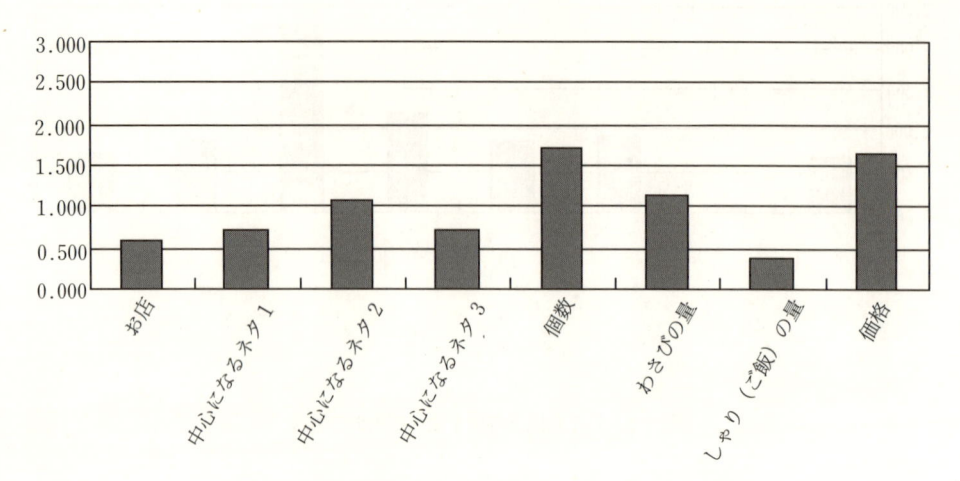

```
3.000
2.500
2.000
1.500
1.000
0.500
0.000
```
お店／中心になるネタ1／中心になるネタ2／中心になるネタ3／個数／わさびの量／しゃり（ご飯）の量／価格

図8.7 「出前を取るときは，寿司以外が多い」人の影響度

最後に，図8.7が「出前を取るときは，寿司以外が多い」生活者だけで分析した結果です。

今回のアンケートで，出前をとるのは寿司以外の食べ物が多いと回答した生活者が全体の7割近くいました。ちなみに，どんな出前が多いかを調べてみると，「ピザ」という回答が最も多かったのですが。

あまり寿司の出前を取らない生活者の評価では，純粋に「どんな寿司のメニューが食べたいか」という基準による評価が表れているようです。そのため「個数」，「価格」，「わさびの量」などが重要視されています。

また棒グラフの形は，回答者全体の影響度のグラフと良く似ていることにも注目できる点です。これは，この生活者像は回答者の全体像と非常に似た，縮図となっていることを表しています。

9．30代の分析を深めていく

「8．層別による違い」で説明したとおり30代の満足度が最も高かったので，解析結果をピックアップして詳しく見てみることにしましょう。

次の表は，30代のみで回帰分析を行ったときの実行結果です。

9．30代の分析を深めていく

表 8.12　回帰分析の実行結果（30代のみ）

概要

回帰統計	
重相関 R	0.974058
重決定 R^2	0.94879
補正 R^2	0.564713
標準誤差	1.028856
観測数	18

分散分析表

	自由度	変動	分散	観測された分散比	有意 F
回帰	15	39.22405	2.614937	2.470311	0.325822
残差	2	2.117091	1.058546		
合計	17	41.34115			

	係数	標準誤差	t	P-値
切片	3.032407	0.970015	3.126144	0.088893
味が自慢の店	0.25463	0.485008	0.525001	0.651975
ハマチ系のさかな	0.451389	0.594011	0.7599	0.526673
マグロ系のさかな	1.423611	0.594011	2.396609	0.138764
エビ・カニ類	0.763889	0.594011	1.285985	0.327231
貝類	−0.45139	0.594011	−0.7599	0.526673
ヒカリモノ	−0.625	0.594011	−1.05217	0.403087
巻きもの	0.416667	0.594011	0.701447	0.555657
10個	0.451389	0.594011	0.7599	0.526673
12個	1.006944	0.594011	1.695163	0.23213
ふつう	2.222222	0.594011	3.741049	0.064605
多め	0.798611	0.594011	1.344439	0.310998
少なめ	−0.06944	0.594011	−0.11691	0.917615
多め	−0.34722	0.594011	−0.58454	0.618013
900円	−0.65972	0.594011	−1.11062	0.382366
1,000円	−1.42361	0.594011	−2.39661	0.138764

上の実行結果から，次のような回帰式になります。

表 8.13　回帰分析実行結果から求めた回帰式（30代のみ）

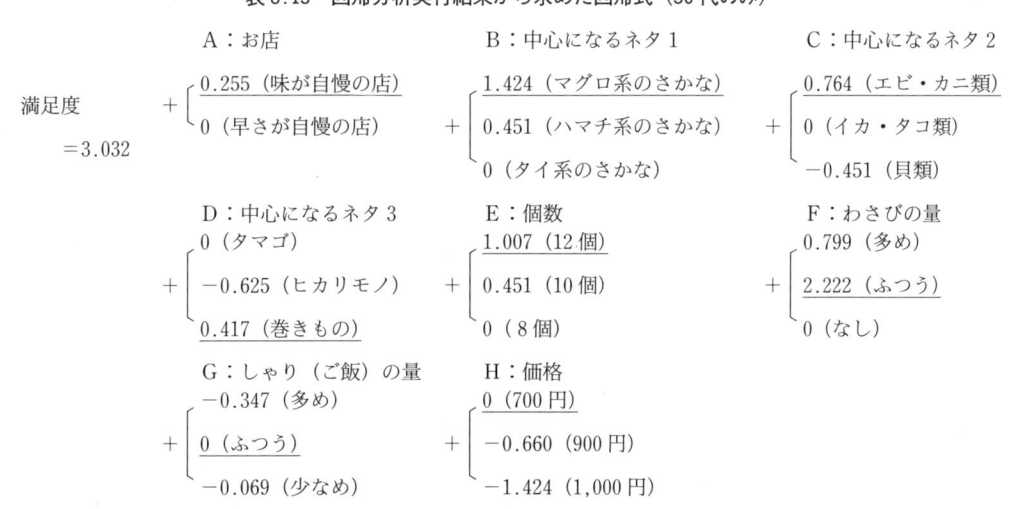

$$
\begin{aligned}
満足度 = 3.032 \quad &A：お店 \\
&+ \begin{cases} 0.255（味が自慢の店）\\ 0（早さが自慢の店）\end{cases} \\
&B：中心になるネタ1 \\
&+ \begin{cases} 1.424（マグロ系のさかな）\\ 0.451（ハマチ系のさかな）\\ 0（タイ系のさかな）\end{cases} \\
&C：中心になるネタ2 \\
&+ \begin{cases} 0.764（エビ・カニ類）\\ 0（イカ・タコ類）\\ -0.451（貝類）\end{cases} \\
&D：中心になるネタ3 \\
&+ \begin{cases} 0（タマゴ）\\ -0.625（ヒカリモノ）\\ 0.417（巻きもの）\end{cases} \\
&E：個数 \\
&+ \begin{cases} 1.007（12個）\\ 0.451（10個）\\ 0（8個）\end{cases} \\
&F：わさびの量 \\
&+ \begin{cases} 0.799（多め）\\ 2.222（ふつう）\\ 0（なし）\end{cases} \\
&G：しゃり（ご飯）の量 \\
&+ \begin{cases} -0.347（多め）\\ 0（ふつう）\\ -0.069（少なめ）\end{cases} \\
&H：価格 \\
&+ \begin{cases} 0（700円）\\ -0.660（900円）\\ -1.424（1,000円）\end{cases}
\end{aligned}
$$

表8.13の式から,「味が自慢の店」,「マグロ系のさかな」,「エビ・カニ類」,「巻きもの」,「12個」,(わさびの量)「ふつう」,(ご飯の量)「ふつう」,「700円」のメニューが最適なメニューとなり,満足度は,次のとおりになります。

「満足度」＝3.032＋0.255＋1.424＋0.764＋0.417＋1.007＋2.222＋0＋0＝9.121

全体のアンケートの解析結果と同様の結果となっていますが,影響度が他の年代や性別などと比べて高くなっている30代の回答が全体の結果にも大きく反映されているのでしょう。次にどの要因が満足度に効いているかを調べます。表8.13の式から影響度を求めると,次のようになります。

表8.14 影響度（30代のみ）

要　因	最大値	最小値	影響度指数（レンジ）
お　店	0.255	0	0.255
中心になるネタ1	1.424	0	1.424
中心になるネタ2	0.764	−0.451	1.215
中心になるネタ3	0.417	−0.625	1.042
個　数	1.007	0	1.007
わさびの量	2.222	0	2.222
しゃり（ご飯）の量	0	−0.34	0.34
価　格	0	−1.424	1.424

10．カラーラベル付き散布図で傾向を見てみる

それぞれの要因ごとに,表8.11の影響度と満足度の表をもとに,次のような散布図を描くことで傾向をつかむことができます。散布図を描くことは,要因分析において,重要な手段の一つです。Excelのグラフ・ウィザードからでも,散布図を作成することができますので,是非有効に活用してください。

ここでは一つだけ,代表的な散布図を見てみることにしましょう。

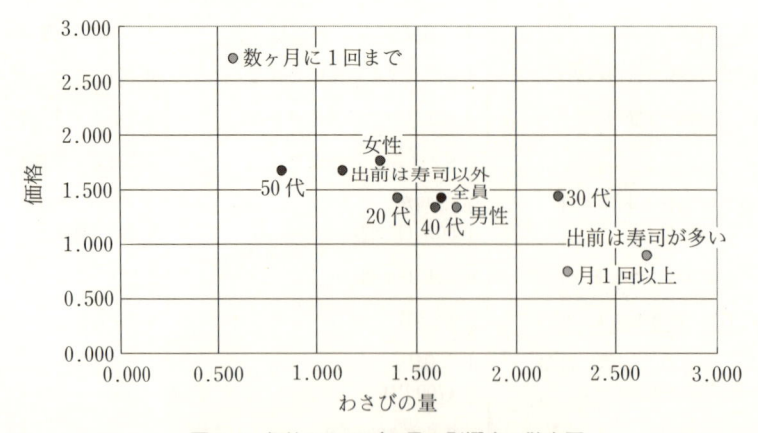

図8.8 価格とわさびの量の影響度の散布図

図8.8は価格の影響度の大きさを縦，わさびの量の影響度の大きさを横にして散布図を作成したものです。

価格の影響度とわさびの量の影響度とが，負の相関の関係にあることがわかります。

また，「出前は寿司を取ることが多い」層や「月1回以上寿司を食べる」層は価格の影響度が低く，「出前は寿司以外を取る層」や「数ヶ月に1回（以下）寿司を食べる」層では価格の影響度が高いところを見ると，寿司を食べる頻度の高い層ほど，価格よりわさびの量を重視し，寿司を食べる頻度の低い層では価格をより重視する傾向にあることが，この散布図からもわかります。

11．顔グラフを利用する

最後に，顔グラフを用いて分析を行ってみましょう。各年代・各性別に顔グラフにしてみました。どの顔が一番影響度の高い意見を言いそうでしょうか。

特に影響度の高かった要因については，違いがわかりやすいように，例えば「わさびの量」は「顔の幅」，「価格」は「眉の角度」，「顔の高さ」は「個数」というように，目立つ要素にあてはめていきます（顔グラフを描くアドオンソフトでは，どの要素を顔のどの部分に反映させるかを自分で決めて表示させることができます）。

ちなみに，一番右下の顔は，それぞれの要因における影響度の平均です。平均の顔とそれぞれの層とで，どのように顔が違っているでしょうか。また，大きく顔が違うのはどの顔でしょうか。

このように，多くの違いを一目瞭然にしてくれることが，顔グラフのいいところです（図8.9参照）。

12．おわりに

今回のアンケートからは，おそらく多くの方が意外に感じると思われる「わさびの量」が，注文するかどうかに大きく影響していることがわかりました。つまり，わさびについて，量や種類（練りわさびか，生わさびか等）や質（わさびのきき具合等）を大事にすることは，出前寿司の注文を増やす（売上げを増やす）上で重要なファクターとなっていることが言えます（個人的な話ですが，以前，わさびが全然効いてない寿司を持ってこられてとてもガッカリしたことがありました）。

また個数においても，たくさん食べられることはよいと思いますが，1人前の寿司ではいろいろな種類の入ったバラエティに富んだメニューが好まれているのではないでしょうか。

第8章 どんな出前寿司が人気があるのか

20代　　30代　　40代　　50代

女性　　男性　　数ヶ月に1回まで　　月1回以上

出前は寿司が多い　　出前は寿司以外　　全員　　平均

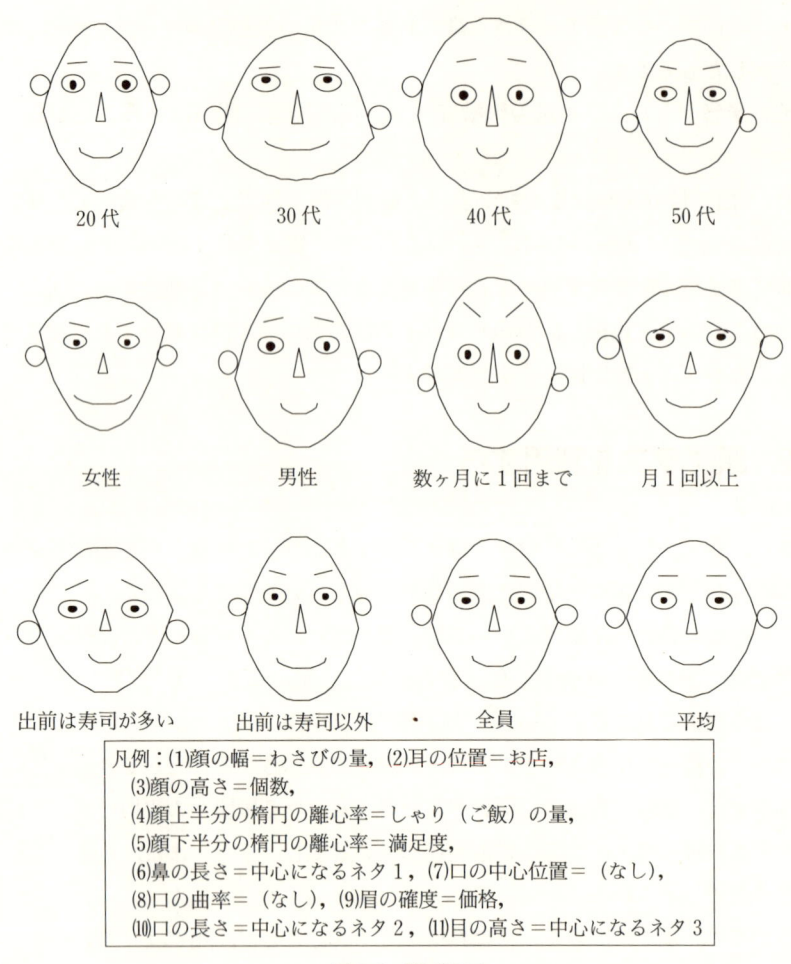

凡例：(1)顔の幅＝わさびの量，(2)耳の位置＝お店，
　　　(3)顔の高さ＝個数，
　　　(4)顔上半分の楕円の離心率＝しゃり（ご飯）の量，
　　　(5)顔下半分の楕円の離心率＝満足度，
　　　(6)鼻の長さ＝中心になるネタ1，(7)口の中心位置＝（なし），
　　　(8)口の曲率＝（なし），(9)眉の確度＝価格，
　　　(10)口の長さ＝中心になるネタ2，(11)目の高さ＝中心になるネタ3

図8.9　顔グラフ

　このようにコンジョイント分析は，ヒット商品や良いサービスのコンセプトを開発するときに有用な手法の一つです。
　このケースでは，出前寿司のメニューを考え，直交表を用いてできるだけ少ないアンケートにして回答者に評価（回答）していただき，あとは，回帰分析で解析しました。
　このやり方であれば，身近で使えるExcelで解析できるため，とても手軽に実行することができます。読者の方はこの手法を利用して，是非魅力あるプラン，商品を作ってください。
　最後になりましたが，アンケートにご協力戴きました皆様に心から感謝致します。
　アンケートの設計・収集・解析には㈲サヌックに全面的に支援していただきました。お礼申しあげます。

第9章　クリエイティブを科学的に比較する
― 一対比較 ―

1. はじめに

　コンセプトやデザインなどに関して，いくつかの代替案が挙がっているものとします。その中から一つを選ばなくてはいけない場合，どのようにして決定すればよいでしょうか。

　ものごとの評価には，大別して絶対評価と相対評価があります。絶対評価とは，身長158 cmなど，一つの対象を他の対象と比較するのではなく，一定の基準スケールに照らし合わせて評価する方法です。それに対して，相対評価とは，一定の基準を設けず，AさんはBさんよりも背が低いなど，他の対象との関係・比較の中で評価する方法です（図9.1参照）。

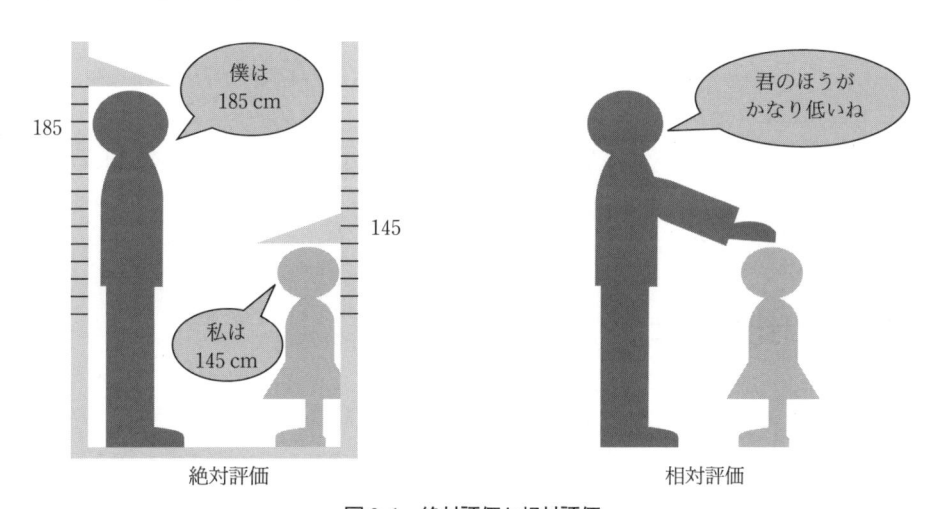

図9.1　絶対評価と相対評価

　身長のように，計れるものを比較するのであれば，絶対評価をすればよいでしょう。しかし，「AさんとBさんはどちらが外交的か」，あるいは「CデザインとDデザインのどちらがかっこいいと思うか」など，数値で表すことができない対象を比較するにはどうすればよいでしょうか。

　通常のアンケートで，コンセプトやデザインの評価やイメージを聞くには，SD法といわれる手法がよく用いられます。SD法とは，Semantic Differential Methodの

略で，イメージを定量化するための手法として心理学で用いられるようになった手法です。例えば，図9.2のような設問表を作成し，A～Eさん5人が外交的かどうかを，そう思う～そう思わないまで5段階評価で得点づけしてもらいます。こうすることで，数値的に表現することが難しいイメージなどの評価を定量的に評価することができるようになります。

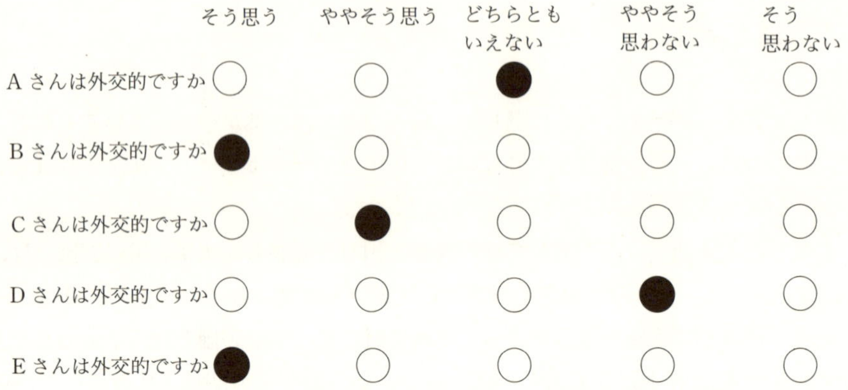

	そう思う	ややそう思う	どちらともいえない	ややそう思わない	そう思わない
Aさんは外交的ですか	○	○	●	○	○
Bさんは外交的ですか	●	○	○	○	○
Cさんは外交的ですか	○	●	○	○	○
Dさんは外交的ですか	○	○	○	●	○
Eさんは外交的ですか	●	○	○	○	○

図9.2　SD法による，イメージの比較

しかし，SD法にも欠点があります。図9.2のような回答が得られたとして，BさんとEさんはどちらが外交的と判断すればよいのでしょうか。また，「そう思う」と「ややそう思う」の差は，どれくらいなのでしょうか，「どちらともいえない」と「ややそう思わない」の差と等しいでしょうか。残念ながら，SD法はこの二つの疑問に答えることができません。

2．一対比較とは

そんなときに便利な手法が一対比較法です。一対比較法とは，先に説明した絶対評価と相対評価の話でいえば，相対評価を用いた評価法であるといえます。例えば，AさんからEさんまでの対象者がいたとして，AさんとBさんだけを抽出して比較してもらうなど，候補に上がっているものの中から，二つを抽出し，2者間の比較をしていきます（図9.3）。

一対比較法の中にもいくつかの手法が開発されていますが，代表的な手法として，AHP法（Analytic Hierarchy Process＝階層分析法）とサーストン法（Thurston Method）等があります。どちらとも1対1で対戦させることは共通していますが，使用目的，アンケートの作成からデータの処理，結果のアウトプットに至るまで大きな違いがあります。

2．一対比較とは

AさんとBさんでは

VS

Aさんが ←　　　　　　　　　　　　　　　　　　　　→ Bさんが

非常に　外交的　やや　どちらかと　どちらかと　やや　外交的　非常に
外交的　　　　　外交的　言えば　　言えば　　　外交的　　　　外交的
　　　　　　　　　　　外交的　　外交的

図9.3　一対比較法による，2者の比較

（1）サーストン法

まずは，比較的簡単なサーストン法から説明していきます。サーストン法は，二つの評価対象のどちらがよりよい（よりあてはまる）かを判定してもらい，その勝率を標準得点に換算し，一次元で表せる尺度にする手法です。

野球，サッカー，陸上競技ではどのくらい人気に差があるのかを，サーストン法によって比較してみます。インタースコープの社内で12人の社員を対象として，簡単なアンケートを実施しました。野球とサッカーを比較すると，どちらが好きか，サッカーと陸上競技を比較するとどちらが好きかと，多数決をとるようにして勝敗数を表にまとめます。表9.1は，勝敗をまとめたものです。

表9.1　好きなスポーツの一対比較表

	野球	サッカー	陸上競技	合計
野球		5	1	6
サッカー	7		3	10
陸上競技	11	9		20
合計	18	17	4	

野球とサッカーを比較して，野球が好きだと答えた人が5人いて，逆にサッカーのほうが好きだと答えた人が7人いるという意味です。

この表からそれぞれの勝率を算出すると，表9.2のようになります。

表9.2　好きなスポーツの勝率

	野球	サッカー	陸上競技
野球		0.417	0.083
サッカー	0.583		0.250
陸上競技	0.917	0.750	

次に，この勝率表のそれぞれの値から0.5を引きます。

表9.3　勝率から−0.5したもの

	野　球	サッカー	陸上競技
野　球		−0.083	−0.417
サッカー	0.083		−0.250
陸上競技	0.417	0.250	

次に，統計学の本の付録に載っている標準正規分布表を見て，表9.3のそれぞれの値に該当するZ値を求めます。Z値とは，標準化正規変数（標準正規変数）と言われる値で，正規分布（平均が0，標準偏差1の釣鐘型の分布）している場合の，平均からの差を表します。標準正規分布表は，平均（0）からZ値の間に，どの位の面積がその中に含まれているのかを一覧表にまとめたものです。例えば，Z値1.12が与えられたとすると，まずは表側（表の左側）に1.1がある行を探します。今度は表頭（表の上側）で0.02がある列を探します。その行と列の交点の値が，平均の0からすべての標本のうちのどれくらいの比率が0からZ値の間に含まれているのかを表す値ということになります。ここで，先ほどの表9.3の値を逆に表の中から探します。例えば，野球のサッカーに対する勝率から0.5を引いた値は，−0.083です。表の中から0.083という値を探すと，Z値0.21の値が0.08317と最も近いことがわかりました。こうすることで，勝率に対するZ値を求めることができました。このステップが少しだけ難しいと思いますが，理屈はわかりにくかったとしても結果を得ることは簡単ですので，初心者の段階では心配しないでください。

表9.4は表9.3の値から，すべてのZ値を求めて，合計と平均を算出したものです。ただし，平均は項目数−1で求められる数値（ここでは3種目あるので3−1で2）で合計を割ったものになります。

表9.4　勝敗率に対するZ値

	野　球	サッカー	陸上競技	合　計	平　均
野　球		−0.210	−1.390	−1.600	−0.800
サッカー	0.210		−0.680	−0.470	−0.235
陸上競技	1.390	0.680		2.070	1.035

平均が，それぞれのスポーツの獲得した得点になります。この得点を1次元上のグラフで表すと図9.4のようになります。

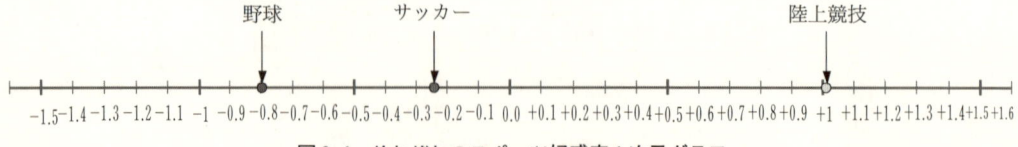

図9.4　それぞれのスポーツ好感度1次元グラフ

このようにサーストン法を用いることで，どれが一番好かれているかだけでなく，それぞれの間の距離を定量化することができるようになります。実際に身近な人にアンケートを行い，上記の手順で分析すれば，サーストン法がうまく身につくと思います。

（2） AHP法

次に，AHP法についてです。AHPは米ピッツバーグ大学のサーティ教授によって開発された意志決定法です。Analytic Hierarchy Process（階層分析法）という名称が示すとおり，意志決定を，問題・評価基準・代替案という階層構造としてとらえ，階層ごとに一対比較を行った上で，代替案のどれが好ましいのかを決める手法です。AHPはもちろんアンケートで行うことが可能ですが，一人で意志決定を行う必要があるときにも問題を整理し意志決定をする際に役に立ちます。

自動車を購入するとして，具体的にどんな車を選ぶか決定したいとします。代替案として，A車，B車，C車という三つのタイプの車があり，値段・デザイン・利便性という三つの選択基準で3車を比較したいと思います。このことをAHP的に階層構造で表現すると，図9.5のようになります。

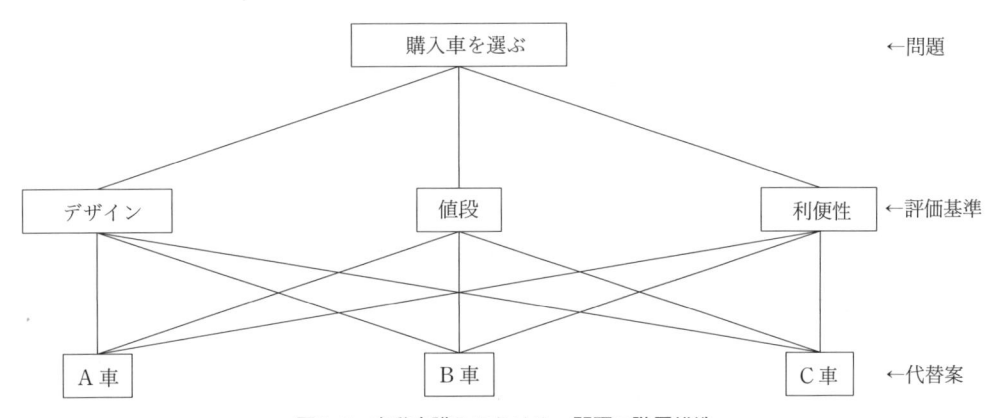

図9.5 自動車購入における，問題の階層構造

このように，問題の階層構造化をした後で，各レベルの評価項目に対して一対比較を行っていきます。どちらがより重要な項目かを，1点～7点で評価していきます。1点から7点には，1点ならどちらともいえない，3点ならやや表側項目が重要，5点なら表側項目が重要，7点なら表側項目が非常に重要という意味を持たせ，間の得点はその中間とします。それぞれの項目間を一対比較していき，表9.5のように一対比較表を埋めていきます。

表9.5 評価基準の一対比較表

	デザイン	値段	利便性
デザイン	1	1/3	5
値段	3	1	7
利便性	1/5	1/7	1

例えば，デザインと値段を比較すると値段がやや重要だとします。そうすると，表側に値段，表頭にデザインがあるセルに3と入力し，その逆の表側がデザインで表頭に値段があるセルに1/3と入力してください。

次に，それぞれの項目に対して，幾何平均を算出します（一対比較表の横の三つの数値をかけた上で，3乗根（項目数）を計算）。例えば，デザインの幾何平均は，1×1/3(0.33…)×5の3乗根で，1.186と計算されます。Excelで2乗根や3乗根を求めるためには，^という記号を用います。例えば，デザインの幾何平均は，セルに「=(1 * (1/3) * 5)^(1/3)」などのように入力することで求めることができます。

表9.6 評価基準の幾何平均

	デザイン	値段	利便性	幾何平均
デザイン	1	1/3	5	1.186
値段	3	1	7	2.759
利便性	1/5	1/7	1	0.306
			合計	4.250

次に，それぞれの項目のウェイト（重要度）を算出します。各項目のウェイトは，幾何平均の合計値を100％としたときに，それぞれの項目の幾何平均値がどれくらいの比率を占めているのかで表現されます。例えば，デザインのウェイトは，デザインの幾何平均1.186を幾何平均の合計4.250で割ることで求めることができます。

ウェイト（重要度）＝幾何平均/幾何平均の合計

例）デザインのウェイト

1.186/4.250＝0.279

注）表9.7～9.11の値は小数4桁で四捨五入しています。計算はExcelで行い小数4桁以下の値も含めています。有効桁数の問題で表の中の値を足し上げた数値と，表の中の合計値等が若干異なる場合があります。

表9.7 評価基準のウエイト

	デザイン	値段	利便性	幾何平均	ウェイト
デザイン	1	1/3	5	1.186	0.279
値段	3	1	7	2.759	0.649
利便性	1/5	1/7	1	0.306	0.072
			合計	4.250	

注) 上記した重要度の計算は固有値を近似的に求めるための簡便法です。より数値的信頼性の高い固有値の求め方に関しては，刀根薫『ゲーム感覚意志決定法』(1986，日科技連) を参考にしてください。現在インタースコープでは固有値を利用して分析しています。

　今度は，代替案がそれぞれの評価基準に照らし合わせて，どれだけ優れているかを算出します。一つ一つの評価基準に対して，A〜C車はそれぞれどれくらい優れているのかを先ほど同様一対比較していきます。1点ならどちらも同じくらい，3点なら表側項目のほうがやや優れている，5点なら表側項目のほうが優れている，7点なら表側項目のほうが非常に優れているといった意味を持たせます。重要度の計算と同じようにして，幾何平均やウェイトの計算を行いましょう。例としてデザインに対する各車のウェイトを求めてみます。A車はB車やC車よりデザイン面で非常に優れているので，7点をつけています。A車同士は当然同じくらいなので1です。幾何平均は1×7×7の3乗根で，3.659となります。同様にB車・C車の幾何平均を求めました。それらの合計値は4.776ですので，A車のデザインに対するウェイトは，3.659/4.776で0.766と求められます。同じようにB車・C車のデザインに対するウェイトを求めることができます。

表9.8　デザインに対する各車のウェイト

	A車	B車	C車	幾何平均	ウェイト
A車	1	7	7	3.659	0.766
B車	1/7	1	3	0.754	0.158
C車	1/7	1/3	1	0.362	0.076
			合計	4.776	

表9.9　値段に対する各車のウェイト

	A車	B車	C車	幾何平均	ウェイト
A車	1	1/3	1/7	0.362	0.076
B車	3	1	1/7	0.754	0.158
C車	7	7	1	3.659	0.766
			合計	4.776	

表9.10　利便性に対する各車のウェイト

	A車	B車	C車	幾何平均	ウェイト
A車	1	1	1/7	0.523	0.109
B車	1	1	1/7	0.523	0.109
C車	7	7	1	3.659	0.766
			合計	4.705	

　次に，求められた評価基準に対する各車のウェイトと評価基準の重要度を一覧表にまとめます。

表 9.11 各車の評価と重要度一覧

	デザイン	値段	利便性
A 車	0.766	0.076	0.109
B 車	0.158	0.158	0.109
C 車	0.076	0.766	0.766
重要度	0.279	0.649	0.072

　次に，各車のウェイトと評価基準の重要度をかけることにより，その項目に対する各車のスコアが算出されます。各車の総合得点は，各項目に対する得点を足し上げることで算出することができます。

表 9.12 各車の評価基準スコアと総合得点

	デザイン	値段	利便性	総合得点
A 車	0.214	0.049	0.008	0.271
B 車	0.044	0.102	0.008	0.154
C 車	0.021	0.497	0.055	0.574

　こうして算出された総合得点の高いものが，評価基準と評価基準の重要度に照らし合わせて，もっとも最良の選択・意志決定と言えるわけです。

3. 事　例
―最適なロゴは―

　事例としてインターネット調査会社である株式会社インタースコープ（http://www.interscope.co.jp/）が行った，デザイン選択の一対比較を紹介します。インタースコープの調査会員組織，スコープ Net のロゴ案として，図 9.6 のような七つのロゴが候補に挙がりました。この中から，一対比較法を用いて一つのロゴを決定することにしました。

　サーストン法と AHP 法の両方を利用してアンケートを実施（2000 年 11 月）しました。代替案は図 9.7，評価基準は楽しい・子供っぽくない・知的の 3 項目です。インタースコープでは，代替案の提示順，左右の表示場所などをインターネット調査ならではの技法によりランダムに表示することに成功しています。そのため，左側に表示された項目が選ばれやすくなる，項目を出す順番により評価が変わってしまうなどといったバイアスを除去し，最も公平な評価を得ることができるようになりました。

図9.6 スコープNet（インタースコープ調査会員組織）ロゴ案

図9.7 スコープネットロゴ評価WEB画面

　まずはサーストン法の分析結果です。スコープNetのロゴにふさわしいものをそれぞれのロゴを比較して選んでもらい，その結果をサーストン法で分析しました（図9.8参照）。
　ScopeNetとブロック体で書かれた文字のロゴが1位と2位になりました。印刷の関係で見づらいかと思いますが，両者は文字の縁取り部分が立体になっているか，平面的かの違いがあります。1位のほうが若干立体的に縁取られたロゴマークのほうで

図9.8 サーストン法による，各ロゴの得点

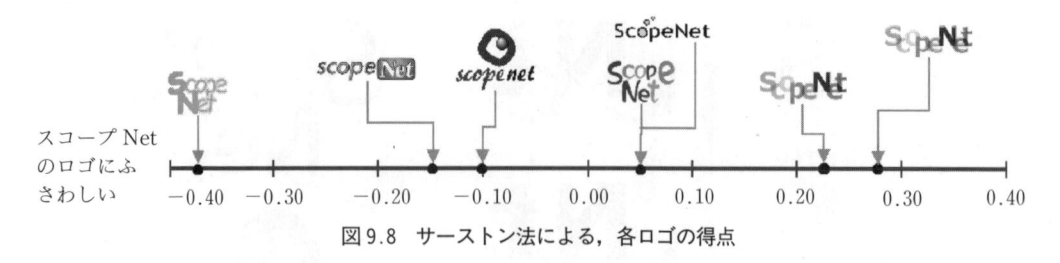

した。

AHP法による分析結果は図9.9のようになりました。サーストン法と同じように，ScopeNetとブロック体で書かれた文字のロゴが1位と2位になり，立体的に縁取られたロゴマークが1位になりました。

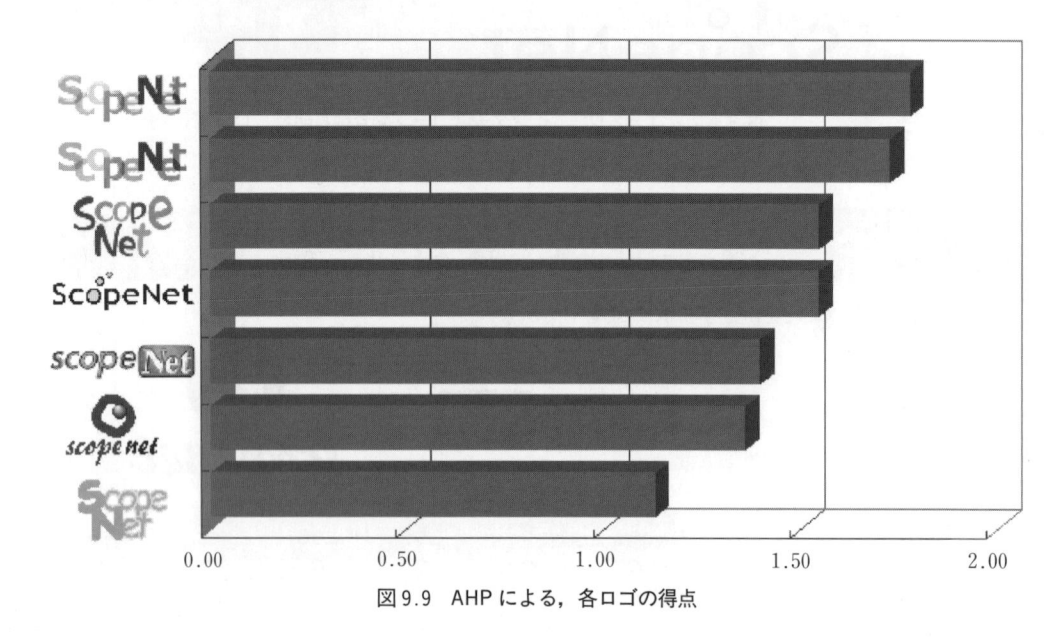

図9.9 AHPによる，各ロゴの得点

ところで，ロゴの評価を通常のアンケートのように，最も適したものはどれかを聞くとどのような結果が得られたのでしょうか．同じように，スコープNetのロゴ案を「スコープNetのロゴとして，最もふさわしいものはどれか」という質問を，同じ時期に別サンプルで回答を集めました．その結果が図9.10です．

やはり，ScopeNetとブロック体で立体的に書かれたロゴが1位になりました．しかし，先ほどのサーストン法やAHPの場合と比較すると，大きな違いがあります．それは，平面的に縁取られたほうのScopeNetと書かれたロゴです．両者はデザイン的によく似ていたため，SA（シングルアンサーの略で，一つだけ選択するもの）で最も優れたものを聞くと，人気が二つに割れてしまいます．今回はそれでも1位が

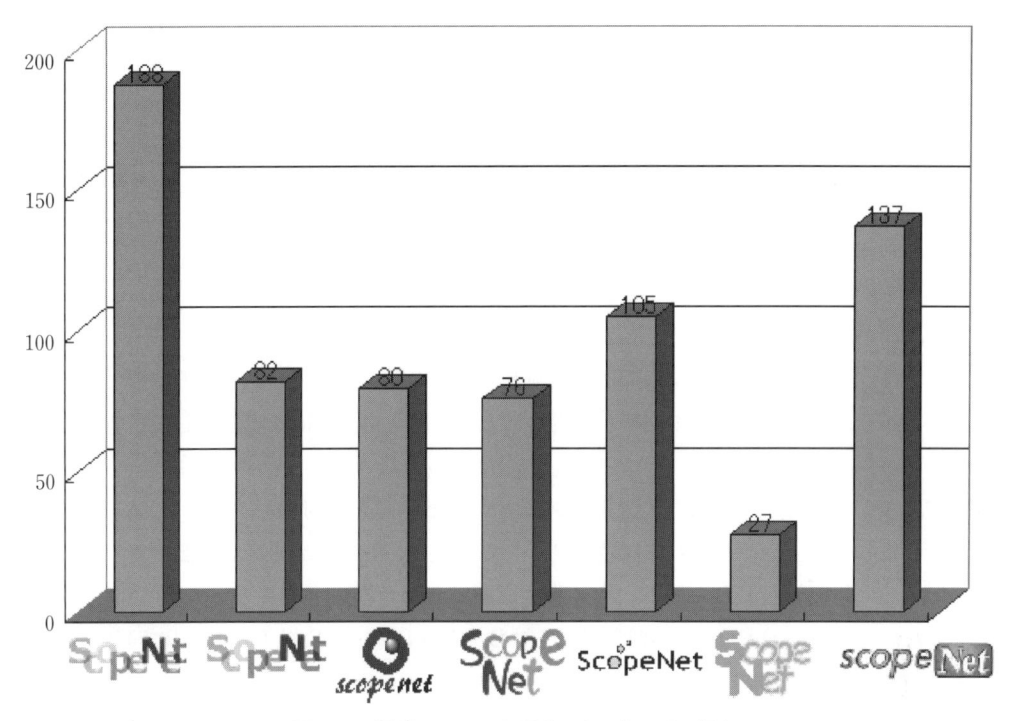

図9.10　通常アンケート形式による各ロゴの得点

同じだったので問題ないかもしれませんが，もし両者が2位，3位になり，違うロゴマークが1位になっていたらどうでしょうか。間違った意志決定をしてしまっていてもおかしくありません。一対比較法には，似たような代替案があるときに，回答者から正しい比較をしてもらえるといったメリットもあります。

しかし，従来の一対比較には欠点があります。図9.11を見てください。

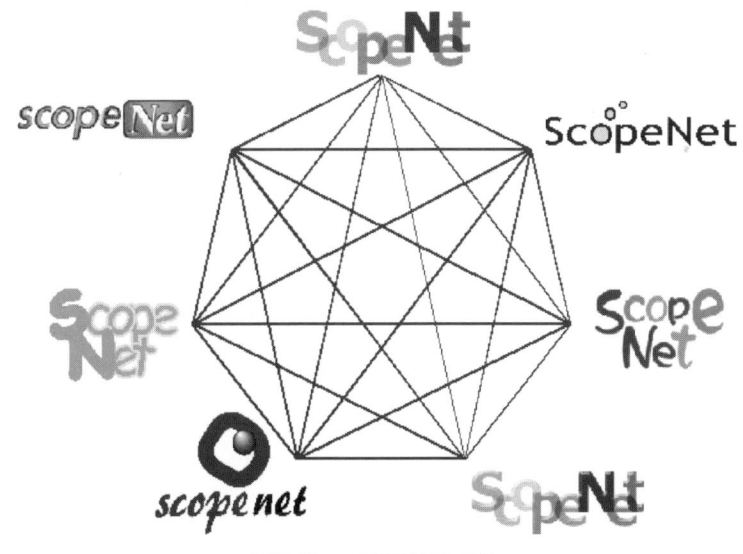

図9.11　一対比較組合せ図

一対比較の対戦数は，評価対象項目の対角線の数で表現できます。スコープNetの例で言えば，21通り（7角形の対角線の数）だけの対戦が必要になってしまいます。数式で表すと，

$$GT = C(C-1)/2$$

ただし，GT＝対戦数，C＝代替案の数

　これに評価基準の対戦を含めたとするとさらに膨大な数の質問に答えなくてはいけなくなります。回答者に多大な負荷のかかる質問を設計すると，途中で回答を放棄してしまう，いい加減な回答が増えてしまうなどの弊害が生じます。そこで，インタースコープでは，インターネットならではの技術とサンプル数を用いて，回答者の負担を軽減しながら，すべての質問に回答した場合に近い精度を得る技術を実用化しました。

　例えば，AからKまで11個の代替案があるとすると，必要な対戦パターンは55ということになります。それぞれの対戦パターンに対して，100人が回答するとすると全部で5,500対戦が行われる計算になります。回答者の負担を考えると1人10対戦に抑えたいという場合，1人の回答者はA対B，C対D，……F対Jの10個に回答するというように，10パターンのみに回答します。1人の回答者が10パターンにのみ回答するとしても，550人の回答者を集めることにより，すべてのパターンに100人ずつが回答することになります。また，インタースコープが開発したWEB技術を用いることにより，55パターン（左右逆表示をさせると110パターン）それぞれに回答した人の数が一定になるように調整することが可能になりました。この技術に関しては，現在特許出願中です（出願番号2000-240694）。また回答者の属性（性別・年齢など）ごとに回答者数を均等にすることも，属性ごとにアウトプットを得ることも可能です。

第10章　樹形モデルは非線形データに強い

1．樹形モデルとは何か？
―駅員の仕事のたとえ話―

　駅の改札。ある程度大きな町の駅なら，大勢の人が毎日通り抜ける場所です。
　いろいろな種類の人が通り抜けます，大学生，サラリーマン，OL，高校生，小中学生，主婦，子供たち……。
　ここで，その駅の駅員のことを考えてみましょう。駅員から見ると，その通り抜ける多くの人のうち，だれが「子供料金で乗ってもかまわない，12歳以下の子供」で，だれが「大人料金を払わなければいけない，13歳以上の大人」なのかをできるだけ正確に判断しなければいけません。
　では，この判断はどうすればいいのでしょうか？
　「見た目で判断すればいいんじゃないですか？　見てみれば，子供か大人かぐらいはわかるでしょう。」
　そのとおりです。実際にはそのような方法で分類しているんだそうです。
　これなら例えば40歳の人のように，「大人」だとすぐにわかるような人を「12歳以下の子供」と見間違えることはまずないでしょう。ですが，13歳の人は見分けられるでしょうか？　では，15歳なら？
　このように微妙な判断になってくると，直感だけで正確に判断することは難しくなってきます。
　この判断を，もっと正確にするにはどうすればいいのでしょうか？
　例えば，改札で見たときにその人の身長と体重，そして性別をデータとして手に入れることで，正確に分類することを可能にすることができないのでしょうか？
　データから判断することが可能になる分析手法，それがこの章で説明する樹形モデルです。
　樹形モデルでは，すでに結果がわかっている過去のデータからそれぞれのグループの特徴や傾向をつかみ，それぞれのグループを分類するための指標（物差し）を算出することが可能な手法です。
　冒頭のような事例はもちろん，他にも調査，マーケティング，研究などさまざまな事例に応用が可能な，大変有用な手法です。
　この章では，樹形モデルを基礎から解説し，理解を深めていきます。

読者のみなさんは，この有用な手法をそれぞれの目の前の問題解決に適用する場面を考えてみてください。

2．樹形モデルで分類する
―2 変数の事例―

樹形モデルとは，具体的にどのような方法なのでしょうか？

それを理解する一番の近道は，実際にデータ分析を行ってみることだと思います。

そこで，S-PLUS でサポートされている樹形モデルを利用して，表 10.1 のデータで樹形モデルを説明します。グループを表すデータを除けば変数が二つしかないので，とてもわかりやすいデータです。

表 10.1　データ

グループ	X1	X2	グループ	X1	X2
A	0.5	0.5	C	3.5	1.0
A	0.5	1.0	C	3.5	2.0
A	1.0	1.0	C	4.0	1.0
A	1.0	2.0	C	4.0	2.0
A	2.0	1.0	D	3.2	5.0
A	2.0	2.0	D	3.2	6.0
B	1.0	5.0	D	4.0	5.0
B	1.0	6.0	D	4.0	6.0
B	2.0	5.0	D	4.0	7.0
B	2.0	6.0	D	5.0	7.0
B	1.0	7.0	D	3.5	7.0
B	2.0	8.0			

さて，まずはデータ分析の基本どおり，このデータを散布図にして描いてみましょう。変数が二つしかないので，簡単に散布図にすることができます。

図 10.1 が散布図です。四つのグループがあるので，それぞれのデータを色分けしてラベルを付けました（残念ながら色はわかりませんが）。

図 10.1 からわかるように，A～D のそれぞれのグループはきれいに四つに分かれています。「きれいに」というのは，傾向がある，ということです。

この 4 グループなら図 10.1 の点線のように，四つのグループに分けるのが素直な考え方でしょう。

S-PLUS でサポートしている樹形モデルでは，どのように分けるのでしょうか。

図10.1　散布図

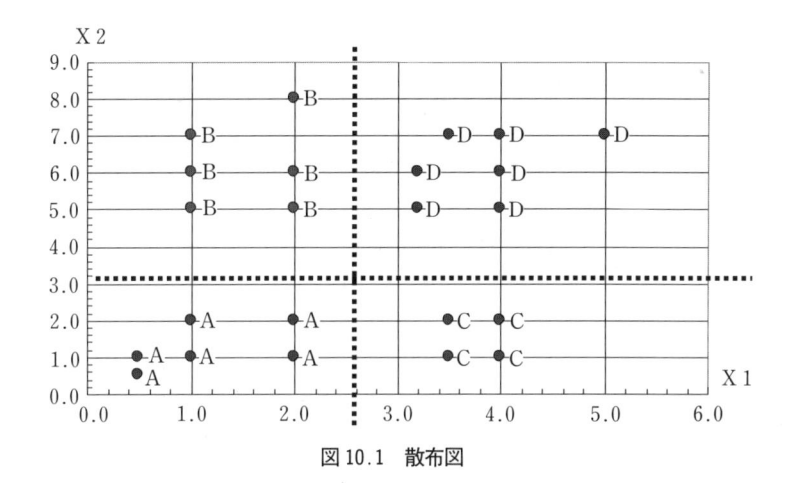

　同じ表10.1のデータで実際に実行してみましょう。操作は（操作画面は図10.2参照）1)「統計」をクリック，2)「樹形」をクリック，3)「樹形モデル」をクリックし，モデルを指定すれば，図10.3，図10.4のような操作結果が表示されます（#以下は著者のコメントです）。

　さて，ここでS-PLUSの実行結果が上記のままではわかりにくいので，樹形図にして出力させます。その結果が図10.4です。

　図10.4の樹形図の見方は，以下のようになります。

　まず図の一番上から見ます。すると，「X1＜2.6」と書いてあります。これは，X1が2.6より小さいかどうかで，データ全体をできるだけ数が等しい二つのグループに分ける，ということを表しています。そうすることで，まず左と右に大きく二つに分かれたことを表しています。データ数は左が12個（A，B），右が11個（C，D）です。

　次に，左に分かれた12個のデータの集団について，左下でX2が3.5より小さいかどうかを基準に二つのグループに分けます。その結果，データの個数はそれぞれ6個(A)と6個(B)に分かれました。

　今度は右側の11個のデータも同様にして，右下でX2が5.5以上かどうかを基準にしてさらに二つのグループに分けます。そうすると，それぞれのデータ数は6個(C)と5個(D)に分かれました。

　そして結果的に，データが4個に分類されたわけです。

第10章　樹形モデルは非線形データに強い

図10.2　S-PLUS 操作画面

```
* * * Tree Model * * *
lassification tree:
tree(formula＝グループ～X1＋X2, data＝樹形モデル4グループ, na.action＝
     na.exclude, mincut＝5, minsize＝10, mindev＝0.01)
Number of terminal nodes: 4
Residual mean deviance: 0.402＝7.638/19
Misclassification error rate: 0.08696＝2/23    #誤判別率は8.7％
node), split, n, deviance, yval, (yprob)
      * denotes terminal node

1) root 23 62.900 D (0.2609 0.2609 0.1739 0.3043)
  2) X1＜2.6 12 16.640 A (0.5000 0.5000 0.0000 0.0000)
    4) X2＜3.5 6 0.000 A (1.0000 0.0000 0.0000 0.0000)＊#X1＜2.6，X2＜3.5ならAグループと判定し,その確
                                                    #率は1（100％）
    5) X2＞3.5 6 0.000 B (0.0000 1.0000 0.0000 0.0000)＊#X1＜2.6，X2＞3.5ならBグループと判定し,その確
                                                    #率は1（100％）
  3) X1＞2.6 11 14.420 D (0.0000 0.0000 0.3636 0.6364)
    6) X2＜5.5 6 7.638 C (0.0000 0.0000 0.6667 0.3333)＊#X1＞2.6，X2＜5.5ならCグループと判定し,その確
                                                    #率は0.667（66.7％）
    7) X2＞5.5 5 0.000 D (0.0000 0.0000 0.0000 1.0000)＊#X1＞2.6，X2＞5.5ならDグループと判定し,その確
                                                    #率は1（100％）
```

図10.3　操作結果

2．樹形モデルで分類する

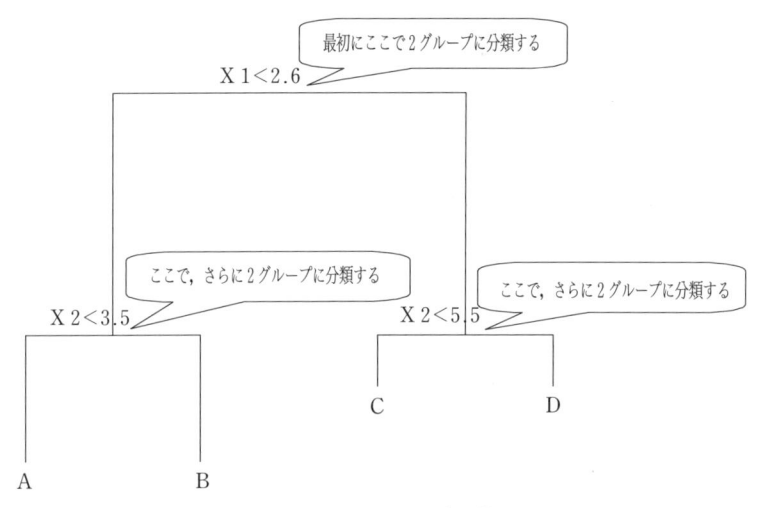

```
              最初にここで2グループに分類する
       X1<2.6

   ここで、さらに2グループに分類する    ここで、さらに2グループに分類する
   X2<3.5                           X2<5.5

                                    C       D
  A        B
```

図10.4　樹形モデル表示結果

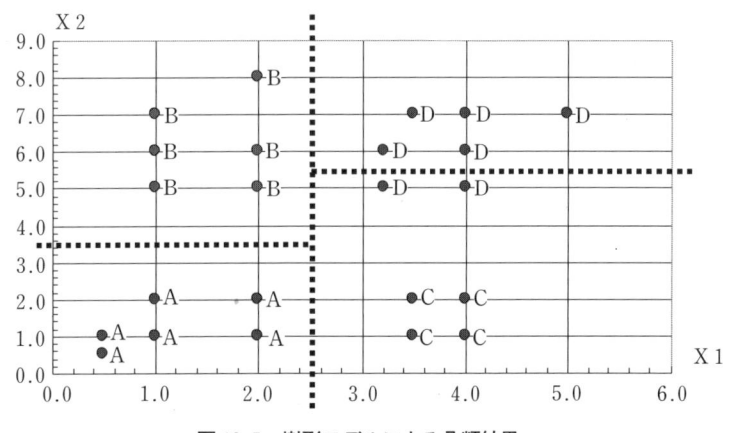

図10.5　樹形モデルによる分類結果

　これを図にすると，図10.5のようになりました。この基準でA～Dに分類すると，全23のデータのうち21を正しく判別（分類）してくれました。判定率は21/23＝91.3％です（誤判定率は8.7％です）。

　このように樹形モデルは，データをこれ以上分割しても無意味になるまで，できるだけ等質になるように次々と2分割していく方法です。それによってこのケースのように，A～Dのように何らかのグループが与えられているときに，それぞれのグループの特徴を分析し，それらのグループを分類する判断基準をはじき出すことが可能になります。

3. より複雑なデータに樹形図を用いる
　　―馬蹄形のデータの場合―

では，もっと複雑なデータではどうなるのでしょうか。別のデータで行ってみましょう。表10.2のデータで考えてみます。先ほどと同じように，グループを与えるデータとともに変数が二つ与えられています。

表10.2　馬蹄形のデータ

グループ	X1	X2	グループ	X1	X2	グループ	X1	X2
A	1	1	A	9	8	B	3	3
A	1	2	A	4.5	3.5	B	3	4
A	1	3	A	4.5	4.0	B	3	5
A	1	4	A	4.5	4.5	B	3	6
A	1	5	A	4.5	5.0	B	3	7
A	1	6	A	4.5	5.5	B	4	2
A	1	7	A	4.5	6.0	B	4	3
A	1	8	A	4.5	6.5	B	4	4
A	2	1	A	4.5	7.0	B	4	5
A	3	1	A	5	3.5	B	4	6
A	4	1	A	5	4.0	B	4	7
A	5	1	A	5	4.5	B	6	2
A	6	1	A	5	5.0	B	6	3
A	7	1	A	5	5.5	B	6	4
A	8	1	A	5	6.0	B	6	5
A	9	1	A	5	6.5	B	6	6
A	9	1	A	5	7.0	B	6	7
A	9	2	A	5.5	3.5	B	7	2
A	9	3	A	5.5	4.0	B	7	3
A	9	4	A	5.5	4.5	B	7	4
A	9	5	A	5.5	5.0	B	7	5
A	9	6	A	5.5	5.5	B	7	6
A	9	7	A	5.5	6.0	B	7	7
A	9	8	A	5.5	6.5	B	8	2
A	1	8	A	5.5	7.0	B	8	3
A	2	8	B	2	2	B	8	4
A	3	8	B	2	3	B	8	5
A	4	8	B	2	4	B	8	6
A	5	8	B	2	5	B	8	7
A	6	8	B	2	6	B	5	2
A	7	8	B	2	7	B	5	3
A	8	8	B	3	2			

3．より複雑なデータに樹形図を用いる

　この例でも先ほどと同じように，2変数なので簡単に散布図が作成できます．実際に作成してみると，図10.6ができあがりました．馬蹄形のデータです．

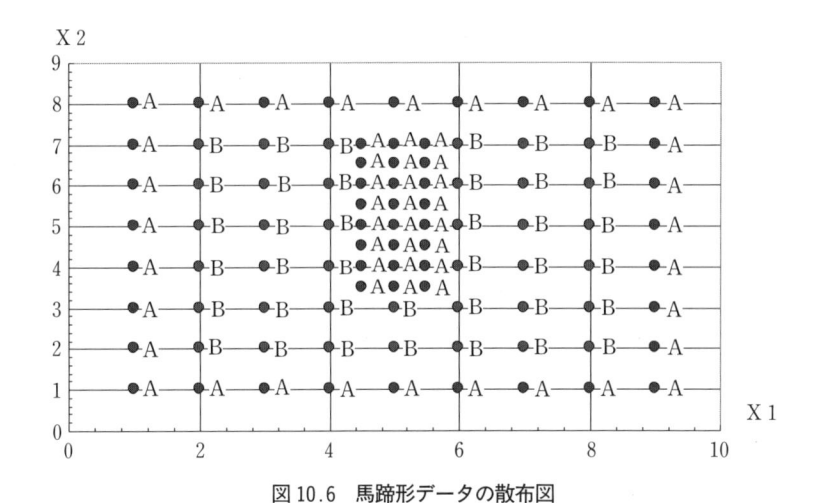

図10.6　馬蹄形データの散布図

　今度は先ほどと違い，二つのグループの特徴が複雑になっています．このようなデータを樹形モデルで分析すると，どんな結果になるのでしょうか？
　S-PLUSで同様に分析してみましょう．実行結果は以下のようになります．

```
＊＊＊ Tree Model ＊＊＊

Classification tree:
tree(formula＝グループ～X1＋X2, data＝決定木解説3, na.action
       ＝na.exclude, mincut＝5, minsize＝10, mindev＝0.01)
Number of terminal nodes: 8
Residual mean deviance: 0.07736＝6.73/87
Misclassification error rate: 0.02105＝2/95   #誤判定率は2.1％
node), split, n, deviance, yval, (yprob)
      ＊ denotes terminal node
1) root 95 127.90 A (0.6000 0.40000)
  2) X2＜7.5 84 115.70 A (0.5476 0.45240)
    4) X2＜1.5 10 0.00 A (1.0000 0.00000) ＊
    5) X2＞1.5 74 102.50 B (0.4865 0.51350)
     10) X1＜8.5 68 93.32 B (0.4412 0.55880)
       20) X1＜5.75 50 67.30 A (0.6000 0.40000)
         40) X1＜4.25 24 26.99 B (0.2500 0.75000)
           80) X1＜1.5 6 0.00 A (1.0000 0.00000) ＊
           81) X1＞1.5 18 0.00 B (0.0000 1.00000) ＊
         41) X1＞4.25 26 14.10 A (0.9231 0.07692)
           82) X2＜3.75 5 6.73 A (0.6000 0.40000) ＊
           83) X2＞3.75 21 0.00 A (1.0000 0.00000) ＊
       21) X1＞5.75 18 0.00 B (0.0000 1.00000) ＊
     11) X1＞8.5 6 0.00 A (1.0000 0.00000) ＊
  3) X2＞7.5 11 0.00 A (1.0000 0.00000) ＊
```

図10.7　樹形モデル実行結果

図10.8 樹形モデルの実行結果

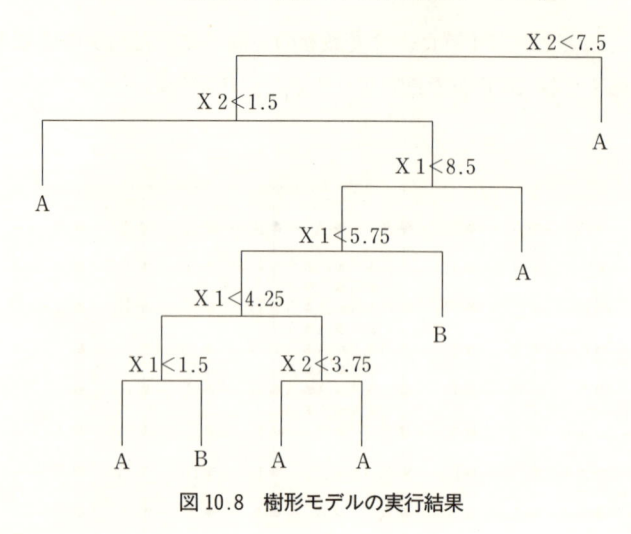

では，図10.8の樹形図を基準にして先ほどと同じように，それぞれのグループを分類してみましょう。

樹形モデルに従って分類すると，結果は図10.9のようになりました。

○がA，●がBと判別された点です。

二つのデータ以外は，すべて正しく判断されていることがわかります。

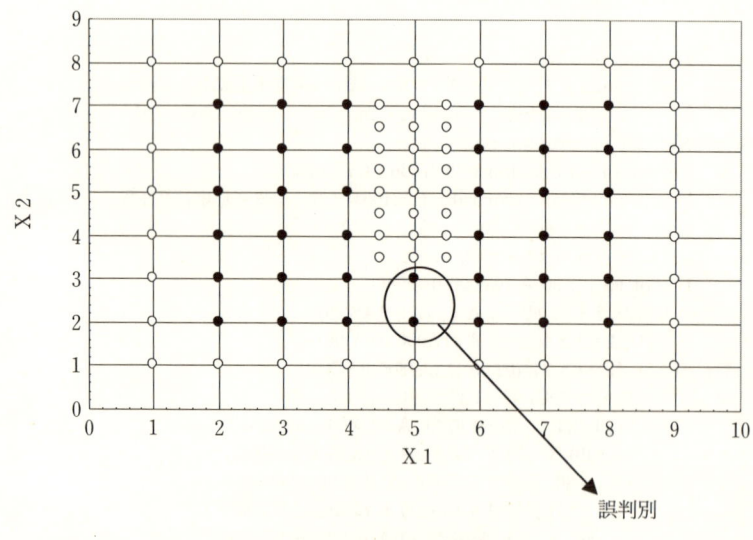

図10.9 二つが誤判別

全部で95のデータがあり，このうち93を正しく判定したわけですから判定率は97.9％と非常に高くなっています。

このように，樹形モデルでは複雑なデータでも，非常に正確に分類できることがわかります（誤判定率は 2.1 % です）。

4. 回帰分析と樹形モデルを比較する
―回帰分析で分析すると，どうなるか―

では，樹形モデルを回帰分析と比較してみましょう。

先ほどの馬蹄形の表 10.2 のデータを，グループ A を 1，グループ B を 0 として回帰分析を実行した結果は表 10.3 のようになります。

表 10.3　回帰分析実行結果

概要

回帰統計	
重相関 R	0.110
重決定 R^2	0.012
補正 R^2	−0.009
標準誤差	0.495
観測数	95

分散分析表

	自由度	変動	分散	観測された分散比	有意 F
回帰	2	0.277622	0.138811	0.567018	0.569184
残差	92	22.52238	0.244808		
合計	94	22.8			

	係数	標準誤差	t	P-値
切片	0.465674	0.164379	2.832933	0.005667
X 1	0.003693	0.021465	0.172047	0.863779
X 2	0.024701	0.023399	1.055639	0.293898

X 1，X 2 の回帰係数の P-値（危険率）は 86.4 %，29.4 % となっています。現場で実際に判断基準として使うためには危険率は 5 %〜10 % 以下になってほしいところですから，この危険率では良い結果とはいえません。Y の推定値が 0.5 以上かどうかで判定すると，58.9 % とこれまた良くありません。

回帰分析は説明変数と被説明変数が線形（直線的に関係している）であることを前提にしています。馬蹄形データは非線形です。樹形モデルはこのように，非線形な関係のときに威力を発揮するのです。これが樹形モデルを利用するときの最大の利点です。

さらに，樹形モデルは反応変数（回帰分析の Y のこと）がグループのように定性的でなく，以下のデータのように定量的な場合でも解析が可能です。

5. 定量的なデータの予測に，樹形モデルを利用する
　　―樹形モデルで，定量データの予測が可能―

　表10.4は出荷検査時の検査データ X1～X6 と，出荷以降の単位規模あたりのエラー数 Y のデータをまとめたものです。

表10.4　出荷検査以降の単位規模あたりのエラー数関連データ

Y	X1	X2	X3	X4	X5	X6
42	66	30	89	10	25	95
37	64	27	88	8	22	96
37	61	19	90	13	27	124
28	54	25	87	8	20	97
18	56	24	87	10	14	121
18	61	26	87	8	14	86
19	56	25	93	14	12	99
20	56	27	93	12	16	142
15	54	17	87	8	14	125
14	53	21	80	6	3	128
14	58	20	89	6	9	137
13	49	20	88	13	7	76
11	52	19	82	10	5	84
12	59	20	93	11	8	117
8	48	16	89	13	7	87
7	49	17	86	14	11	110
8	47	20	72	12	10	84
8	50	22	79	15	5	107
9	54	24	80	11	6	107
15	56	19	82	9	11	123
15	64	20	91	12	11	110

　ここで，Y；ユーザ使用時に発生した不具合件数，X1，X2，X3，X4，X5，X6は出荷検査時に測定された各指標のデータ

　まず，最適な回帰式を求めてみましょう。読者の方も，お手元の Excel で計算してみてください。実際に作業を行うのが，実力を身につけるもっとも早い方法です。
　最適な回帰式を求めるための変数の組合せを考えてみましょう。
　まず，全説明変数で回帰分析を行います。するとその実行結果は表10.5のようになります。

5．定量的なデータの予測に，樹形モデルを利用する

表10.5　回帰分析実行結果

回帰統計	
重相関 R	0.948860216
重決定 R^2	0.90033571
補正 R^2	0.857622442
標準誤差	3.838053323
観測数	21

分散分析表

	自由度	変動	分散	観測された分散比	有意 F
回帰	6	1863.008949	310.5014915	21.07859611	2.93014 E-06
残差	14	206.2291463	14.73065331		
合計	20	2069.238095			

	係数	標準誤差	t	P-値
切片	−14.7591562	16.50885028	−0.89401478	0.386425327
X 1	0.32299064	0.263030474	1.227959007	0.23970811
X 2	0.381872173	0.285036235	1.339732028	0.201674768
X 3	0.020601208	0.205869912	0.100069055	0.92170838
X 4	−0.42738998	0.379812705	−1.1252651	0.279398667
X 5	1.107925551	0.173920754	6.370289473	1.73843 E-05
X 6	−0.04463128	0.050327125	−0.88682359	0.390154086

ここでP-値（危険率）を見ると，X3がもっとも高いことがわかります。

このときの説明変数選択規準 Ru は 0.80 でした。

$$Ru = 1 - \frac{(1-重相関係数^2) * (データ数 + X範囲で指定した列数 + 1)}{データ数 - X範囲で指定した列数 - 1}$$

そこで，次はX3を説明変数から外し，X1，X2，X4，X5，X6の説明変数で同様にして回帰分析を行い，説明変数選択規準（Ru）を求めます。すると，Ru は 0.82 でした。

このようにして，説明変数が残り一つになるまで続けます。その結果をまとめると，表10.6のようになりました。

表10.6　Ru 一覧

変　数	Ru
X 1，X 2，X 3，X 4，X 5，X 6	0.800671
X 1，X 2，X 4，X 5，X 6	0.820476
X 1，X 2，X 4，X 5	0.828889
X 1，X 2，X 5	0.834717
X 1，X 5	0.825334
X 5	0.790522

このうち，Ru がもっとも高い組合せを，最適な回帰式を求めるための組合せと考えます。するとこのケースでは，X1，X2，X5 を説明変数として作成した回帰式が，最適な回帰式だとわかりました。

そこで，X1，X2，X5 を説明変数とする回帰分析の実行結果を出してみます。その結果が，表 10.7 です。

表 10.7　X1，X2，X5 を説明変数とする回帰分析実行結果

回帰統計	
重相関 R	0.9421294
重決定 R^2	0.8876077
補正 R^2	0.8677738
標準誤差	3.6986992
観測数	21

分散分析表

	自由度	変動	分散	観測された分散比	有意 F
回帰	3	1836.6717	612.2239	44.751981	2.779 E-08
残差	17	232.56638	13.680376		
合計	20	2069.2381			

	係数	標準誤差	t	P-値
切片	−25.72123	9.7843383	−2.628816	0.0175978
X1	0.3658092	0.2076645	1.7615396	0.0961198
X2	0.4446561	0.2650501	1.6776305	0.1117074
X5	1.0801322	0.1641552	6.5799452	4.678 E-06

この結果から，単位規模あたりのエラー数 Y を予測する予測値は

$$Y = -25.7 + 0.366 * X1 + 0.445 * X2 + 1.080 * X5$$

と求められます。

では，樹形モデルではどのような式になるのでしょうか？

同じ問題を，今度は樹形モデルで解いてみます。

S-PLUS で実行した実行結果は，図 10.10，図 10.11 のようになりました。

図 10.11 からわかるように，樹形モデルによる予測値は

$$X5 < 15 \quad かどうか$$
$$X1 < 52.5 \quad かどうか$$
$$X2 < 20.5 \quad かどうか$$

によって，Y が 9.167，14.200，156.000，32.800 に分類していることがわかります。

注目すべきは，説明変数 X1，X2，X5 という組合せは，回帰分析で Ru を使って求めた最適な説明変数の組合せとまったく同じになっている，ということです。

樹形モデルではこのように，説明変数の最適な組合せも求めることができる点が利点の一つになります。これにより，説明変数の中でもどれが大きく影響しているのかを分析することも可能になるのです。

5．定量的なデータの予測に，樹形モデルを利用する

```
＊＊＊ Tree Model ＊＊＊
Regression tree:
tree(formula＝Y～X1＋X2＋X3＋X4＋X5＋X6, data＝障害数データ, na.
     action＝na.exclude, mincut＝5, minsize＝10, mindev＝0.01)
Variables actually used in tree construction:
[1] "X5" "X1" "X2"
Number of terminal nodes: 4
Residual mean deviance: 24.1＝409.6/17
Distribution of residuals:
  Min. 1st Qu. Median Mean 3rd Qu. Max.
  −12.8   −1.6   0.8 1.184e−015   2.4 9.2
node), split, n, deviance, yval
      ＊ denotes terminal node

1) root 21 2069.00 17.520
   2) X5＜15 16 231.00 12.750
     4) X1＜52.5 6 26.83 9.167 ＊
     5) X1＞52.5 10 80.90 14.900
       10) X2＜20.5 5 6.80 14.200 ＊
       11) X2＞20.5 5 69.20 15.600 ＊
   3) X5＞15 5 306.80 32.800 ＊
```

図 10.10　樹形モデル実行結果

```
                    X 5＜15
                      │
         ┌────────────┴────────────┐
    X 1＜52.5     X 2＜20.5
   ┌────┴────┐  ┌────┴────┐
 9.167     14.200   15.600        32.800
```

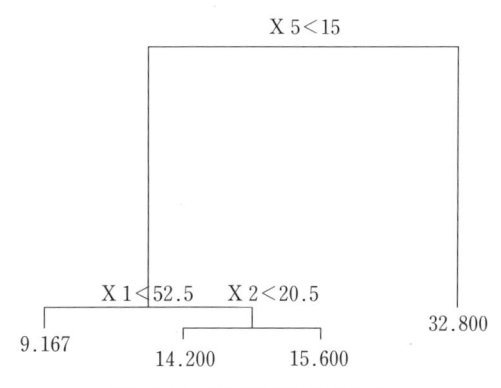

図 10.11　樹形モデル出力結果

では，次は先ほどの表 10.4 のデータを表 10.8 のように，障害数（不具合数）を「多い」，「普通」，「少ない」という定性的なデータにした場合はどうなるのでしょうか。

これも，S-PLUS の樹形モデルで分析してみましょう。

樹形モデル実行結果は図 10.12 のようになります。

表 10.8 障害数を「多い」,「普通」,「少ない」としたデータ

障害数	X1	X2	X3	X4	X5	X6
多い	66	30	89	10	25	95
多い	64	27	88	8	22	96
多い	61	19	90	13	27	124
多い	54	25	87	8	20	97
普通	56	24	87	10	14	121
普通	61	26	87	8	14	86
普通	56	25	93	14	12	99
普通	56	27	93	12	16	142
普通	54	17	87	8	14	125
普通	53	21	80	6	3	128
普通	58	20	89	6	9	137
普通	49	20	88	13	7	76
普通	52	19	82	10	5	84
普通	59	20	93	11	8	117
少ない	48	16	89	13	7	87
少ない	49	17	86	14	11	110
少ない	47	20	72	12	10	84
少ない	50	22	79	15	5	107
少ない	54	24	80	11	6	107
普通	56	19	82	9	11	123
普通	64	20	91	12	11	110

```
 * * * Tree Model * * *
Classification tree:
tree(formula＝障害数～X1＋X2＋X3＋X4＋X5＋X6, data＝障害3種類データ, na.action
    ＝na.exclude, mincut＝5, minsize＝10, mindev＝0.01)
Variables actually used in tree construction:
[1] "X5" "X1"
Number of terminal nodes: 4
Residual mean deviance: 0.8831＝15.01/17
Misclassification error rate: 0.1429＝3/21
node), split, n, deviance, yval, (yprob)
     * denotes terminal node
1) root 21 41.050 普通 (0.23810 0.1905 0.5714)
  2) X5＜15 16 19.870 普通 (0.31250 0.0000 0.6875)
    4) X1＜51 5 5.004 少ない (0.80000 0.0000 0.2000) *
    5) X1＞51 11 6.702 普通 (0.09091 0.0000 0.9091)
     10) X5＜10 5 5.004 普通 (0.20000 0.0000 0.8000) *
     11) X5＞10 6 0.000 普通 (0.00000 0.0000 1.0000) *
  3) X5＞15 5 5.004 多い (0.00000 0.8000 0.2000) *
```

図 10.12 樹形モデル分析結果

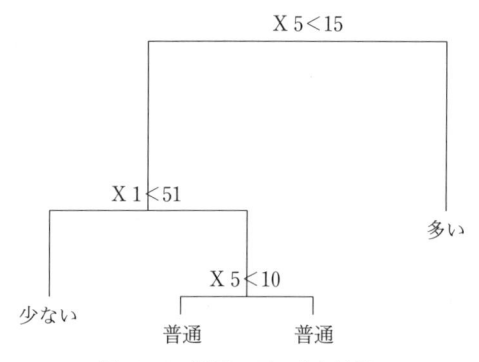

5. 定量的なデータの予測に，樹形モデルを利用する

```
                        X 5<15
                       /      \
                      /        \
                  X 1<51       多い
                 /      \
                /        \
             少ない     X 5<10
                       /      \
                      /        \
                   普通        普通
```

図10.13　樹形モデル出力結果

すると，判別する基準は図10.13のようになりました。

全部で21データがあり，そのうち18を正しく判定していました。判定率は85.7％です（誤判定率は14.3％です）。

ここで，今度は判別分析と比較してみましょう。S-PLUSの判別分析の実行結果は以下のようになります（一部を掲載）。

```
* * * Discriminant Analysis * * *
Call:
discrim (障害数～X1+X2+X3+X4+X5+X6, data=
    障害3種類データ, family=Classical(cov.structure=
    "homoscedastic"), na.action=na.omit, prior=
    "proportional")

Linear Coefficients:      #判別関数
         少ない       多い         普通
X 1    1.872053     2.144586     2.081573
X 2    1.304432     1.328893     1.315443
X 3    3.656188     4.006908     4.135725
X 4    0.124075    -1.599181    -0.965427
X 5   -2.333926    -0.885642    -2.206781
X 6    0.213434     0.092644     0.196542

Mahalanobis Distance:#マハラノビスの距離
         少ない       多い         普通
少ない   0.00000    33.72406     7.95176
多い                 0.00000    18.73374
普通                              0.00000
Cross-validation table:
         少ない  多い  普通   Error      Posterior.Error
少ない      3    0     2    0.4000000    0.1503318    #少ない五つのうち三つを少ないと判別
多い        0    4     0    0.0000000   -0.1154823    #多い4のうち四つを多いと判別
普通        2    1     9    0.2500000    0.1528383    #普通12のうち九つを普通と判別
Overall                     0.2380952    0.1011328    #誤判別率は0.238（23.8％）
  (from=rows, to=columns)
```

全部で21のデータがあり，そのうち16を正しく判別しているので判別率は76.2％です（誤判別率は23.8％です）。

このデータの場合は判別分析よりも樹形モデルのほうが判別精度が上であることがわかります。

6. 説明変数に定性的データ，定量的データの両方がある場合
―データから賃料を予測する―

表10.9のデータはよく賃貸物件の情報誌などに載っている，それぞれの賃貸物件の最寄駅や駅からの距離，専有面積，形態，地区年数などのデータと，賃料のデータをまとめたものです。このような賃料の計算は，どのようにして行われているのでしょうか？　分析してみましょう。

このデータには，定性的なデータと定量的なデータが混在しています。このような複雑なデータでも，樹形モデルでは分析することが可能です。そこで，樹形モデルで分析を行ってみます。

表10.9　各賃貸物件の条件一覧

最寄駅	バス	専有面積	形態	築後	賃料	最寄駅	バス	専有面積	形態	築後	賃料
大　船	0	50.78	アパート	3	94	茅ヶ崎	12	50.36	アパート	11	68
藤　沢	10	41.86	アパート	4	79	茅ヶ崎	12	50.36	アパート	11	63
藤　沢	6	40.59	マンション	12	65	茅ヶ崎	12	42.41	アパート	9	60
藤　沢	0	37.11	アパート	9	62	茅ヶ崎	12	42.41	アパート	9	63
藤　沢	12	44.18	アパート	8	66	茅ヶ崎	10	53.59	アパート	9	67
藤　沢	6	49.48	アパート	8	76	茅ヶ崎	10	53.59	アパート	9	71
藤　沢	6	53.79	マンション	7	84	茅ヶ崎	15	50.75	アパート	9	69
藤　沢	6	53.46	アパート	6	87	茅ヶ崎	0	40.98	アパート	8	65
藤　沢	15	50.09	アパート	6	69	茅ヶ崎	13	48.35	アパート	8	69
藤　沢	0	55.22	アパート	5	95	茅ヶ崎	5	50.09	アパート	8	71
藤　沢	0	55.22	アパート	5	97	茅ヶ崎	5	50.09	アパート	8	72
藤　沢	6	59.00	テラハウス	5	106	茅ヶ崎	7	40.15	アパート	8	64
藤　沢	0	46.75	アパート	4	88	茅ヶ崎	12	53.59	アパート	8	72
藤　沢	12	49.69	アパート	4	75	茅ヶ崎	15	51.25	アパート	7	66
藤　沢	12	53.55	アパート	2	83	茅ヶ崎	10	53.46	アパート	7	72
藤　沢	12	34.02	アパート	1	69	茅ヶ崎	12	53.59	アパート	7	75
藤　沢	6	43.29	アパート	18	68	茅ヶ崎	0	46.75	アパート	6	68
茅ヶ崎	12	50.36	アパート	11	64	茅ヶ崎	11	48.54	アパート	6	77
茅ヶ崎	12	43.29	アパート	11	63	茅ヶ崎	15	50.78	アパート	6	77
茅ヶ崎	13	45.81	アパート	10	70	茅ヶ崎	15	50.78	アパート	6	79
茅ヶ崎	12	43.30	アパート	12	67	茅ヶ崎	0	16.85	アパート	6	47
茅ヶ崎	12	55.52	マンション	11	75	茅ヶ崎	0	16.85	アパート	6	49
茅ヶ崎	10	40.48	アパート	10	65	茅ヶ崎	0	50.09	アパート	6	81
茅ヶ崎	10	53.46	アパート	10	74	茅ヶ崎	12	50.78	アパート	5	80
茅ヶ崎	12	42.42	アパート	11	61	茅ヶ崎	0	40.32	アパート	5	80
茅ヶ崎	10	49.48	アパート	12	68	茅ヶ崎	15	53.46	アパート	4	80
茅ヶ崎	10	49.48	アパート	12	67						

6．説明変数に定性的データ，定量的データの両方がある場合

* * * Tree Model * * *

Regression tree:
tree(formula＝賃料〜最寄駅＋バス＋専有面積＋形態＋築後, data＝アパート,
　　na.action＝na.exclude, mincut＝5, minsize＝10, mindev＝0.01)
Variables actually used in tree construction:
[1] "築後"　　"バス"　　"専有面積"
Number of terminal nodes: 8
Residual mean deviance: 31.1＝1399/45
Distribution of residuals:
　Min. 1st Qu. Median　　　Mean 3rd Qu. Max.
－13.33　－3.222　0.6667　－6.703e－016　2.9　12.67
node), split, n, deviance, yval
　　* denotes terminal node
1) root 53 6285.00 72.49
　2) 築後＜5.5 12 1243.00 85.50
　　4) バス＜8 6 383.30 93.33 *
　　5) バス＞8 6 123.30 77.67 *
　3) 築後＞5.5 41 2417.00 68.68
　　6) 専有面積＜44.995 14 508.40 61.79
　　　12) 専有面積＜40.535 5 301.20 57.40 *
　　　13) 専有面積＞40.535 9 57.56 64.22 *
　　7) 専有面積＞44.995 27 897.20 72.26
　　　14) 築後＜7.5 11 450.90 75.91
　　　　28) バス＜11.5 6 262.80 78.17 *
　　　　29) バス＞11.5 5 120.80 73.20 *
　　　15) 築後＞7.5 16 199.00 69.75
　　　　30) 築後＜10.5 10 60.90 71.10 *
　　　　31) 築後＞10.5 6 89.50 67.50 *

図 10.14　樹形モデル実行結果

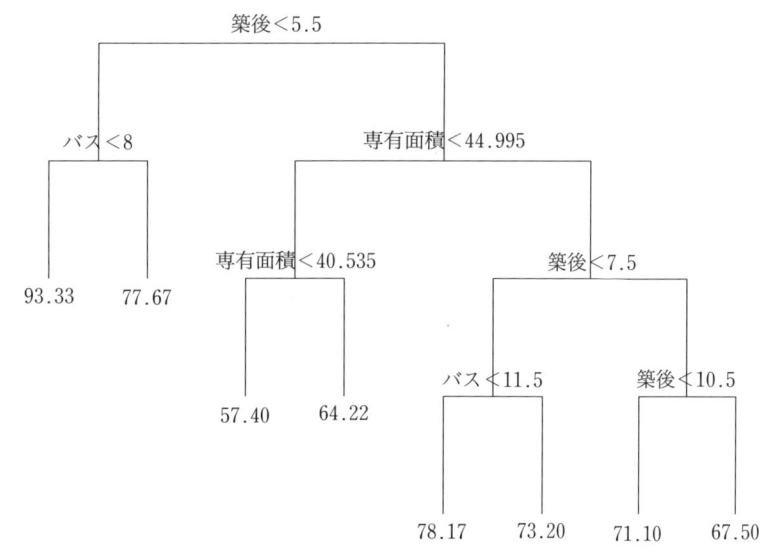

図 10.15 樹形モデル出力結果

第10章 樹形モデルは非線形データに強い

樹形モデル実行結果は図10.14のようになり，図10.15から，賃料を求める計算式がわかります。

形態や最寄駅は一切出てきませんでした。どうやらこのデータのなかでは形態や最寄駅は，あまり家賃に影響を与えていないようです。

影響を与えているのは，築年数，バス，専有面積だとわかります。それによって，家賃を八つの数値で予測してくれました。

参考までに，S-PLUSでサポートされている回帰分析を実行してみます。S-PLUSでは定性的なデータも自動的に定量的に変換し，分析を行ってくれます。実行結果は図10.16のようになります（Excelでも，定性的データを数量化理論1類に基づいて分析が可能です。詳細は第4章参照）。

```
* * * Linear Model * * *
Call: lm(formula＝賃料～最寄駅＋バス＋専有面積＋形態＋築後, data
    ＝アパート, na.action＝na.exclude)
Residuals:
  Min    1Q   Median   3Q    Max
 −8.744 −2.824  0.02359 2.972 8.064
```

ここに各説明変数の係数が表示されています。

Coefficients:

	Value	Std. Error	t value	Pr(>|t|)
(Intercept)	50.6522	5.1247	9.8839	0.0000
最寄駅1	5.0578	2.4457	2.0681	0.0444
最寄駅2	−0.1225	0.8651	−0.1416	0.8880
バス	−0.5464	0.1392	−3.9255	0.0003
専有面積	0.9247	0.0853	10.8408	0.0000
形態1	7.6894	2.3829	3.2268	0.0023
形態2	−2.3149	1.1800	−1.9619	0.0560
築後	−1.1380	0.2245	−5.0694	0.0000

Residual standard error: 4.473 on 45 degrees of freedom
Multiple R-Squared: 0.8567
F-statistic: 38.44 on 7 and 45 degrees of freedom, the p-value is 1.11e-016

Analysis of Variance Table

Response: 賃料

Terms added sequentially (first to last)

	Df	Sum of Sq	Mean Sq	F Value	Pr(F)
最寄駅	2	1681.502	840.751	42.0136	0.0000000
バス	1	2.344	2.344	0.1172	0.7337368
専有面積	1	2908.271	2908.271	145.3308	0.0000000
形態	2	278.352	139.176	6.9548	0.0023339
築後	1	514.263	514.263	25.6985	0.0000073
Residuals	45	900.512	20.011		

図10.16 S-PLUS 回帰分析結果

7. おわりに
―樹形モデルの有用性―

　これまでの事例で，樹形モデルがグループを判別する基準の作成，重要な説明変数の選択，そして予測に役に立つことがご理解いただけたと思います。

　データマイニングの実力をあげていくためには，さまざまな分析手法を駆使できるようにしていくことが必要となります。分析手法が一つや二つしかできない状態は，料理人にたとえると，菜切り包丁一本しかもっていない料理人のようなものです。とてもプロとはいえません。やはり，いろいろな特徴のある包丁をそろえてこそ，プロの料理人になれるというものです。

　樹形モデルは，数多くある分析手法の中でも非常に有用なものの一つです。特に，現実に直面する問題に対しても，応用できる範囲が非常に広いことが魅力的です。冒頭にあげたケースでも，簡単に「大人かこどもかを判別する基準」が作成できます。

　ただ，残念ながら通常の Excel では樹形モデルによる分析はできません。Excel のような身近なツールでこのような有用な分析手法も実行できるようにしてくれれば，もっと普及するだろうと筆者は考えているのですが。

　そのため実際の実行のためには，本書でご紹介した S-PLUS のような統計ソフトを利用されることをおすすめします。

　読者のみなさんも，便利な手法の一つとして習得されることをお勧めします。

第11章 非線形が得意なニューラルネット

1. はじめに
—ニューラルネットとは何か—

　最近よく「ニューラルネット」という分析手法が使われるようになってきました。この言葉そのものは，ある程度知られているようです。

　しかし，言葉が知られている割には，実態は意外と知られていないようです。そこで，まずそもそもニューラルネットとは何か？　から話をはじめたいと思います。

　ここで，話をわかりやすくするために一つ例を出します。

　あなたは「赤ん坊がいる家庭向けの商品」を開発したとします。そして，その商品を効率よく販売したいと考えています。

　そこで，同じような商品を過去に出した際に測定したデータを会社の資料から探し出してきました。データには，お店に来た生活者がその商品を買った割合（購入確率）のデータと，お店に来た生活者の年齢や性別，年収などをアンケートで調べたデータなどがそろっていました。

　そこでまず，年齢と購入確率をグラフ化してみると，図11.1のようになりました。

　この図から，31歳ごろがもっとも購入確率が高いことがわかります。どうやら，

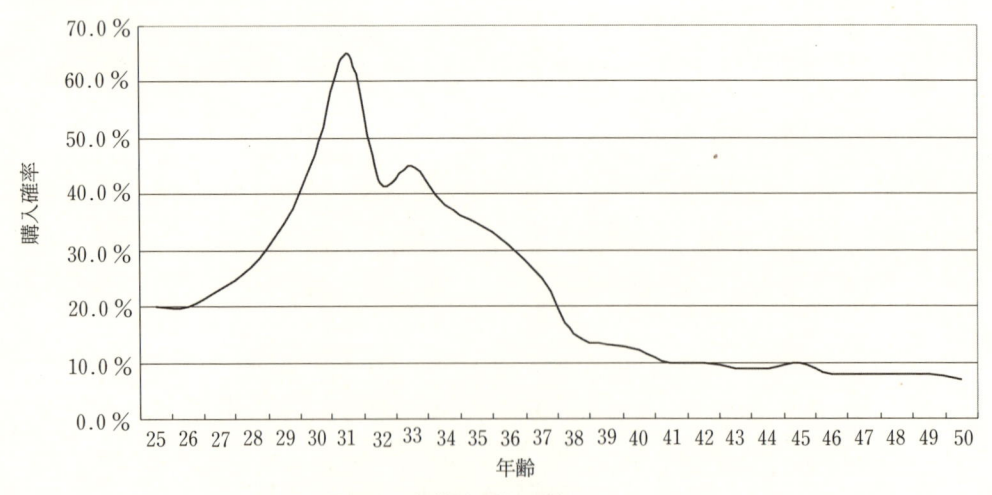

図11.1　年齢別の購入確率
（ただしたとえ話のため，データはダミー）

1. はじめに

このあたりの年齢の生活者にアプローチすれば買ってくれそうです。

ここで，あなたの手元に新商品の見込み顧客のリストがあるとします。当然，これらの見込み顧客に対して，DM（ダイレクトメール）を送ったり，電話をかけたり，訪問したりしてアプローチをしたいと考えています。そして見込み顧客のリストにも「年齢」や「年収」，「性別」などのデータがそろっています。では，この見込み顧客のリストのうち，だれに対して重点的に販売をすると，効率的に買ってもらうことができるでしょうか？　それを考えてみましょう。

（1）　グラフから考える

先ほどのグラフから，年齢が30代前半の人は購入する確率が高いことがわかっています。そこで，30代前半の人に対してアプローチを集中させることを考えます。

この考え方はわかりやすいですし，正解です。おそらく，ある程度の効果を得ることができるでしょう。少なくとも，やみくもに回るよりはるかに効率的です。ですが，これでは性別や年収などのほかの要因が加味できていないため，他の情報が無駄になってしまっています。その点で，精度は低くなります。まだまだ効率の向上の余地があります。

（2）　回帰モデルで考える

では複数の説明要因を同時に分析するために，今までのように回帰モデルで考えてみましょう。ここで，気をつけなければいけないことがあります。このグラフは直線ではなく，曲線であるということです。回帰モデルというのはあくまで「直線に近いかどうか」で分析するものですから，このように直線ではないケースで回帰分析を利用しようとしても図11.2のようになってしまい，直線がうまくグラフを表すことができていません。

この回帰直線をもとに要因分析や予測をしても，あてはまりがまったくよくないのですから精度が低くなってしまいます。

この状態では，別の説明要因もあわせて重回帰分析をしても，その結果はあてになりません。

回帰分析のような手法ではこのように，直線でないデータの傾向は分析しにくいという欠点があるわけです。

次に，回帰分析のもう一つの欠点を説明します。

調べてみると，「年収が800万円の人で，かつ年齢が31歳の生活者は，この商品を購入する確率が60％上がる」という事実がありました。

そのときに，「年収が800万円だが，年齢が50歳の生活者」は，ふつうは赤ん坊がいませんから購入する確率は2％しか上がっていませんでした。

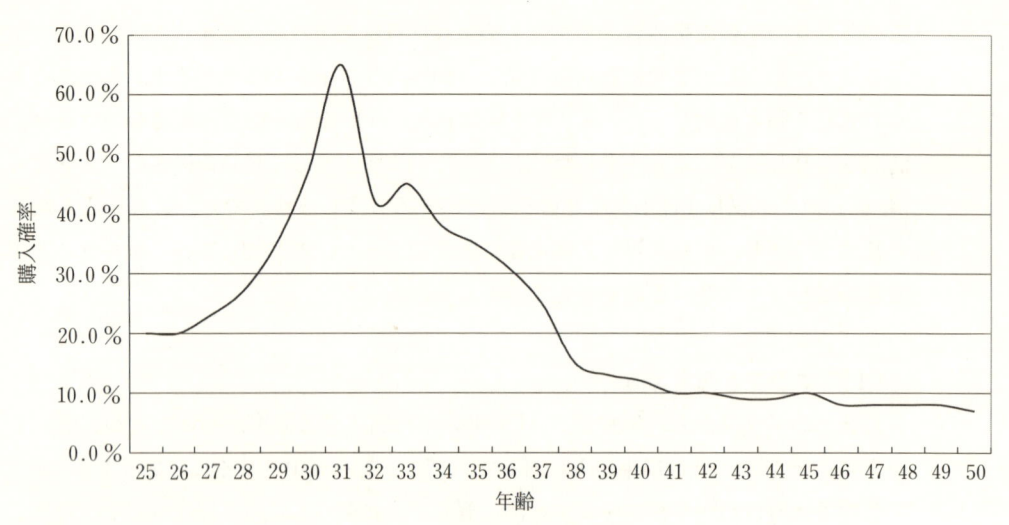

図11.2　回帰直線挿入後のグラフ

　次に，「年齢が31歳だが，年収が400万円の生活者」も，価格の高いこの商品を買う気にはならず，購入する確率は5％しか上がっていませんでした。
　このような事例は，多くの現場で実際に見かける現象です。これを回帰分析で分析するとどうなるか？　を考えてみます。
　回帰分析というのは，それぞれの要因の影響を足し合わせていくと，全体の影響になるという前提条件のもとで計算されています。
　つまり，例えば「要因Aによって，購入する確率が5％上昇する」と，「要因Bによって，購入する確率が10％上昇する」という結果になったとすると，要因Aと要因Bが同時に起こった場合の購入する確率は，「5％」+「10％」＝15％上昇する，という前提条件です。
　しかし，現実にはこの前提条件そのものがあてはまらないことが多くあるのです。
　今のケースでも，「年収が800万円であることによって上がる購入確率」の2％と，「年齢が31歳であることによって上がる購入確率」の3％をあわせても，まったく両方が同時に発生した場合の60％になどなっていません。
　この状態で回帰分析を実行すると，あてはまりが悪くなります。回帰分析ではこのような，複雑なパターンが分析できないのです。
　このように，非線形（直線でない）で，かつ複雑なパターンをも分析できる分析手法，それがニューラルネットです。
　もともとは，人工知能の研究から得られたアルゴリズムを応用することで実用化された手法です。人工知能にこのような複雑な「パターン」を認識させる（これを**学習**と呼んでいます）ことで，分析の精度をあげることができるようになったわけです。

現実には，多くは予測で用いられていますが，最近では要因分析やクラスタリングなどでも用いられるようになってきました。

一口にニューラルネットと言っても何種類かのモデルがあります。本章はその中でも，もっとも一般的に知られている MLP（Multi Layerd Perception）というモデルを，統計ソフト S-PLUS を使って実際に使ってみることで解説します。

ニューラルネットのアルゴリズムは比較的高度で，ある程度の専門知識がないと理解は難しいでしょう。が，重要なのはこの手法によって「何ができるか」です。

この章によって，その最も重要な部分を理解していただければと思います。

2．データの読み込み

まずは，今回の分析に使うデータを S-PLUS に読み込みます。データは表 11.1 のようになっています。

表 11.1　ひょうたん島のデータ

No.	グループ	X1	X2	No.	グループ	X1	X2	No.	グループ	X1	X2
1	○	2	6	31	○	7	4	62	○	12	7
2	○	2	7	32	○	7	5	63	×	1	6
3	○	2.5	5	33	○	7	6	64	×	2	2
4	○	2.5	8	34	○	7	7	65	×	1.5	4
5	○	3	4	35	○	7	8	66	×	3	2
6	○	3	5	36	○	8	3	67	×	4	1
7	○	3	6	37	○	8	4	68	×	5	1
8	○	3	7	38	○	8	6	69	×	6	2
9	○	3	8	39	○	8	7	70	×	6.5	2.5
10	○	4	3	40	○	8	8	71	×	7	2
11	○	4	4	41	○	8	9.5	72	×	8	1.5
12	○	4	6	42	○	9	3	73	×	9	1.5
13	○	4	7	43	○	9	4	74	×	10	2
14	○	4	8	44	○	9	5	75	×	11	4
15	○	4	9.5	45	○	9	6	76	×	12	6
16	○	5	3	46	○	9	7	77	×	12	8
17	○	5	4	47	○	9	8	78	×	12	10
18	○	5	5	48	○	9	9	79	×	1	8
19	○	5	6	49	○	9	10	80	×	2	10
20	○	5	7	50	○	10	9	81	×	1.5	10
21	○	5	8	51	○	10	4	82	×	3	11
22	○	5	9	52	○	10	5	83	×	4	12
23	○	6	4	53	○	10	6	84	×	5	11
24	○	6	5	54	○	10	7	85	×	6	10
25	○	6	6	55	○	10	8	86	×	6.5	10
26	○	6	7	56	○	10	7	87	×	7	10
27	○	6	6	57	○	10	10	88	×	8	12
28	○	6	7	58	○	11	6	89	×	9	12
29	○	6.5	5	59	○	11	8	90	×	10	13
30	○	6.5	6.8	60	○	11	9	91	×	11	12
				61	○	11	9	92	×	12	12

第11章 非線形が得意なニューラルネット

散布図を描くと図11.3のようにひょうたん島のようになっています。

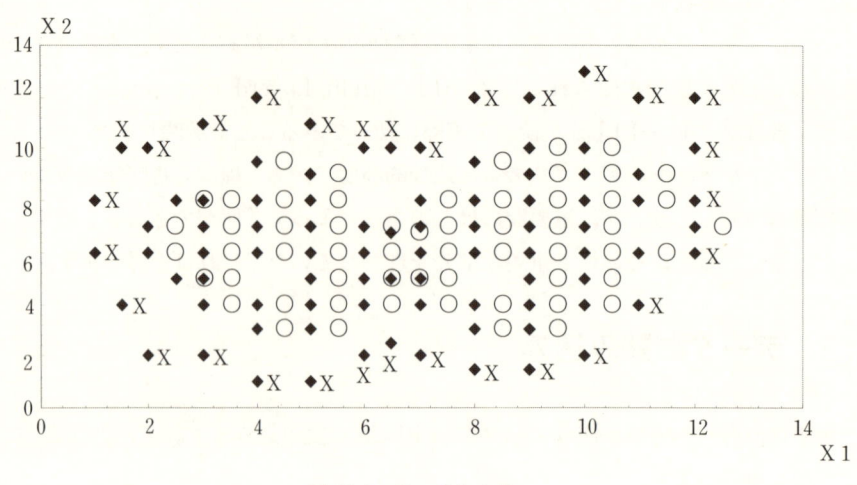

図11.3 ひょうたん島

HyotanData.csv（拡張子の csv はカンマ区切りのテキスト形式のデータであることを表します）というファイルがマイドキュメントに入っているとすると，下記のように read.table を使って，データを読み込むことができます。

```
>HyotanData<-read.table(file="C:¥¥My Documents¥¥HyotanData.csv", header=T,sep=",")
```

read.table は，スプレッドシート形式のデータを読み込むのに便利な関数で，file でファイルが格納されているフォルダの場所とファイル名を指定します（ディレクトリの区切りに¥¥が使われていることに気をつけてください）。読み込むファイルの1行目に項目名が入っていて，その項目名を変数名として読み込ませるためには，header を T にします。データの区切れ文字を指定するには sep を用います。今回のデータは csv 形式（カンマ区切り）で保存してあるので，sep="," としました。区切りにタブを用いているファイルの場合には，sep="¥t"としてください。読み込んだファイルは<-を使って，HyotanData というオブジェクトに付値します。読み込まれたデータを見るためには，オブジェクトの名前をコマンドに入力します。

```
>HyotanData
    Group   X1   X2
1    ○     2.0  6.0
2    ○     2.0  7.0
3    ○     2.5  5.0
4    ○     2.5  8.0
5    ○     3.0  4.0
..................................
```

3．Nnet を用いる

88	×	8.0	12.0
89	×	9.0	12.0
90	×	10.0	13.0
91	×	11.0	12.0
92	×	12.0	12.0

　目標ベクトルの属性の class（クラス）を factor（因子）にしておくことで，ベクトルがただの文字列ではなく，カテゴリ変数であるとコンピュータに明示することができます。ニューラルネットワークなどの判別モデル作成では，目標ベクトルを明示的に factor にしておいたほうがよいでしょう。オブジェクトのクラスを調べるには，下記のように関数 class を用います。class( ) の ( ) の中に，class を調べたいオブジェクトを指定してください。

```
>class(HyotanData$Group)
[1]"factor"
```

　ここで使用している＄マークは，オブジェクトの一部を参照・取り出す場合に利用される記号で，リストなどのオブジェクトから成分を抽出します。ここでは，オブジェクト HyotanData の Group 列の class を調べることになります。目標ベクトル Group の class が，始めから factor となっているので問題ないのですが，もし対象とするベクトルの class が factor 以外になっていた場合，例えば下記のようにして class を factor にします。

```
>HyotanData$Group<-as.factor(HyotanData$Group)
```

　as.factor は引数の class を factor に変換する関数で，ここでは HyotanData の Group の class を factor にしたうえで，HyotanData の Group に上書きしていると思ってください。

3．nnet を用いる

　S-PLUS でニューラルネットを行うには，ライブラリの nnet を利用します。
　nnet は Oxford 大学の B. D. Ripley 教授と Adelaide 大学の W. N. Venables 教授により開発されたライブラリで，今回使用する S-PLUS 2000（Windows 版専用バージョン）では，簡単に nnet が利用できます。S-PLUS 2000 以外のバージョンでは，Windows 版 なら http://lib.stat.cmu.edu/DOS/S/SWin/ から，UNIX 版なら，

http://lub.stat.cmu.edu/S/から，nnet.zip をダウンロードし，インストールしてください。

　S-PLUS では，オブジェクトや関数オブジェクトを呼び出す際，作業ディレクトリとライブラリを検索します．S-PLUS が提供している関数は初めから検索リストに入っているわけですが，nnet は S-PLUS が提供している関数ではありませんので，検索リストに新たに追加する必要があります．

　コマンドで，

>library(nnet)

を実行することにより，ライブラリ nnet が検索リストに追加され，ライブラリが利用可能になります．また，S-PLUS 2000 では，

>addNnetMenus()

を実行することにより，メニューバーからダイアログを使って nnet()を利用することも可能になります．

　ライブラリを利用可能にすると，他の多くの関数同様，

>help(nnet)

または

>?nnet

で，オンラインヘルプが利用できます．

　S-PLUS や S 言語は急速に進歩している最中です．そのため，関数に利用する引数や関数定義そのものが改正されることがあります．関数の定義が改訂される際には，オンラインヘルプも同時に改訂されますので，書籍等での説明よりも，オンラインヘルプがその関数に関する最新の解説であると思ってください．

注）S-PLUS 上で nnet を使用する場合は，'readme.txt'などをよくお読みになったうえ各自の責任の下で使用してください．なお，nnet は S-PLUS のサポート対象外です．

4．nnet の解説

nnet は，一つの隠れ層を持つ階層型ニューラルネットワークに対するあてはめを行う関数で，隠れ層のユニットを介さずに，入力層から出力層へダイレクトな結合を行う機能も持っています。

nnet を実行する際の主な引数は以下のようになります。

formula ：y〜x の形で表現されるモデル式のことで，判別分析等の手法では˜（チルダと読む）の右側に説明変数，˜の左側に目的変数を指定します。
size ：隠れ層のユニット数を指定します。
weights ：一つの入力層に対する荷重を設定します。デフォルトでは 1 になります。
Wts ：それぞれのニューロン間の初期の結合荷重を指定します。デフォルトではランダム・ウェイトが採用されます。
linout ：T にすることで線形出力ユニットの使用をします。目標変数が数量データの場合に用いてください。
entropy ：T にすることで，エントロピー法を使用します。目標ベクトルが 2 値判別の場合に用いてください。
softmax ：T にすることで，対数確率モデルを使用します。目標ベクトルが多群判別の場合に用いてください。
skip ：デフォルト T の場合，入力層から出力層へのダイレクトな結合(ニューロ)を行います。ダイレクトな結合をしない場合は F に変更してください。
decay ：λ（固有値）の設定をします。デフォルトでは 0 になっています。
maxit ：最適化計算を繰り返す回数の上限を設定します。デフォルトでは 100 になっています。
Hess ：T にすることで，nnet.hess を適用し，推定値に対する Hesse 行列（目的関数が極小値に収束しているかチェックするのに使う）を計算します。

5．nnet を利用してひょうたん島の判別モデルを作成する

では，実際に nnet を利用して，ひょうたん島の判別モデルを作成します。今回は，ひょうたん島型に入るデータか，入らないデータかを判別するモデルの作成が目的なので，2 値（2 群）判別と言われるモデルを作成することになります。

ニューラルネットのモデルを作成する上で，最も重要な要素に，隠れ層のユニット数があります。ユニット数の決め方の一つの目安として以下のような方法があります。

第 11 章 非線形が得意なニューラルネット

- 目標ベクトルのクラスの数（判別・分類が目的でないなら入力層の数）と同じユニット数から始める。
- ネットワークが過学習するようなら層のサイズを小さくする。
- 十分な正確さが得られなければ層のサイズを大きくする。
- 隠れ層の数は，入力層の数の 2 倍を超えない。

この方法に従い，まずは隠れ層に二つユニットを持つ場合の分析から始めることにします。

nnet の始めの引数はモデル式（formula）なので，Group~X1+X2, data=HyotanData とします。これはオブジェクト HyotanData の変数の中から，Group を目的変数に，X1 と X2 を説明変数として，nnet のあてはめを行うという意味になります。size=2 として隠れ層に二つのユニットを持たせます。今回は 2 値判別ですので，entropy=T として，変換方法にエントロピー法を指定します。また，今回は入力層から出力層へのダイレクトな結合をなくすため，skip=F としました。そして，ニューラルネットを行った結果を HyotanNnet2 というオブジェクトに付値（代入）します。

```
>HyotanNnet2<-nnet(Group~X1+X2, data=HyotanData, size=2, entropy=T, skip=F)
# weights: 9
initial      value 73.953392
iter  10    value 52.826415
iter  20    value 36.520925
iter  30    value 36.467639
iter  40    value 35.973804
iter  50    value 32.594408
iter  60    value 32.565023
iter  70    value 32.539664
iter  80    value 28.179154
iter  90    value 23.555628
iter 100    value 22.854534
final  value 22.854534
stopped after 100 iterations
```

nnet を行うと，上記のような最適化計算過程が表示されます。weights: 9 は求められた結合荷重（wij）の数が九つあることを示します。value はこのモデルにおける逸脱度を表しますが，回帰分析などの残差平方和（説明し残された部分，つまりあてはまりの悪さ）のようなものだと理解してください。initial value 73.953392〜final value 22.854534 は，学習の始まり（initial）では，value が 73.953392 であったものが，最後（final）に 22.854534 まで縮小していることを示しています。iter ○○は最適化計算 10 回ごとの value の縮小過程を表しています。stopped after 100 iterations は今回の最適化計算の繰り返し回数の上限 100 に達したので，最適化計算を 100 回で終了したことを伝えています。

ただし，nnet は初期の結合荷重にランダムウェイトを採用しているので，実際にみなさんが分析した結果と，上記の分析結果は多少違っていると思います。ここで気をつけて頂きたい点は，ときとして，nnet が局所的な最適解を導いてしまうことです。局所的な最適解を得てしまうと，大域的な最適解を得る前に学習によるパフォーマンスの向上が得られなくなってしまい，作成されるモデルのパフォーマンスが著しく低下してしまいます。

〈局所的な最適解を導いてしまった場合の例〉

```
>nnet(Group~X1+X2, data=HyotanData, size=2, entropy=T, skip=F, Hess=T)
# weights: 9
initial     value 72.382568
iter  10   value 58.077126
iter  20   value 57.045360
iter  30   value 52.187704
iter  40   value 52.180021
final value 52.179786
converged
```

〈局所的な最適解を導かずに済んだ場合の例〉

```
>nnet(Group~X1+X2, data=HyotanData, size=2, entropy=T, skip=F, Hess=T)
# weights: 9
initial     value 67.158802
iter  10   value 45.152813
iter  20   value 38.962507
iter  30   value 37.846299
iter  40   value 36.374841
iter  50   value 23.627814
iter  60   value 23.292786
iter  70   value 23.256002
iter  80   value 22.663359
iter  90   value 22.661843
final value 22.661710
converged
```

上記の二つの結果は，全く同じデータを同じ条件で分析したにもかかわらず，最終的な value は 52.179786 と 22.661710 と大きく異なっています。また，局所的な最適解を導いてしまった場合は学習回数が 40 回を少し超えたところで終了してしまい，それ以上のパフォーマンスの向上が得られなくなっています。このことは，登山途中，頂上に到達する前に丘に登ってしまい，そこが頂上だと思いこんでしまうことに似ていると言えるでしょう。

この問題を回避するためには，例えば以下のような関数 nnet.rep を作成します。

```
>nnet.rep<- function(formula, data, size, rep=5, linout=F, entropy=F, softmax=F, skip=F, maxit=100, Hess=F)
{nnet.out<- nnet(formula, data=data, size=size, linout=linout, entropy=entropy, softmax=softmax, skip=skip, maxit=maxit, Hess=Hess)#1回目の nnet を実行する
        for(i in 1:rep){      #"{"と"}"の間の式を rep で指定した回数実行する
```

第 11 章 非線形が得意なニューラルネット

```
                    nnet.ex<- nnet(formula, data=data, size=size, linout=linout, entropy=
entropy, softmax=softmax, skip=skip, maxit=maxit, Hess=Hess)
                    if(nnet.out$value>nnet.ex$value){# nnet.out の value より，nnet.ex の val-
                                                     ue が小さい場合に { } を実行する
                        nnet.out<- nnet.ex # nnet.ex の value が nnet.out より小さい場
                                              合，nnet.out に nnet.ex を付値（上書き）す
                                              る
                    }
                }
                nnet.out #最も value が低くなったモデルが選ばれる
}
```

　この関数 nnet.rep は，nnet を rep で指定した回数分繰り返し，できあがったモデルの中で最も value が低かったものを関数の値として返します。他の引数は nnet と共通にしてあります。上記の関数を例えば下記のように使用します。

```
>HyotanNnet2RepTest<- nnet.rep(formula=Group~X1+X2, data=HyotanData, size=2,
rep=10, entropy=T, skip=F)
# weights: 9
initial      value 66.084630
iter  10    value 58.079723
iter  20    value 57.662150
iter  30    value 53.283643
final value 52.179778
converged

...........................................

# weights: 9
initial      value 61.275982
iter  10    value 43.294330
iter  20    value 24.385316
iter  30    value 24.036897
iter  40    value 22.902497
iter  50    value 22.804027
iter  60    value 22.759493
iter  70    value 22.752589
iter  80    value 22.751614
iter  90    value 22.727511
iter 100    value 22.667689
final value 22.667689
stopped after 100 iterations

...........................................

# weights: 9
initial      value 88.475887
iter  10    value 58.086436
iter  20    value 51.078180
iter  30    value 46.215600
iter  40    value 45.560704
final value 45.554179
converged
```

　ここで，HyotanNnet 2 RepTest の value を見ると

\>HyotanNnet2RepTest$value
[1]22.66769

と，10回の繰り返しの中で最も value が低かったモデルが HyotanNnet 2 Pre に付値されていることがわかります。

6．モデルの確認

では，nnet が導き出したモデルを確認していきましょう．まず，関数 summary を使い，作成されたモデルの様子を見てみます．下記のように，オブジェクトの引数に先ほど作成したモデルを付置したオブジェクトを指定してください．

```
＞summary(HyotanNnet2)
a 2-2-1 network with 9 weights
options were-entropy fitting
  b->h1   i1->h1   i2->h1
   40.63    -1.12   -13.74
  b->h2   i1->h2   i2->h2
  123.56     1.35   -13.15
   b->o    h1->o    h2->o
  -30.16   -30.10    32.30
```

"a 2-2-1 network with 9 weights"はモデルの構造を表しています．2-2-1 のそれぞれの数値は，入力層のユニット数が二つ，隠れ層のユニット数が二つ，出力層が一つ（2値判別なので結果は二つ）であることを表し，"with 9 weights"は後述するバイアスユニットを含めて，九つの結合荷重がモデルの中に存在することを表しています．"options were-entropy fitting"で，変換方法にエントロピー法を使ったことを示しています．その下にある b・h・i・o はそれぞれ，バイアスユニット（入力層の一種，定数項），入力層のユニット（説明変数），隠れ層のユニット，出力層ユニットを表現しており，例えば i1->h1 は，一つめの入力層ユニット（ここでは X1 の値をそのまま出力するユニットのこと）と，一つめの隠れ層ユニットの間の結合荷重が－1.12 であることを示しています（図11.4参照）．

では，このモデルにデータをあてはめるとどのような判別結果が得られるのでしょうか．作成したモデルにデータをあてはめるには，関数 predict.nnet を用います．predict.nnet は作成されたニューラルネットモデルに，学習に使ったデータや新規のデータをあてはめ，得られた結果を返します．predict.nnet の引数は以下のようになります．

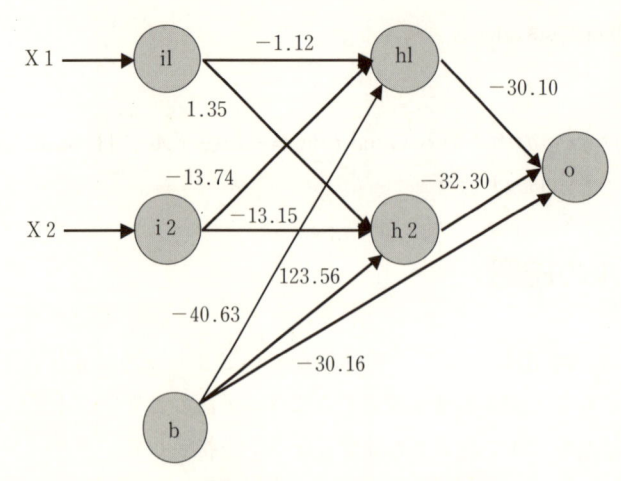

第11章 非線形が得意なニューラルネット

```
        ─1.12
  X1 ──▶ i1 ─────▶ h1
         1.35        ─30.10
       ─13.74              ╲
              ─13.15        o
  X2 ──▶ i2 ─────▶ h2   ─32.30
              123.56
       ─40.63
                 ─30.16
          b
```

図 11.4 作成されたニューラルネットモデル

object ：作成されたモデルを指定します。

X ：判別を行いたいデータを指定します。なにも指定しない場合，モデルの作成に使用したデータを使用します。

type ：モデルにあてはめた出力の形式を row，または class で指定します。row ならば結果が得点で，class ならば該当するクラスが出力されます。

まずモデルの作成に用いたデータの結果を見てみましょう。

```
> HyotanNnet2Pre<- predict.nnet(HyotanNnet2,type="class")
> HyotanNnet2Pre
 [1]"○" "○" "○" "○" "○" "○" "○" "○" "○" "○" "○" "○" "○" "○" "○" "○"
[17]"○" "○" "○" "○" "○" "○" "○" "○" "○" "○" "○" "○" "○" "○" "○" "○"
[33]"○" "○" "○" "○" "○" "○" "○" "○" "○" "○" "○" "○" "○" "○" "○" "○"
[49]"○" "○" "○" "○" "○" "○" "○" "○" "○" "○" "○" "○" "○" "○" "○" "×"
[65]"○" "×" "×" "×" "×" "×" "×" "×" "×" "×" "○" "○" "○" "○" "○" "×"
[81]"×" "×" "×" "×" "×" "×" "×" "×" "×" "×" "×" "×"
```

作成された HyotanNnet 2 を指定し，X は省略したので自動的にモデルの作成に使用した HyotanData が用いられています。type で class を指定したので，モデルをあてはめた結果は"○"か"×"で出力されています。今回使用したサンプル数は 92 です。それぞれのサンプルに対応する結果が 92 個得られています。

元のデータと今回のモデルの結果のクロス表を作成して，元のデータとどの程度整合性があるのか見てみましょう。

```
> HyotanGroup<- as.vector(HyotanData$Group)
> HyotanOut<- as.data.frame(cbind(HyotanGroup,HyotanNnet2Pre))
```

6．モデルの確認

HyotanData の変数 Group を as.vector でベクトルとして抽出します。as.vector は指定された因数をベクトル化する関数で，ここでは HyotanData の変数 Group 列の値をベクトル化しています。cbind はデータを列ベクトル単位で行列を作成する関数で，Group と HyotanNnet2Pre を結合しています。クロス表を作成するために使う関数，crosstabs は使用するデータ形式にデータフレームかリストを要求するので，引数をフレームにする関数 as.data.frame を用いて，結合した行列をデータフレームに変換しています。この結果得られた HyotanOut は以下のようになります。

```
>HyotanOut
     HyotanGroup    HyotanNnet2Pre
1        ○              ○
2        ○              ○
3        ○              ○
4        ○              ○
5        ○              ○
..........................................
88       ×              ×
89       ×              ×
90       ×              ×
91       ×              ×
92       ×              ×
```

HyotanOut からクロス表を作成するには，crosstabs を用いると便利です。crosstabs を利用するには，引数として，~（チルダ）の右側に，クロスの作成に利用したい変数を二つ，data にその変数が入っているオブジェクトを指定します。

```
>crosstabs(~HyotanGroup+HyotanNnet2Pre, data=HyotanOut)
Call:
crosstabs(~HyotanGroup+HyotanNnet2Pre, data=HyotanOut)
92 cases in table
 +----------+
 | N        |
 | N/RowTotal |
 | N/ColTotal |
 | N/Total  |
 +----------+
HyotanGroup | HyotanNnet2Pre
```

	×	○	RowTotl
×	23	7	30
	0.767	0.233	0.33
	1.000	0.101	
	0.250	0.076	
○	0	62	62
	0.000	1.000	0.67
	0.000	0.899	
	0.000	0.674	
ColTotl	23	69	92
	0.25	0.75	

```
Test for independence of all factors
        Chi^2=63.37778 d.f.=1 (p=1.665335e-015)
        Yates' correction not used
```

表の読み方は，表側（クロス表の左）が先に指定した変数，表頭（クロス表の上）が後に指定した変数となり，それぞれの組合せについて，セルの1行目が度数，2行目が行（表側）に対する割合，3行目が列（表頭）に対する割合，4行目が全体に対する割合です。今回のモデルでは，元々"×"だった30個サンプルのうち，23個が"×"と判別されましたが，"○"と誤判別されたものが7個あり，元々"○"であったものはすべて"○"と正しく判別されたことがわかります。また，それぞれのセルの2行目（行に対する割合）を見ることで，誤判別率は0.076（つまり7.6％）+ 0.000（0％）で7.6％，正判別率は0.250（25％）+ 0.674（67.4％）で92.4％であったことになります。それなりに高い判別結果を得ましたが，さらによい結果を得るために，ユニット数を3に増やし，下記のようにユニット数3の場合のモデルを作成しました。

```
>HyotanNnet3<- nnet.rep(formula=Group~X1+X2, data=HyotanData, size=3, rep=10, entropy=T, skip=F)#ユニット数3の場合
(注)ユニット数4の場合は以下のようになります。
>HyotanNnet4<- nnet.rep(formula=Group~X1+X2, data=HyotanData, size=4, rep=10, entropy=T, skip=F)#ユニット数4の場合
```

その結果，正判別率94.6％とより判別力の高いモデルを作成することができました。同様にして，ユニット数1～7の場合について，それぞれのモデルを作成した結果，判別結果は表11.2のようになりました。

表11.2　隠れ層のユニット数と判別結果

No.	グループ	X1	X2	隠れ層の数とそれぞれの判別結果						
				1	2	3	4	5	6	7
1	○	2	6	○	○	○	○	○	○	○
2	○	2	7	○	○	○	○	○	○	○
3	○	2.5	5	○	○	○	○	○	○	○
4	○	2.5	8	○	○	○	○	○	○	○
5	○	3	4	○	○	○	○	○	○	○
6	○	3	5	○	○	○	○	○	○	○
7	○	3	6	○	○	○	○	○	○	○
8	○	3	7	○	○	○	○	○	○	○
9	○	3	8	○	○	○	○	○	○	○
10	○	4	3	○	○	○	○	○	○	○
11	○	4	4	○	○	○	○	○	○	○
12	○	4	6	○	○	○	○	○	○	○
13	○	4	7	○	○	○	○	○	○	○
14	○	4	8	○	○	○	○	○	○	○
15	○	4	9.5	○	○	○	○	○	○	○

6．モデルの確認

16	○	5	3	○	○	○	○	○	○	○
17	○	5	4	○	○	○	○	○	○	○
18	○	5	5	○	○	○	○	○	○	○
19	○	5	6	○	○	○	○	○	○	○
20	○	5	7	○	○	○	○	○	○	○
21	○	5	8	○	○	○	○	○	○	○
22	○	5	9	○	○	○	○	○	○	○
23	○	6	4	○	○	○	○	○	○	○
24	○	6	5	○	○	○	○	○	○	○
25	○	6	6	○	○	○	○	○	○	○
26	○	6	7	○	○	○	○	○	○	○
27	○	6	6	○	○	○	○	○	○	○
28	○	6	7	○	○	○	○	○	○	○
29	○	6.5	5	○	○	○	○	○	○	○
30	○	6.5	6.8	○	○	○	○	○	○	○
31	○	7	4	○	○	○	○	○	○	○
32	○	7	5	○	○	○	○	○	○	○
33	○	7	6	○	○	○	○	○	○	○
34	○	7	7	○	○	○	○	○	○	○
35	○	7	8	○	○	○	○	○	○	○
36	○	8	3	○	○	○	○	○	○	○
37	○	8	4	○	○	○	○	○	○	○
38	○	8	6	○	○	○	○	○	○	○
39	○	8	7	○	○	○	○	○	○	○
40	○	8	8	○	○	○	○	○	○	○
41	○	8	9.5	○	○	○	○	○	○	○
42	○	9	3	○	○	○	○	○	○	○
43	○	9	4	○	○	○	○	○	○	○
44	○	9	5	○	○	○	○	○	○	○
45	○	9	6	○	○	○	○	○	○	○
46	○	9	7	○	○	○	○	○	○	○
47	○	9	8	○	○	○	○	○	○	○
48	○	9	9	○	○	○	○	○	○	○
49	○	9	10	○	○	×	○	○	○	○
50	○	10	9	○	○	○	○	○	○	○
51	○	10	4	○	○	○	○	○	○	○
52	○	10	5	○	○	○	○	○	○	○
53	○	10	6	○	○	○	○	○	○	○
54	○	10	7	○	○	○	○	○	○	○
55	○	10	8	○	○	○	○	○	○	○
56	○	10	7	○	○	○	○	○	○	○
57	○	10	10	○	○	○	○	○	○	○

58	○	11	6	○	○	○	○	○	○	○
59	○	11	8	○	○	○	○	○	○	○
60	○	11	9	○	○	○	○	○	○	○
61	○	11	9	○	○	○	○	○	○	○
62	○	12	7	○	○	○	×	×	×	○
63	×	1	6	○	○	×	×	×	×	×
64	×	2	2	×	×	×	×	×	×	×
65	×	1.5	4	○	○	×	×	×	×	×
66	×	3	2	×	×	×	×	×	×	×
67	×	4	1	×	×	×	×	×	×	×
68	×	5	1	×	×	×	×	×	×	×
69	×	6	2	×	×	×	×	×	×	×
70	×	6.5	2.5	×	×	×	×	×	×	×
71	×	7	2	×	×	×	×	×	×	×
72	×	8	1.5	×	×	×	×	×	×	×
73	×	9	1.5	×	×	×	×	×	×	×
74	×	10	2	×	×	×	×	×	×	×
75	×	11	4	○	○	○	×	×	×	×
76	×	12	6	○	○	○	×	×	×	×
77	×	12	8	○	○	○	×	×	×	×
78	×	12	10	○	○	○	×	×	×	×
79	×	1	8	○	○	×	×	×	×	×
80	×	2	10	○	×	×	×	×	×	×
81	×	1.5	10	○	×	×	×	×	×	×
82	×	3	11	○	×	×	×	×	×	×
83	×	4	12	○	×	×	×	×	×	×
84	×	5	11	○	×	×	×	×	×	×
85	×	6	10	○	×	×	×	×	×	×
86	×	6.5	10	○	×	×	×	×	×	×
87	×	7	10	○	×	×	×	×	×	×
88	×	8	12	○	×	×	×	×	×	×
89	×	9	12	○	×	×	×	×	×	×
90	×	10	13	○	×	×	×	×	×	×
91	×	11	12	○	×	×	×	×	×	×
92	×	12	12	○	×	×	×	×	×	×

注）灰色で表示されているセルが誤判別箇所

それぞれの判別結果とそのあてはまり率をまとめると，表11.3および図11.5のようになります。

6. モデルの確認

表 11.3 隠れ層のユニット数と判別率

判別数	全数	隠れ層のユニット数						
		1	2	3	4	5	6	7
○	62	62	62	61	61	61	61	62
×	30	10	23	26	30	30	30	30

判別数	全数	隠れ層のユニット数						
		1	2	3	4	5	6	7
全体	92	78.3	92.4	94.6	98.9	98.9	98.9	100.0
○	62	100.0	100.0	98.4	98.4	98.4	98.4	100.0
×	30	33.3	76.7	86.7	100.0	100.0	100.0	100.0

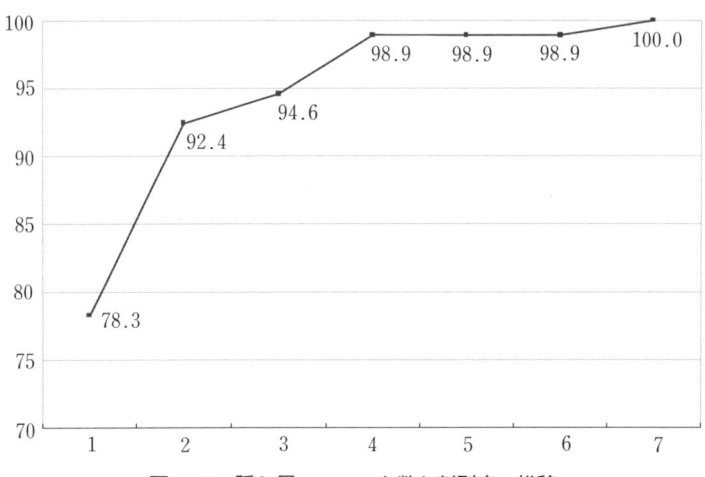

図 11.5 隠れ層のユニット数と判別率の推移

ユニット数が一つでは，判別率が低く，ユニット数 2 で判別率が大きく上昇しています。その後は緩やかに上昇し，ユニット数を 7 にしたところで，100 ％判別することに成功しました。

では，今回の最適なユニット数は 7 なのでしょうか？ 確かに，ユニット数が多ければ多いほど，ネットワークは複雑なパターンの認識が可能になるように思えます。しかし，このようにしてユニット数を増やされたネットワークは，学習用データの記憶・最適化に終始してしまい，一般化されたモデルを作る目的には不適当かもしれません。ここで，先にも述べた，ユニット数を決める際の簡単な基準を再掲します。

- 目標ベクトルのクラスの数（判別・分類が目的でないなら入力層の数）と同じユニット数から始める。
- ネットワークが過学習するようなら層のサイズを小さくする。
- 十分な正確さが得られなければ層のサイズを大きくする。

・隠れ層の数は，入力層の数の2倍を超えない。

この最後の基準に従えば，ひょうたん島データの入力層の数2の2倍，つまり4を超える隠れ層のユニット数は，モデルとして不適当ということになります。実際，上記したユニット数とあてはまり率の推移を見てみると，ユニット数4で98.9％のあてはまり率を持っていますが，その後のあてはまり率の推移はかなり緩やかになっていることがわかります。また，今回のように形があらかじめ定められていて，その中に収まるかどうかを判別するモデルの作成が目的であれば，ユニット数を多くしてもさほど問題がありませんが，現実的な問題を取り扱う上では，外れ値や例外的なサンプルにまで過度なあてはめを行ってしまい，新しいデータに対する予測力の低いモデルになってしまう危険性もあります。

今回作成したモデルは，どの入力データに対して誤判別したのかを散布図上で見てみたいと思います。X1とX2から得られる平面上に，S-PLUSで○と×のそれぞれのデータをプロットしてみます（図11.6参照）。

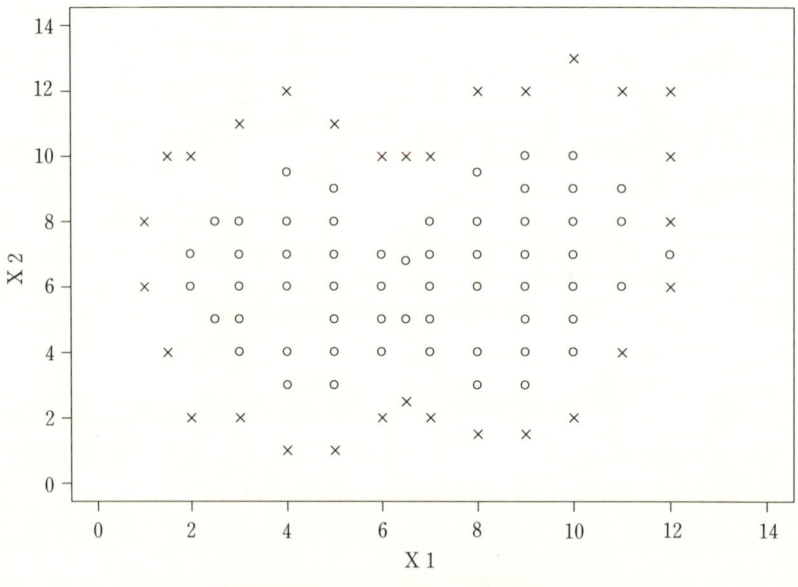

図11.6 ひょうたん島データの散布図

```
>plot(HyotanData[HyotanData$Group=="○",2],HyotanData[HyotanData$Group=="○",3],pch=1,xlim=c(0,14),ylim=c(0,14),xlab="X1",ylab="X2",main="ひょうたん島データのプロット")
>points(HyotanData[HyotanData$Group=="×",2],HyotanData[HyotanData$Group=="×",3],pch=4)
```

関数 plot は総称関数と言われる関数で，与えられたデータの形式により，適当と思われるグラフや散布図を作成してくれる，S-PLUSのグラフ関数の中で最も多用

6．モデルの確認

される関数の一つです。今回は第1引数にx軸の値，第2引数にy軸の値を指定し，散布図を作成します。

まず，HyotanData のうち，Group が○になっているものだけをプロットします。プロットの最初の引数にX1（HyotanData の2列目）を，次の引数にX2（同3列目）を指定しますが，行データの抽出に HyotanData\$Group＝＝"○"として，Group が○になっている行のデータだけを部分抽出して利用することにします。＝＝は条件抽出を行うための比較演算子で条件にあてはまったデータのみを使用することを示します。pch はプロットする文字の形式を指定する引数で，1〜18の数値を与えれば，それぞれに対応する記号がプロットされます。その他，使いたい文字がある場合は""で囲めば，自由にプロットを得ることができます（ただし表示されるのは1文字だけ，それ以外を使用したい場合は関数 text を使用）。その他，xlim，ylim はそれぞれx軸とy軸の最小値・最大値を，xlab，ylab はx軸とy軸の名称を，main はタイトルを指定します。

次の関数 points は，先に作成された散布図にプロットを追加する関数で，今回は plot と同様の方法を使い，Group が×だったものだけを表示します。

次に，誤判別された入力データをプロットします。表11.1によると，ユニット数4の場合，誤判別された入力データは，62番目のX1＝12，X2＝7というデータでした。先ほど作成した散布図に"?"の字でプロットしてみましょう（図11.7参照）。

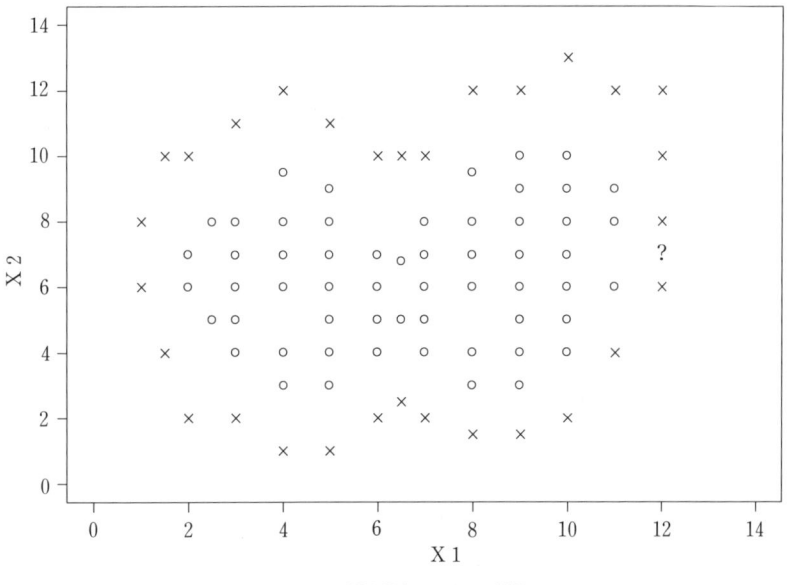

```
>points(12,7,pch＝"?",cex＝2)# cex は文字の大きさを指定する引数
```

図11.7　誤判別データの確認

このことから，今回作成したモデルでは，ひょうたん島型の右側にはみ出た部分が判別しきれていないことがわかります。この部分を判別するためには，ユニット数を増加させるなどして，モデルの精度を向上させる必要があります。

7．予測する

では，ひょうたん島のデータに新しいデータが追加された場合，作成したモデルは有効に機能してくれるでしょうか。例えば下記のような二つのデータが追加されたとします。

```
      X1   X2
93    15   20
94     6    4.5
```

このデータを S-PLUS 上で作成します。

```
>HyotanNew<- rbind(c(15,20),c(6,4.5))
>HyotanNew
      [,1]  [,2]
[1,]   15   20.0
[2,]    6    4.5
```

関数 c は引数をベクトルにして返す関数で，今回はそれぞれ 15 と 20 という値を持つベクトルと，6 と 4.5 という値を持つベクトルを作成しました。rbind は与えられたベクトルや行列を行単位（縦）で結合し，行列を作成する関数です。ここでは作成した二つのベクトルを結合し，その行列を HyotanNew というオブジェクトに付置しました。次に，作成したオブジェクトに名前を付けます。

```
>dimnames(HyotanNew)<- list(93:94,c("X1","X2"))
```

dimnames は行列やフレームなどのオブジェクトに名前を与える関数で，上記のように名前を与えたいオブジェクトを引数で指定します。S-PLUS で通常使用される付値とは異なりますが，指定したオブジェクトに list（行の名称ベクトル，列の名称ベクトル）を付値することで，オブジェクトに名前を付けることができます。

```
>HyotanNew
      X1   X2
93    15   20.0
94     6    4.5
```

7．予測する

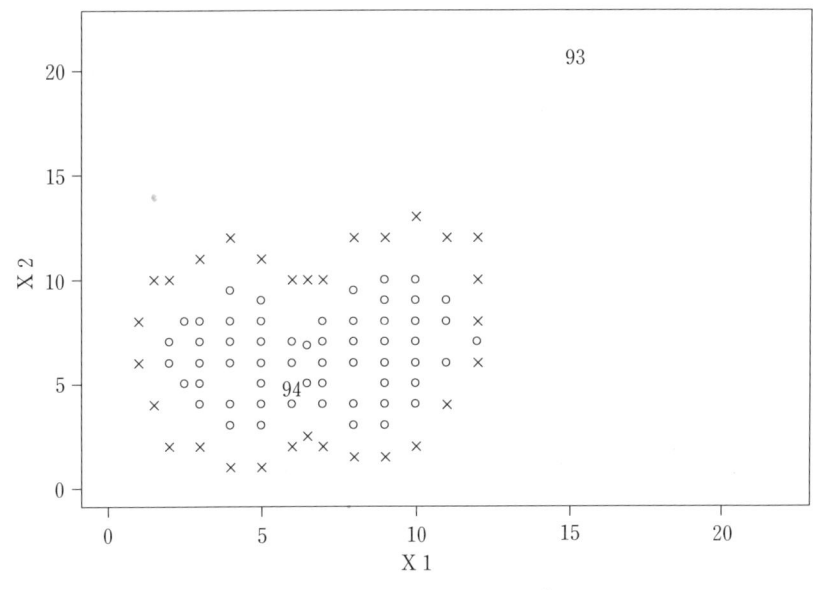

図11.8 ひょうたん島新データのプロット

作成したデータを先ほどの平面上にプロットしてみましょう（図11.8参照）。

>plot(HyotanData[HyotanData$Group＝＝"○",2],HyotanData[HyotanData$Group＝＝"○",3],pch＝1,xlim＝c(0,22),ylim＝c(0,22),xlab＝"X1",ylab＝"X2",main＝"ひょうたん島の新しいデータのプロット"）
>points(HyotanData[HyotanData$Group＝＝"×",2],HyotanData[HyotanData$Group＝＝"×",3],pch＝4)
>text(HyotanNew[1,1],HyotanNew[1,2],labels＝"93")
>text(HyotanNew[2,1],HyotanNew[2,2],labels＝"94")

93のデータが15.0，20.0と大きいので，先ほどよりも，散布図のx軸，y軸の上限を大きくしました。textはグラフ上の指定したポイントに文字列を書き加える関数で，1番目の引数にx軸の値，2番目の引数にy軸の値，labelsに書き加えたい文字列を指定します。ここではそれぞれのデータに93，94という名前を書き込んでいます。

では，作成したオブジェクトをモデルにあてはめてみましょう。先ほど同様predict.nnetを用いますが，新しいデータの判別が目的ですので，下記のように2番目の引数として新しく判別したいデータのオブジェクト名を指定します。typeには先ほど同様，classを指定します。

>predict.nnet(HyotanNnet4,HyotanNew,type＝"class")
[1]"×" "○"

モデルにあてはめた結果として，93番，94番のデータはそれぞれ×，○と判別されました．上記の散布図を見るとわかるとおり，新規のデータに対しても正しく判別されているようです．

第12章 双対尺度法と最適なクロス表

1. はじめに

双対（そうつい）尺度法は，似た特性のカテゴリ（例えば表側項目と表頭項目）を近くに，そうでないものを遠くに並べかえることで，カテゴリの特徴や関係をより鮮明にわかりやすくする分析手法です。読んで字のごとく表側項目に尺度を表頭項目にも尺度を与えます。視覚的にとらえるためプロットすることでよりわかりやすくなります。また，軸の方向性とカテゴリの位置から軸に意味づけを行うことも可能です。同じ目的で行われる分析には，数量化3類や対応分析（コレスポンデンスアナリシス）といった手法があり，利用に適したデータ形式には違いがありますが，同じ結果が得られることが数学的に証明されています。

下に挙げるクロス表（表12.1）は，男性のビジネスマンを対象に行ったアンケートの集計結果で，20代・30代・それ以上の年代という三つのグループに対して，パソコンやその他IT関連項目に対する，利用意向や考え方を聞いています。表側にアンケート項目，表頭に年代がきています。

表12.1 男性ビジネスマンへのアンケート結果

	20代	30代	おじさん
自分もパソコンを使ってみたい	36	68	85
パソコン通信をやってみたい	20	48	53
CDROMソフトを使ってみたい	25	50	45
ホームバンキングを利用したい	17	35	38
会社に出社せず在宅勤務をしてみたい	18	34	31
次世代ゲーム機で遊んでみたい	32	51	25

（誠文堂新光社：「ブレーン」95年8月号）

このようなクロス表に双対尺度法を行うことで，それぞれのグループや項目の関係を視覚的にとらえることができるようになります。

それでは，実際に上記のクロス表にコレスポンデンス分析を行ってみましょう。

Excelには残念ながらこの手法はサポートされていません。市販されているプログラムを使うことになります。例えば，㈲サヌック（http://www.sanuk.co.jp/）が開発しているExcelのアドオンソフト「カラー表示双対尺度法別解C」を利用するこ

とをお薦めします。カラー表示双対尺度法別解Cはクロス集計表を双対尺度法で分析し、第1固有値〜第3固有値に対応する固有ベクトルを算出し、その結果を色つきのラベル付きサンプル図としてプロットしてくれます。ここではこのプログラムを使います。

2．インストール

まずは、カラー表示双対尺度法別解Cをアドインとして利用できるようにしましょう。Cドライブにmyanaというフォルダを作成します。そのフォルダに「双対尺度法別解C.xla」と「双対尺度CGPRG.xls」をコピーしてください。その後で、Excelを立ち上げ、ツールバーの「ツール」を選択し、その中にある「アドイン」をクリックしましょう。

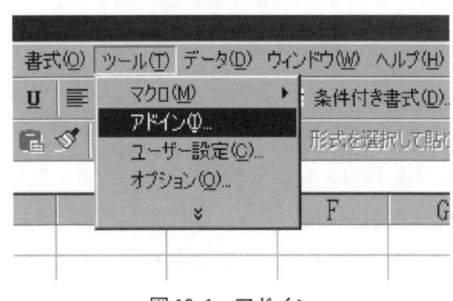

図12.1　アドイン

そうすると、下記のようなダイアログが表示されます。次にダイアログ右側の「参照」ボタンをクリックしてください。

図12.2　参照

2．インストール　　177

　ファイルを参照するためのダイアログボックスが表示されますので，先ほど「双対尺度法別解C.xla」と「双対尺度CGPRG.xls」のファイルをコピーした，「C¥myana」まで移動してください．そうしますと，先ほどコピーした「双対尺度法別解C.xla」が表示されますので，「双対尺度法別解C.xla」を選択し，「OK」ボタンをクリックしてください．

図12.3　双対尺度法別解Cを選択

　上記の手続きが完了すると，先ほどのアドイン選択画面の項目に「双対尺度法別解C」が加わります．左側の□にチェックがされていることを確認した上で，OKボタンをクリックしてください．

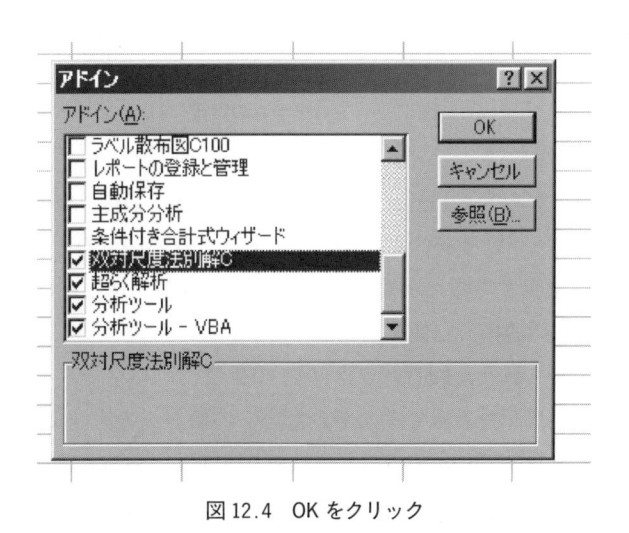

図12.4　OKをクリック

以上でアドインを利用できる環境になります。

「接続しました」というメッセージが表示され，Excelのツールバーに「カラー表示双対尺度法別解」という項目が追加されました。

図12.5 ツールバーに「カラー表示双対尺度法別解」という項目が追加

3. 解析する

このカラー表示双対尺度法別解を使って，実際に双対尺度法を行ってみましょう。先ほどのクロス表が表示されている画面で，カラー表示双対尺度法別解をクリックすると，下記のようなダイアログが表示されます。「行列範囲」の右側のボタンをクリックし，クロス表の項目名を含めた範囲を選択してください。

「出力先」として希望する場所を選択し，「ラベル」項目の「あり」にチェックがついていることを確認した上で，「YES」ボタンをクリックしてください。

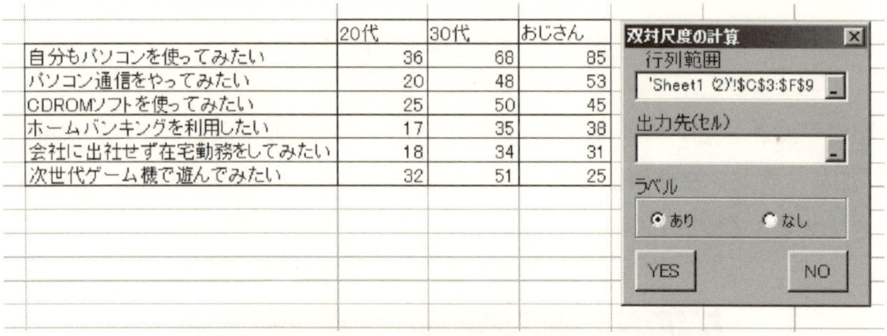

図12.6 プログラムの実行

以上の操作が完了すると，上記のクロス表に双対尺度法を行った結果が表示されます。得られた結果のうち，固有ベクトルとは，それぞれの項目のそれぞれの軸に対する重要度・影響度を表す指標だと思ってください。数値と＋と－はそれぞれの項目が，その軸に与える影響の方向性を示しています。

分析結果として得られた，固有ベクトル表（表12.2）を見てみると，第1固有値（1軸）では，「次世代ゲーム機で遊んでみたい」の値が＋の方向に最も大きく，「おじさん」の値が－方向に最も大きいことがわかります。どちらも第1軸への影響力が強いわけですが，その方向性は正反対であることがわかります。カラー表示双対尺度

表 12.2 第 1，2 固有値に対応する固有ベクトル

関係図 1	第 1 固有値 固有ベクトル	第 2 固有値 固有ベクトル
自分もパソコンを使ってみたい	-0.02842	-0.05099
パソコン通信をやってみたい	-0.0276	0.05816
CDROM ソフトを使ってみたい	0.00622	0.02659
ホームバンキングを利用したい	-0.01702	0.00586
会社に出社せず在宅勤務をしてみたい	0.00826	-0.00011
次世代ゲーム機で遊んでみたい	0.08158	-0.01027
20 代	0.0458	-0.05703
30 代	0.0203	0.04096
おじさん	-0.04543	-0.01182

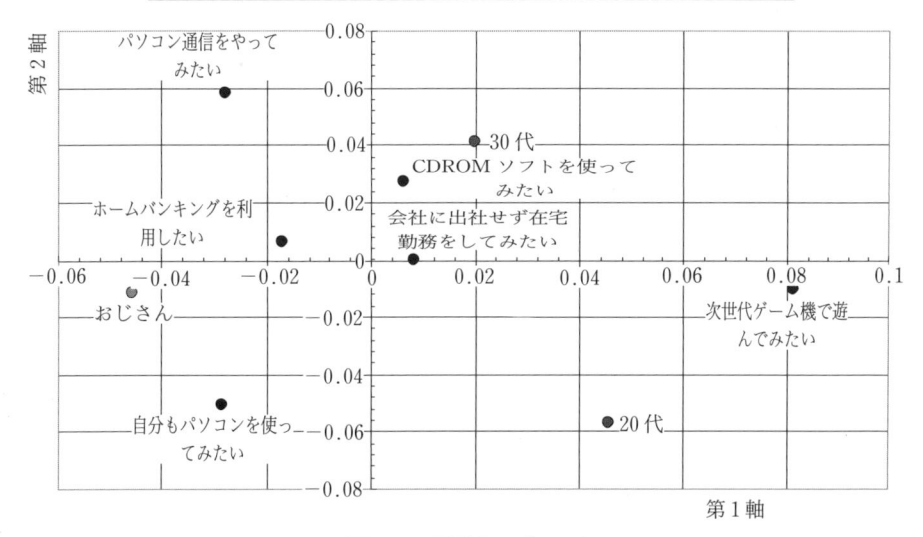

図 12.7 平面上にプロット

法別解はこれらの固有値を求めるのと同時に，図 12.7 のような散布図を作成します。

この平面上で，近くにプロットされているものは相対的に見て類似度が高く，遠くにプロットされているものは類似度が低いと理解してください。

プログラムはカラーで表示されてぱっとわかるようになっています。

4．AIC を使ってグループ化する

さて，双対尺度法のプロットを見ながら，どの項目を同じようなグループとみなせばよいのか，なんらかの規準があると便利です。そのための一つの規準として，AIC（赤池の情報量規準）を利用した，最適なクロス集計表の作成を行うことが挙げられます。ここでいう最適なクロス集計表の作成とは，同じような項目を一つにまとめ，

まとめられなかった項目の間にはできる限り大きな差があるようなクロス表を作成するということです。クロス表から求められる $AIC=\chi^2-2*自由度$ を判定値とし，判定値が最大になるものを最適なクロス表と判断することにします。判定値を求める式を表すと以下のようになります。

$$判定値＝AIC＝\chi^2-2*自由度$$

では，具体的にクロス表の判定値を算出してみましょう。まずは，クロス表から χ^2 値を求める方法です。χ^2 値を求めるための式は以下のようになります。

$$\chi^2=\sum(実データ-理論値)^2/理論値$$

理論値とは，項目間の反応値に差がないと仮定した場合に求められる値です。では，与えられたクロス表から理論値を求めてみましょう。

表12.3　列合計，行合計

	20代	30代	おじさん	行合計
自分もパソコンを使ってみたい	36	68	85	189
パソコン通信をやってみたい	20	48	53	121
CDROMソフトを使ってみたい	25	50	45	120
ホームバンキングを利用したい	17	35	38	90
会社に出社せず在宅勤務をしてみたい	18	34	31	83
次世代ゲーム機で遊んでみたい	32	51	25	108
列合計	148	286	277	711

先ほどのクロス表に列の合計と行の合計を追加しました。回答者全体の人数は711人いて，そのうち20代が148人，割合でいうと約0.21ということになります。「自分でパソコンを使ってみたい」と回答している人は，全体で189人います。もし年代によって「自分でもパソコンを使ってみたい」と回答する傾向に差がないと仮定すると，この189人に先ほどの0.21をかけた値，つまり39人がそう思うと回答しているのではないかと考えられます。このように，項目間に差がないと仮定して得られた値を理論値といいます。以下すべての年代と項目に対して同様の方法で理論値を求めてみました（表12.4）。

表12.4　理論値

	20代	30代	おじさん
自分もパソコンを使ってみたい	39	76	74
パソコン通信をやってみたい	25	49	47
CDROMソフトを使ってみたい	25	48	47
ホームバンキングを利用したい	19	36	35
会社に出社せず在宅勤務をしてみたい	17	33	32
次世代ゲーム機で遊んでみたい	22	43	42

4. AICを使ってグループ化する

次に,実データから上記の理論値を引いた値を2乗し,その値を理論値で割ります。

こうして得られた値をすべて足したものがχ^2値となり,この場合は,17.63753という値を得ることができました。

判定値を求める上で,次に必要となるのは自由度を2倍した値です。自由度とは,クロス表の行の数をm,列の数をnとしたときに,(m−1)(n−1)で得られます。上記のクロス表は,6行3列のクロス表ですので,この場合の自由度は(6−1)(3−1)で,10ということになります。自由度を2倍したものは10×2で20ということになるわけです。

判定値は,χ^2値から2＊自由度を引いたものなので,17.63753−20で,−2.36247という値が得られます。ちなみに,この判定値が−の場合,クロス表には統計的に有意な差があるとは言えません。以下に今回の分析で求められたχ^2,基準値,判定値をまとめましたが,このクロス表は残念ながら不採用ということになってしまいます。

χ^2	2＊自由度	判定値
17.63753	20	−2.36247
		不採用

ではここで,類似性の高い項目を一つにまとめることで,よりよいクロス表を作成することを考えましょう。以下は,先ほど求めたそれぞれの項目に対する固有ベクトルです。第1固有ベクトルに着目してみると,「20代」と「30代」の値が近く,またどちらの値も0に近いことがわかります。また,「**CDROMソフトを使ってみたい**」と「**会社に出社せず在宅勤務をしてみたい**」もともに第1固有ベクトルの値が近く,0に近いことがわかります。

表12.5 近いもの

関係図1	第1固有値 固有ベクトル	第2固有値 固有ベクトル
自分もパソコンを使ってみたい	−0.02842	−0.05099
パソコン通信をやってみたい	−0.0276	0.05816
CDROMソフトを使ってみたい	0.00622	0.02659
ホームバンキングを利用したい	−0.01702	0.00586
会社に出社せず在宅勤務をしてみたい	0.00826	−0.00011
次世代ゲーム機で遊んでみたい	0.08158	−0.01027
20代	0.0458	−0.05703
30代	0.0203	0.04096
おじさん	−0.04543	−0.01182

そのことを，散布図上で確認してみても，やはりそれぞれ第1固有ベクトル上の位置が近いことがわかります。

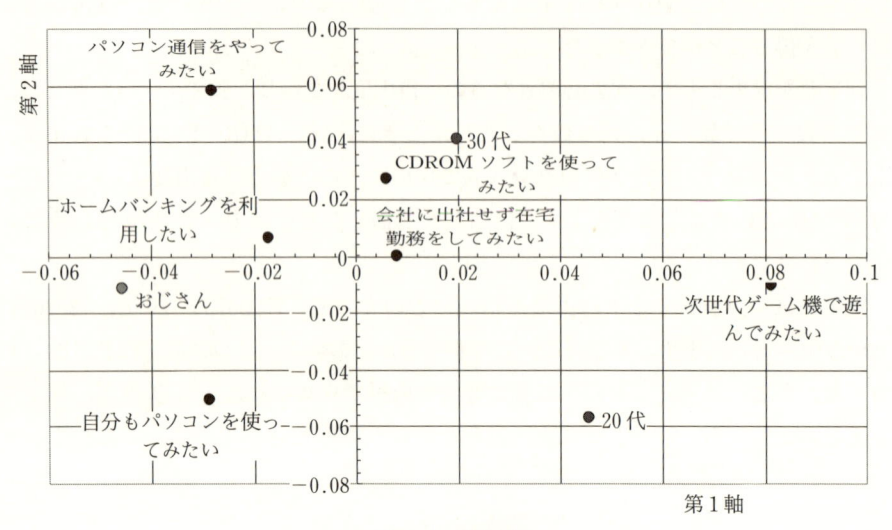

図12.8 散布図

では，これらの項目をマージすることで，判定値を上げることができないでしょうか。まずは，「20代」，「30代」をマージして新しいクロス表（表12.6）を作成してみました。

表12.6 20, 30代をマージ

	20代・30代	おじさん
自分もパソコンを使ってみたい	104	85
パソコン通信をやってみたい	68	53
CDROMソフトを使ってみたい	75	45
ホームバンキングを利用したい	52	38
会社に出社せず在宅勤務をしてみたい	52	31
次世代ゲーム機で遊んでみたい	83	25

このクロス表に対して，先ほどと同様，χ^2値，判定値を求めると以下のようになります。

χ^2	2*自由度	判定値
16.02188	10	6.021883
		採用

判定値が＋の値に変わりました。どうやらこのクロス表の項目間には有意な差があると見なしてよさそうです。また，判定値が先ほどに比べて増加しましたので，こちらのクロス表のほうがより最適なクロス表であると判断することができます。

4. AICを使ってグループ化する

さらに判定値を上げるために，在宅勤務と CDROM をマージしてみましょう。

表 12.7　在宅勤務と CDROM をマージ

	20代・30代	おじさん
自分もパソコンを使ってみたい	104	85
パソコン通信をやってみたい	68	53
CDROM ソフト＋在宅勤務	127	76
ホームバンキングを利用したい	52	38
次世代ゲーム機で遊んでみたい	83	25

やはり先ほどと同様，χ^2値，2＊自由度，判定値を求めます。

$\chi^2>$	2＊自由度	判定値
16.02142	8	8.02142
		採用

判定値が 6.01 から 8.02 に増加しました。さらに最適なクロス表が求められたと判断してよさそうです。判定値の増加傾向が見られましたので，さらに項目を併合することを考えます。先ほどと同様，第1固有値の固有ベクトルの値が近い，「パソコン通信」と「ホームバンキング」をマージし，判定値を求めます。

表 12.8　パソコン通信とホームバンキングをマージ

	20代・30代	おじさん
自分もパソコンを使ってみたい	104	85
パソコン通信＋ホームバンキング	120	91
CDROM ソフト＋在宅勤務	127	76
次世代ゲーム機で遊んでみたい	83	25

χ^2	2＊自由度	判定値
15.96728	6	9.967276
		採用

やはり，判定値を増加させることができました。引き続き，項目の併合をしていきます。今度は，先ほどマージした「パソコン通信とホームバンキング」，「CDROM と在宅勤務」をさらにマージし，判定値を求めます。

表 12.9　パソコン通信とホームバンキング，CDROM と在宅勤務

	20代・30代	おじさん
自分もパソコンを使ってみたい	104	85
パソコン通信，ホームバンキング，CDROM，在宅勤務	247	167
次世代ゲーム機で遊んでみたい	83	25

χ^2	2＊自由度	判定値
14.55895	4	10.55895
		採用

さらに判定値を増加させることができました。まだ判定値を増加させることができそうです。先ほどマージした四つの項目に，さらに「自分もパソコン」をマージします。

表12.10 パソコン通信，ホームバンキング，CDROM，在宅勤務，自分もパソコン

	20代・30代	おじさん
パソコン通信，ホームバンキング，CDROM，在宅勤務，自分もパソコン	351	252
次世代ゲーム機で遊んでみたい	83	25

χ^2	2＊自由度	判定値
13.38653	2	11.38653
		採用

やはり，判定値は11.39と増加しています。始めの段階のクロス表の判定値は2.36でしたから，項目間の違いがだいぶ大きくなったことがわかります。これ以上のマージを行うことはできませんので，これで最適なクロス表を得られたものとします。

5．おわりに

このようにしてマージした項目を双対尺度法で解析し，グラフ化し，マージして一つにした項目の，質問を○で，年代を□で囲ってみましょう（図12.9）。

いかがでしょうか。最適なクロス表を求めるためにマージされた項目は，双対尺度法の結果から見ても，やはり同じような傾向にあるグループと見なしてよさそうです。

年代では20代と30代は一つのグループとして，このグループとおじさんのグループに分かれます。20代は次世代ゲーム機で遊んでみたい傾向がはっきりと出ています。

アンケート項目を見ると，次世代ゲーム機で遊んでみたいが一つのグループで自分もパソコンを使ってみたい，パソコン通信をやってみたい，CDROMソフトを使ってみたい，ホームバンキングを利用したい，会社に出社せず在宅勤務をしてみたいがくくられて，もう一つのグループと見なしてよさそうです。

クロス表を分析する一つの方法に双対尺度法があることを紹介しました。わかりや

5．おわりに

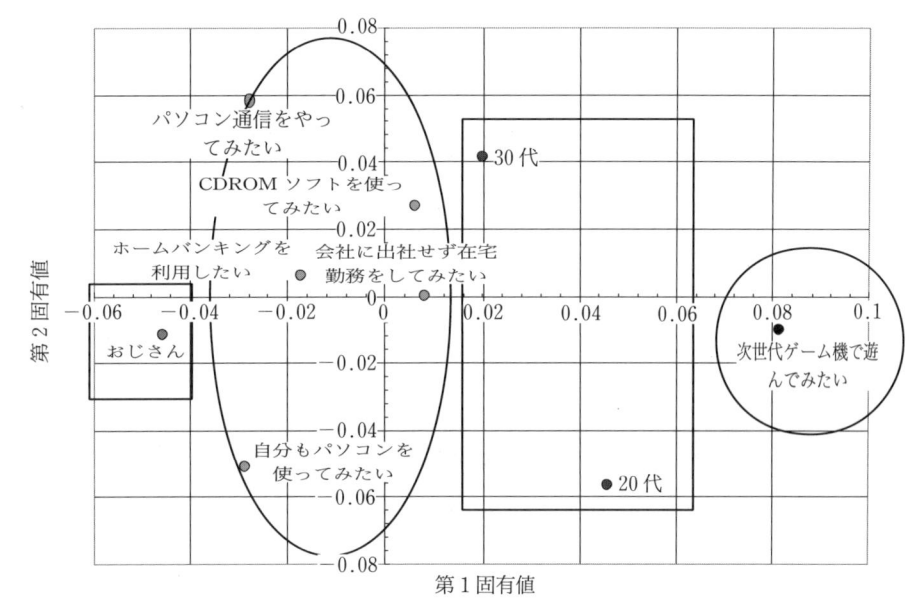

図 12.9 くくった結果

すく，グラフで表示すると効果的です。そして，似た項目，年代をくくっていく一つの方法を提案しました。データマイニングは膨大なデータを扱います。したがって自動化が重要です。くくるのを自動的にやってくれるプログラムがあればなあといつも思っています。□や○でくくるのはプログラムでは大変難しいと思います。くくるかわりに同じ色を付けるようにすればいいのです。こんなプログラムを作成してくださいとお願いして作っていただきました。

第13章　クラスター分析入門
―手法を組み合わせて知見を得る―

1. はじめに
―クラスター分析とは何か―

　町の中を歩いていると，ものすごく多くの，いろいろな生活者と行き交うことができます。スーツを着たサラリーマン，部活帰りの高校生，アルバイトをしている学生，買い物をしている主婦，友だちと一緒にたむろしている大学生，近くのお店の店員さん，実にいろいろな生活者がいます。もしその町に1万人の生活者がいるとすれば，1万通りの価値観，主義や主張，意見，こだわり，好み，バックグラウンドなどがあるはずです。

　ではここで，その町にファミリーレストランを出店するとしましょう。料理の種類は洋食です。そしてあなたはその洋食ファミレスチェーンの社長だとします。

　まず，その町に1万人の生活者がいるからといって，1万通りの好みに合わせて，1万種類のメニューを用意することができるでしょうか？

　そんなことをしたら，材料費はもちろん，料理人の訓練もデータの収集も大変なものになってしまって，ものすごく高コストな体質になってしまいます。とてもではないですが利益を生むことができません。いや，その前に1万種類の料理を書いたメニューなんて，とんでもなく分厚い本になってしまって読みきることができないでしょう。

　ですから，メニューの数をもっと絞らなければいけません。では，どうすれば売れるメニューだけに絞れるのでしょうか？

　そこで先ほどの生活者をよく見ると，例えば「ケチャップがたっぷりのった，ライスの味つけが少し濃い目で卵がふわっとしているオムライス」が好きな人は，1万人のうち一人だけではないことに気付きます。似たような好みを持っている人が他にもいるのです。

　それなら，似たような好みの人をまとめて，その人たちに一つのメニューを用意すれば効率がよさそうです。そして20～30種類ぐらいの洋食メニューで，「洋食好き」な生活者の好みを網羅することができれば，お店としては非常に効率がよくなります。

　また，逆に例えば「すごくさっぱりした味」が好きな人のように，好みが大きく違う人は同じお店に集客しようとするのではなく，そのお店とは別にもう一つ別のお店

を作って,そちらに集客するようにしたほうが効率がよくなることも考えられます。
　その,「似たような好み同士」をグループごとに分類するにはどうすればいいのでしょうか？
　「え,そんなの簡単ですよ。お客さんを観察すればいいじゃないですか。で,よーく見てみれば,好みの傾向って感覚的にわかってきますよ。」
　ある友人が答えてくれました。非常に的を得た方法ですし,それは実際に必ずやらなければならないことです。
　しかし,その方法だけしかやらないで判断すると,「好みの分かれ目」がどこにあるのかの判断が分析者の主観だけで行われてしまうために,非常に危険なのです。しかし,この判断を間違えると,企業としては大きな損失を抱えてしまいます。例えば,同じような好みの生活者に対して複数の違う趣向のお店を出店してしまい,同じ生活者を同じ会社のお店同士で取り合ってしまったりするからです。
　そのようなグループ分類を主観ではなく,データから客観的に,かつ正確に分析することでグループ分類ができる分析手法,それが「クラスター分析」です。
　クラスター分析そのものは,「同じようなデータ」同士で複数のグループに分けることができる分析手法です。ですからその利用方法は上記のようなマーケティング的な問題だけでなく,企業経営や分析などさまざまな用途で用いることができる,非常に有効な分析方法です。本章ではそのクラスター分析を,基本から解説していきます。

2. 2変数の問題に,クラスター分析を実行する

　まず,クラスター分析とはどのようなものなのでしょうか。
　わかりやすいように,まず以下のデータで考えてみます。
　表13.1は,それぞれのX1,X2の変数を持っているデータ27個に,それぞれNo.をつけたものです。例えば,No.1はX1＝1,X2＝1のデータとなっています。
　さて,このデータであれば変数が二つしかないので,簡単にグラフ化することができます。まずは基本どおり,グラフにしてどのようなデータなのかを確認してみましょう。このように変数が二つのデータをグラフ化するときは,散布図でグラフ化します。
　図13.1が,実際に描いた散布図です。
　みると,点は左下と中央上,そして右中央部の3カ所に集まっていることがわかります。ということは,どうやらこれら27個のデータは,三つのグループに分けることができるようです。

第13章 クラスター分析入門

表 13.1 データ

No.	X1	X2	No.	X1	X2
1	1	1	14	13	17
2	2	1	15	14	12
3	3	1	16	13	11
4	2	1	17	12	11
5	1	2	18	13	11
6	2	3	19	14	11
7	3	4	20	5	28
8	2	5	21	6	21
9	2	4	22	7	23
10	3	5	23	8	25
11	1	6	24	5	24
12	13	13	25	6	25
13	12	15	26	7	26
			27	7	29

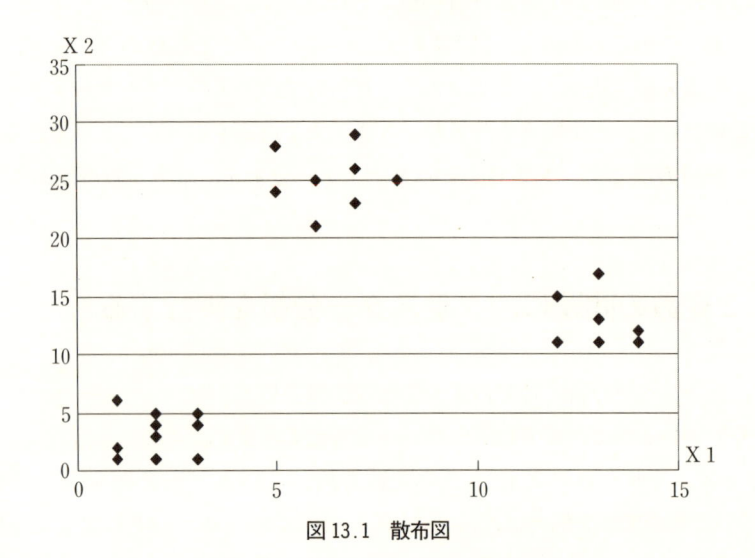

図 13.1 散布図

　では，このデータをクラスター分析にかけ，データからグループ分けを行ってみます。クラスター分析は残念ながら Excel ではできないので S-PLUS を利用して行います。

　以下は S-PLUS を使って表 13.1 のデータをクラスター分析で行った実行結果です。

```
* * * Agglomerative Hierarchical Clustering * * *
Call:
```

2．2変数の問題に，クラスター分析を実行する

```
agnes(X =menuModelFrame(data=クラスター分析の説明のデータ,
      variables="X1,X2", subset=NULL, na.rm=T), diss=F,
      metric="euclidean", stand=F, method="average",
      save.x=T, save.diss=T)
```
Merge:
```
         [,1]   [,2]
 [1,]    -16    -18
 [2,]     -2     -4
 [3,]      1    -19
 [4,]     -8    -10
 [5,]     -7     -9
 [6,]      2     -3
 [7,]     -1     -5
 [8,]      5      4
 [9,]    -15      3
[10,]    -25    -26
[11,]      7      6
[12,]      9    -17
[13,]     -6      8
[14,]    -23     10
[15,]    -12     12
[16,]    -22    -24
[17,]    -20    -27
[18,]    -13    -14
[19,]     13    -11
[20,]     16     14
[21,]     11     19
[22,]    -21     20
[23,]     15     18
[24,]     17     22
[25,]     23     24
[26,]     21     25
```
Order of objects:
```
 [1]  1  5  2  4  3  6  7  9  8 10 11 12 15 16 18 19 17 13 14 20
[21] 27 21 22 24 23 25 26
```
Height:
```
 [1]  1.000000  1.510749  0.000000  1.000000  3.484037  1.662570
 [7]  1.000000  1.207107  1.000000  2.375411 18.689426  1.977270
[13]  1.276142  0.000000  1.000000  1.559017  4.652043  2.236068
[19] 14.273481  2.236068  4.781934  3.793900  2.236068  2.479509
[25]  1.707107  1.414214
```
Agglomerative coefficient:
```
[1] 0.9235134
```

Available arguments:
```
[1] "order"  "height" "ac"     "merge"  "order.lab"
[6] "diss"   "data"   "call"
```

このままでは分析結果がわかりにくいため，結果をデンドログラムで表示するように設定しておきます．すると，図13.2のようなデンドログラムが表示されます．

図13.2から，クラスター分析ではHeightが5のところでグループを分けると，大きく三つのグループに分けられることがわかります．クラスター分析ではこのように，分類されたグループ（集団）のことをクラスターといいます．この場合は三つのクラスターに分類されたわけです．

では，実際にはどのようなクラスターに分けられたのでしょうか．確認してみまし

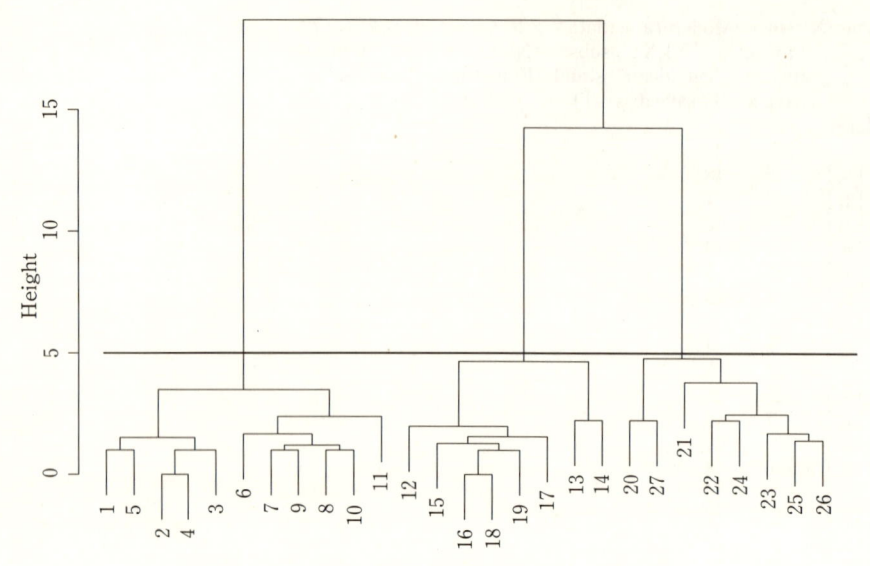

図 13.2　クラスター分析実行結果のデンドログラム表示

ょう．

　三つのクラスターごとに色を塗りわけて，再度ラベル付き散布図を描いてみます．図 13.3 がその散布図です．

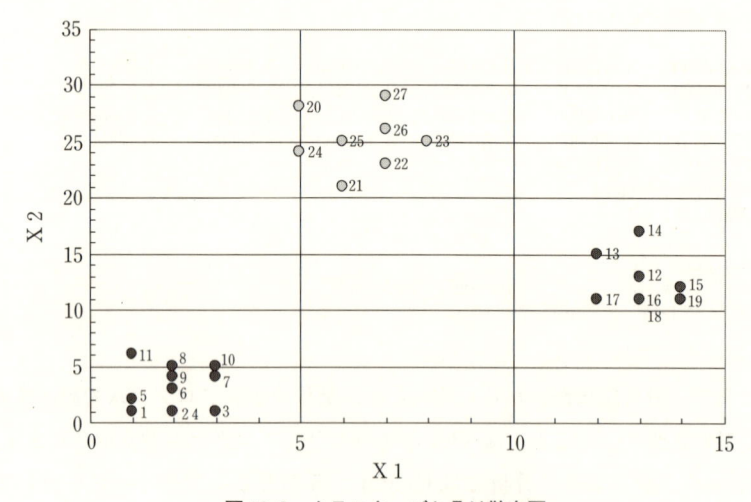

図 13.3　クラスターごと分け散布図
(注)残念ながら色はでていません．数字はデータの番号に対応しています．

　さて，この説明をすると，こんな疑問がわきあがります．
　「さっきの例なら別に散布図を見れば，三つのグループに分かれることぐらいわか

るのではないですか？ 別にクラスター分析をする必要性はどこにもなかったのでは？」

その通りです。この例では問題を簡単にするために，変数がたったの 2 個しかない例を用いました。そのため散布図を描けば，一目でグループを分けることができるデータだったのです。

しかし，現実に直面する問題では変数が 2 個しかないことは少なく，一般には非常に多くの変数を扱わなければなりません。が，多くの種類の変数をもとにしてグループを分けるとなると，人間の頭で考えるだけではすぐに限界がきてしまうのです。

クラスター分析は多くの変数，サンプルからなるデータでも，まったく同じ手法で正確に，かつ効率的にグループ化することができます。ここに，クラスター分析の有効性があるわけです。

では，次にもう少し複雑な事例をあげ，クラスター分析を利用してみましょう。

3. より多い変数で，クラスター分析を実行する
―食品を分類する事例―

表 13.2 は各食品類の 100 g 当たりの各成分のエネルギー（kcal と kJ）と g 数のデータです。このデータをマイニングして，似たような食品同士でグループに分けることに挑戦してみましょう。もちろんクラスター分析も使いますが，それぞれの分析手法には一長一短がありますから，いろいろな手法を使いわけて駆使することがコツです。一つの手法にこだわらないようにしてください。まずは，いろいろな手法で分析にかけてみる，というスタンスで取り組んでみるといいでしょう。

データだけが与えられ，このデータから食品をグループ化することは，データマイニングの現場ではよく行われていることです。

まず，顔グラフを描いて，それぞれの食品ごとの特徴をつかんでみましょう。

顔グラフは図 13.4 のようになりました。比較的顔が似ている食品がいくつかあります。顔が似ている食品同士でグループを分けてやれば，きれいに分けることができそうです。

次に，それぞれの栄養素ごとの相関係数を求め，相関係数表を作成します。作成には Excel の分析ツールにある「相関係数」の機能を利用します（詳細は第 2 章参照）。

実行結果は，表 13.3 のようになりました。そうすると，kcal と kJ の相関がものすごく高くなっています（当たり前ですが）。

そこで，kcal と横軸，kJ を縦軸にして散布図を描いてみます。それが，図 13.5 です。

きわめて高い相関があることがわかります（当然ですが）。バターは外れ値と考え

表 13.2 各食品類の 100 g 当たりのデータ

	kcal	kJ	水分	タンパク質	脂質	炭水化物糖質	炭水化物繊維	灰分
牛肉	200	837	66.8	19.3	12.5	0.3	0.0	1.1
豚肉	156	653	71.6	19.3	7.8	0.3	0.0	1.0
さんま	240	1004	61.8	20.6	16.2	0.1	0.0	1.3
ほんまぐろ	133	556	68.7	28.3	1.4	0.1	0.0	1.5
鶏卵	162	678	74.7	12.3	11.2	0.9	0.0	0.9
牛乳	59	247	88.7	2.9	3.2	4.5	0.0	0.7
練乳	144	602	72.5	6.8	7.9	11.2	0.0	1.6
バター	745	3117	16.3	0.6	81.0	0.2	0.0	1.9
精白米	356	1490	15.5	6.8	1.3	75.5	0.3	0.6
小麦粉	368	1540	14.0	8.0	1.7	75.7	0.2	0.4
大豆	417	1745	12.5	35.3	19.0	23.7	4.5	5.0
豆腐	77	322	86.8	6.8	5.0	0.8	0.0	0.6
バナナ	87	364	75.0	1.1	0.1	22.6	0.3	0.9
りんご	50	209	85.8	0.2	0.1	13.1	0.5	0.3
くり	156	653	60.2	2.7	0.3	34.5	1.0	1.3
大根	18	75	94.5	0.8	0.1	3.4	0.6	0.6
にんじん	32	134	90.4	1.2	0.2	6.1	1.0	1.1
米みそ	217	908	42.6	9.7	3.0	36.7	1.2	6.8
豆みそ	217	908	44.9	17.2	10.5	11.3	3.2	12.9
しょうゆ	58	243	69.5	7.5	0.05	7.1	0.0	15.9
食酢	16	67	93.8	0.1	0.0	1.3	0.0	0.6
水あめ	328	1372	15.0	0.0	0.0	85.0	0.0	0.0

100 g 当たりの各成分の g 数。
しょうゆの脂質は微量となっていたのを 0.05 とした。　　　　　（理科年表平成 13 年版より）

たほうが妥当でしょう。

　次に，水分と kcal の間に強い負の相関があるのがわかります．そこで，水分を縦軸，kcal を横軸にしてラベル付散布図を描いてみましょう．ただし，外れ値のバターは見やすくするために最初から除外します．

　その実行結果は，図 13.6 のようになりました．非常に強い負の相関があることがわかります．

　また，この図から各食品が，大きく三つのグループに分かれそうなことがわかりました．

　左上の大豆，小麦粉などのグループと，中央右下の米みそ，さんま，牛肉などのグループ，それに右下の大根，牛乳，豆腐などのグループです．各グループごとに丸で囲ってみました．カラーで表示しているのですが残念ながら本書ではわかりません．（注；カラーラベル付き散布図はなかなか便利なグラフです．㈲サヌック，//www.

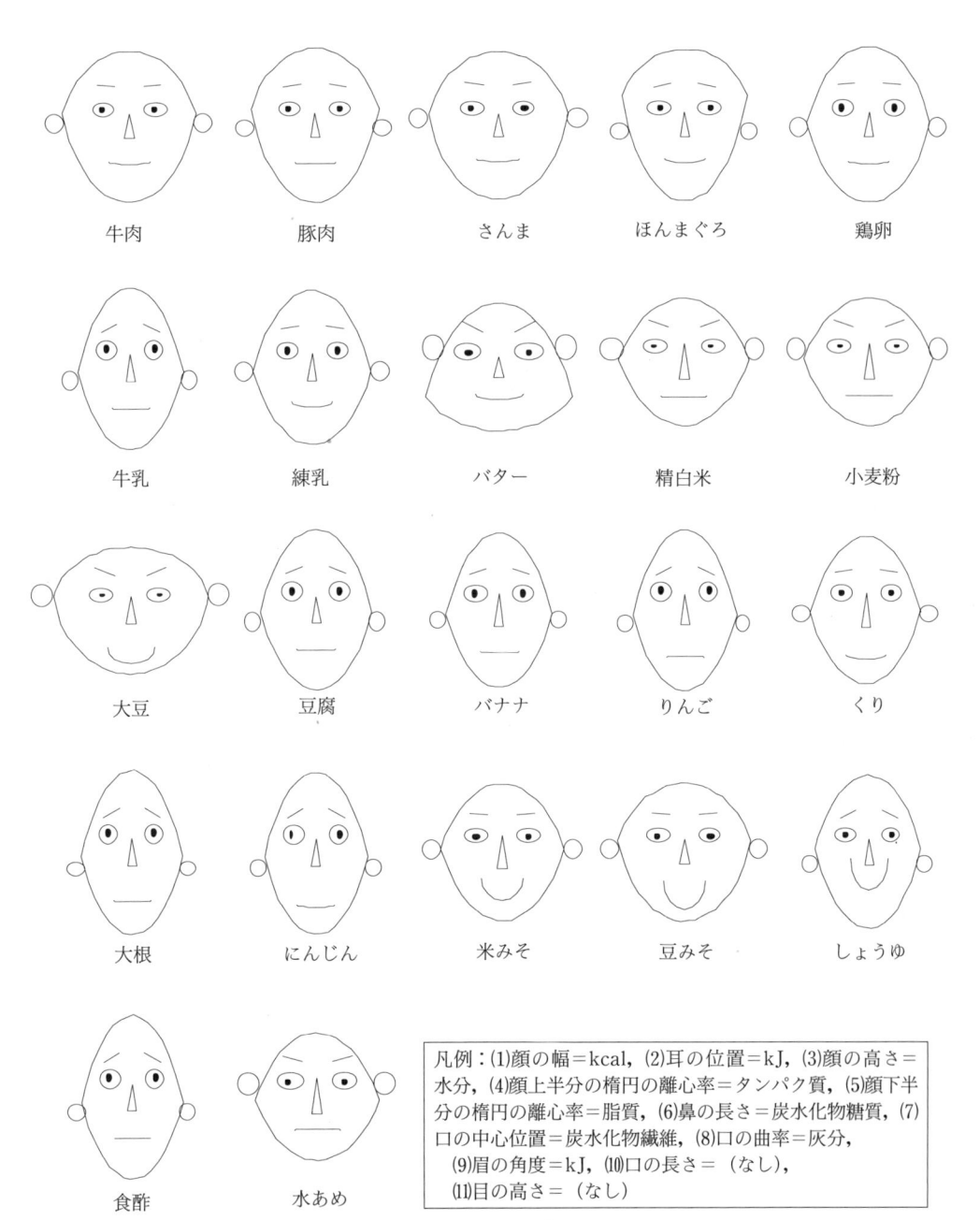

3．より多い変数で，クラスター分析を実行する　　　　　　　　193

牛肉　　豚肉　　さんま　　ほんまぐろ　　鶏卵

牛乳　　練乳　　バター　　精白米　　小麦粉

大豆　　豆腐　　バナナ　　りんご　　くり

大根　　にんじん　　米みそ　　豆みそ　　しょうゆ

食酢　　水あめ

凡例：(1)顔の幅＝kcal，(2)耳の位置＝kJ，(3)顔の高さ＝水分，(4)顔上半分の楕円の離心率＝タンパク質，(5)顔下半分の楕円の離心率＝脂質，(6)鼻の長さ＝炭水化物糖質，(7)口の中心位置＝炭水化物繊維，(8)口の曲率＝灰分，(9)眉の角度＝kJ，(10)口の長さ＝（なし），(11)目の高さ＝（なし）

図13.4　食品類の顔グラフ

表 13.3　相関係数

	kcal	kJ	水分	タンパク質	脂質	炭水化物糖質	炭水化物繊維	灰分
kcal	1.000							
kJ	1.000	1.000						
水分	−0.869	−0.869	1.000					
タンパク質	0.187	0.187	−0.248	1.000				
脂質	0.785	0.785	−0.394	0.064	1.000			
炭水化物糖質	0.357	0.357	−0.699	−0.196	−0.246	1.000		
炭水化物繊維	0.195	0.195	−0.347	0.475	0.043	0.062	1.000	
灰分	−0.014	−0.014	−0.133	0.229	0.005	−0.115	0.425	1.000

(注)相関があるものはアンダーラインをしています。

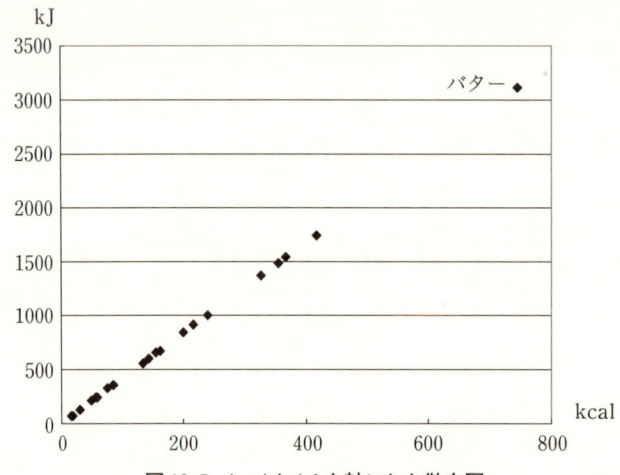

図 13.5　kcal と kJ を軸にした散布図

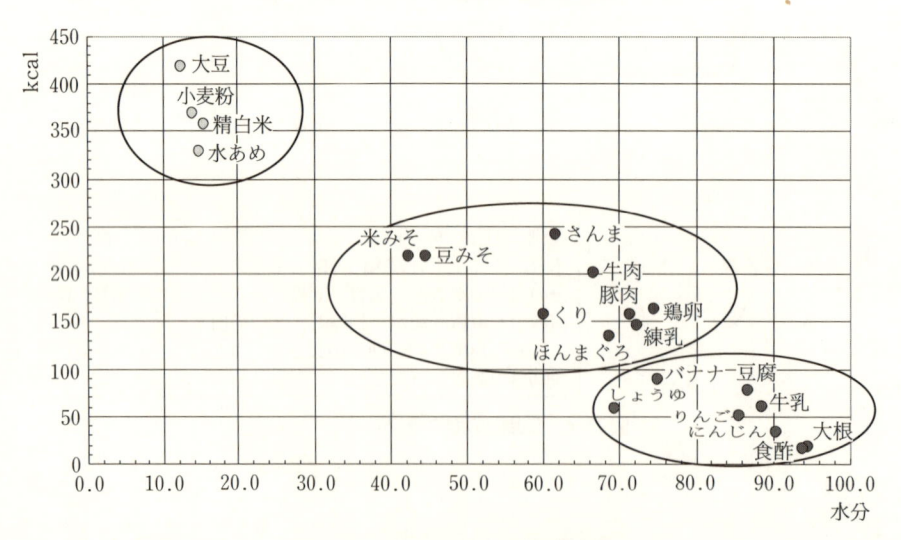

図 13.6　水分と kcal による散布図

3．より多い変数で，クラスター分析を実行する

sanuk.co.jp で扱っています。）。

　変数が2変数だけであれば，ここで3グループに切り分けても問題がないわけですが，今回のケースでは変数が複数あるため，他の変数も考慮しなければいけません。

　しかし，変数が二つしか表現できない散布図ではこれ以上の作業は大変になってしまうので，ここでクラスター分析を利用することを考えます。

　下が，先ほどの例と同様にS-PLUSを用いてクラスター分析を行った結果です。

クラスター分析
```
                * * * Agglomerative Hierarchical Clustering * * *
Call:
agns(X =menuModelFrame(data＝食品, variables＝
            "kcal, kJ, 水分, タンパク質, 脂質, 炭水化物糖質, 炭水化物繊維, 灰分",
            subset＝NULL, na.rm＝T), diss＝F, metric＝
            "euclidean", stand＝F, method＝"average", save.x＝T,
            save.diss＝T)
Merge:
          [,1]   [,2]
   [1,]   -16   -21
   [2,]    -6   -20
   [3,]    -2    -5
   [4,]   -18   -19
   [5,]     2   -14
   [6,]     3   -15
   [7,]   -12   -13
   [8,]    -9   -10
   [9,]    -4    -7
  [10,]     1   -17
  [11,]    -1     4
  [12,]     6     9
  [13,]     5     7
  [14,]    11    -3
  [15,]     8   -22
  [16,]    13    10
  [17,]    15   -11
  [18,]    14    12
  [19,]    18    16
  [20,]    19    17
  [21,]    20    -8
Order of objects:
 [1]  牛肉      米みそ    豆みそ    さんま    豚肉
 [6]  鶏卵      くり      ほんまぐろ 練乳     牛乳
[11]  しょうゆ  りんご    豆腐      バナナ    大根
[16]  食酢      にんじん  精白米    小麦粉    水あめ
[21]  大豆      バター
Height:
 [1]    82.191208   28.357715   127.359160  295.675517   27.046996
 [6]    43.719863   88.245356    53.657805  564.393426   25.583637
[11]    41.476139  114.731638    50.350372  191.189334    8.588364
[16]    64.997081 1072.410065    51.458138  147.495505  293.165713
[21]  2491.708746
Agglomerative coefficient:
 [1]   0.9310039
```

```
Available arguments:
[1]   "order"   "height"   "ac"   "merge"   "order.lab"
[6]   "diss"    "data"     "call"
```

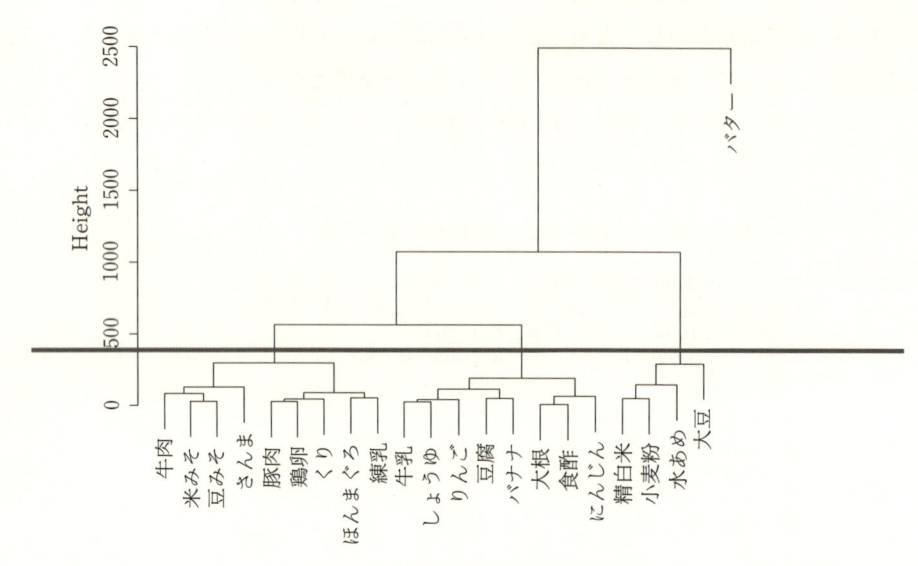

図 13.7 クラスター分析結果（デンドログラム）

　デンドログラムでは，バターが外れ値であり，バター以外で見ると大きく3個のクラスターに分かれることがわかります。図 13.7 の横の線の部分でグループを分けると，三つのグループに分かれることがわかります。

　では，このグループを分ける基準はどこからきているのでしょうか？

　この分け方は，先ほどの kcal で見た分け方と非常に似ています。そこで，kcal の大きさで三つのグループに分け，このグループを基準として樹形モデルを実行してみました。いろいろな手法を駆使してみることが重要です。S-PLUS では以下のようにしてそれを設定します。

```
* * * Tree Model * * *

Classification tree:
tree(formula=グループ～kcal+kJ+水分+タンパク質+脂質+
        炭水化物糖質+炭水化物繊維+灰分, data=食品 3,
        na.action=na.exclude, mincut=5, minsize=10, mindev=0.01)
```
このように指定

```
Variables actually used in tree construction:
[1]   "kcal"
Number of terminal nodes: 3
Residual mean deviance:0.278=5.004/18
Misclassification error rate:0.04762=1/21
node), split, n, deviance, yval, (yprob)
        * denotes terminal node
```

```
1) root 21 43.960 A (0.4286 0.381 0.1905)
  2) kcal<110 8 0.000 B (0.0000 1.000 0.0000) *
  3) kcal>110 13 16.050 A (0.6923 0.000 0.3077)
    6) kcal<228.5 8 0.000 A (1.0000 0.000 0.0000) *
    7) kcal>228.5 5 5.004 C (0.2000 0.000 0.8000) *
```

グラフにすると，図 13.8 のようになりました。

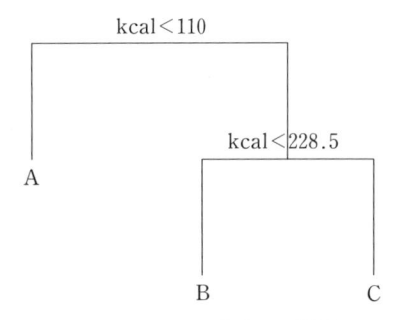

図 13.8　kcal で指定した結果

図 13.8 から，三つのグループは，kcal が 110 未満のグループと，110 以上 228.5 未満のグループ，228.5 以上のグループの大きく 3 種類に分かれることがわかります。そしてこの分類は，先ほどの全変数でのクラスター分析の結果と同じです。

つまり，全体の変数を考慮してクラスター分析を行い分類をするときには，kcal を重要視して分類を行ってくれていることがわかりました。

4．おわりに

クラスター分析について解説しました。これまでの説明で，「適切で，正確なグループの分類を行うことができる」というこの手法の長所がご理解いただけたと思います。

この手法を使うことで，例えばこの章の冒頭であげたような事例でも，「好み」についての調査結果データを元にこの手法を利用することで，生活者を分類することによりマーケティング的な問題を解決することが可能にもなりますし，他にもさまざまなところに応用することが可能な，非常に有益な手法です。

ただ，難点は通常の Excel ではできないことにあります。このような分析も Excel でできるようになれば，この手法がもっと普及すると筆者は考えているのですが。

このような手法を使用される際は，本書でもご紹介した S-PLUS のような専門の統計ソフトを導入されることをお勧めします。筆者も現在は S-PLUS を愛用しています。

第14章 自己組織化マップによる顧客行動モデリング
―Viscovery® SOMine/Profilerの活用法―

1. はじめに

　本章で説明する自己組織化マップ（SOM：Self-Organizing-Maps）は，人工ニューラルネットワーク（ANN：Artificial Neural Networks）の一種で，神経細胞が入力信号（感覚信号）に適応しながら成長することによって「概念」（＝物事を認識するための鋳型）が生じる仕組みを単純化して，工学的な応用やデータマイニングに利用できるようにしたものです。考案者の名前をとって「コホネン・ネットワーク」とか「コホネン特徴マップ」と呼ばれることもあります。こう言うと，なにやら高度で難解な印象を与えてしまうのですが心配は要りません。なぜならSOMは（ファジィ家電で一世を風靡した）ファジィ・システムなどと並んで，今日，ソフトコンピューティング（柔軟な情報処理）を構成する技術であり，本来，人に優しい技術だからです。SOMの理論はかなり高度な数理科学ですが，SOMデータマイニング・システムを活用する上では，理論の専門家になる必要はまったくありません。そればかりかビジネス・ユーザ（たとえばViscovery® Profilerユーザ）は，さほど高等な数学も統計学も気にする必要はありません。Viscovery®は，その優れたデータ視覚化機能により，これまで専門家にしか立ち入れなかったデータマイニングの世界を万人に開放します。SOMはデータマイニングの裏ワザなのです。

2. 多次元データ空間のモデリング

　オリジナルのSOM学習アルゴリズムはとてもシンプルですから，プログラミングの得意な人であれば一応動作する程度のプログラムを作成することも不可能ではありません。しかし，それだけで本格的なデータマイニングができるわけではありません。実用のためにはSOMの本質をよく理解した上で，研究者たちが長年にわたって研究・蓄積してきた様々な改良もシステムに実装しなければなりません。
　実際，SOMアルゴリズムを実装した製品は数多くありますが，残念ながら，そのほとんどは実用に堪えるレベルではありません。データマイニング・ユーザはまず正しいSOMソフトウェアを選択しなければなりません。安易に国内のブランド・イメージだけで選択するのは避けるべきです。Eudaptics社のViscovery®（http：//

2. 多次元データ空間のモデリング

www.mindware-jp.com/）は，考案者コホネン自身が国際学会での講演のなかで紹介する正統な市販 SOM ソフトウェアです。これを使うと SOM の本当の使い方がわかります。

　また従来のデータマイニングや統計解析の本では，SOM については根本的なところを誤解したまま書かれている場合があるのでご注意ください。比較的 SOM を肯定的に書いている本でも，学術書の説明をそのまま書き写して，読者を煙に巻いている場合が多いようです。本章では，一般ユーザが SOM を活用するうえで，ぜひとも知っておかなければならない根本的なことだけを平易に説明し，SOM の活用法のあらましを伝えたいと思います。ユーザが知っておかなければならない根本的なこととは，「SOM がどんな仕組みで学習するのか？」ではなく，「いったい何をやろうとしているのか？」です。

　SOM がやろうとしていることは，「多次元データ空間のモデリング」なのです。「多次元データ空間のモデリング」の概念を理解することは，ごく初歩的なことさえわかればぜんぜん難しいことではありません。本書第 2 章で散布図と単回帰の話がありました。p. 21 には x と y の関係が曲線で表現されるような（非線形の）場合，それを直線で要約する線形回帰は適切でないことが示されました。第 3 章の重回帰分析も，それはまったく同じです。そこで曲線でデータを要約することを考えなければなりません。しかし，一つ大きな問題に直面します。現実の現象を要約するためには，どのような曲線でも表せなければならないのですが，我々が数学で習った関数を総動員しても，そんなことは到底できそうにありません。

　そこで人工ニューラルネットワーク（ANN）が役に立ちます。じつは ANN というのは，データ（入力信号）に適応してどんな関数でも自在に作り出すことのできる便利な道具なのです。SOM はそれがさらに発展したもので，曲線（一次元）には限らず任意の次元数の「格子」でデータを要約（モデリング）するというものです。ただし，一般的にデータマイニング用の SOM では視覚化の目的のために 2 次元の格子を使って多次元データを要約します。

　図 14.1 は，散布図上のデータポイントを直線や曲線で要約したところを示しています。散布図は二つの変数の関係を示すために 2 次元座標で表されますが，これを多次元に拡張したところを想像してみてください。つまり，変数が三つなら 3 次元座標になりますし，1000 個あれば 1000 次元座標になります。多次元の座標空間に多変量データを布置（プロット）したものを「多次元データ空間」と考えてください（図 14.2）。1000 次元の座標空間は目で見ることができないので，実感が湧かないと思いますが，抽象的な思考を働かせてください。

　2 次元座標上でのデータの布置を直線や曲線で要約するということは，すなわち 2 次元の広がりを 1 次元に縮減しているのです。同様に多次元データ空間を要約するに

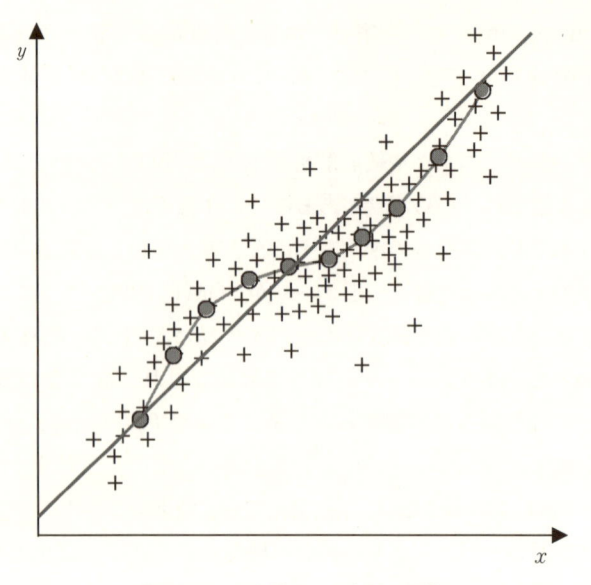

図 14.1　2 変量データ空間の要約

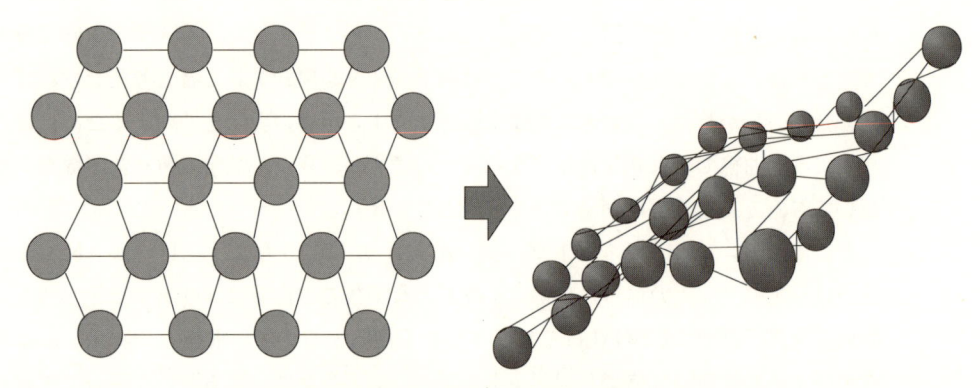

図 14.2　格子による多次元データ空間の要約（イメージ）

は，データの次元数（変数の数）よりも少ない次元の図形を用いればよいことになります。一般的なデータマイニング用の SOM で用いられる 2 次元の格子は，すなわち「曲面」を構成して多次元データ空間をモデリングします。

　たとえばデータ空間がサボテンの形をしているとしたら，サボテンの 1 枚 1 枚の葉の厚みは縮減されつつ，サボテンの全体的なうねりに沿って格子が成長するということになります。線形の主成分分析は，サボテンの全体的なシルエットだけを映しますが，サボテンが立体的にうねったりねじれたりしている場合，その部分の情報がスッパリ切り落とされます。それに対して，SOM の場合はサボテンの形に沿って格子が成長しますから，重要な情報の切り落としが生じません。このようなことから「SOM は非線形の主成分分析だ」という人もいます。

とにかくSOMが学習された後の状態は，格子（すなわちマップ）が多次元空間の中で曲がっています。その状態を人間が直接目で見ることはできません。そこで我々が見るSOMのマップは，格子の各交点（ノード）の座標値（ベクトル）を記憶して，2次元平面上に整列させたものです。たとえば1000次元の座標空間に布置されたデータポイントを目で見ることはできませんが，それを2次元の格子でモデリングすると，そのノードに記憶された値の並び方（位相的順序）は見ることができるようになります。

したがって，SOMのマップの本質は，ノードに記憶された「値」とその並び方にあります。見かけ上，四角形のマップですが，多次元データ空間内ではそれが変形されていますから，四角形の形に意味があるわけではありません。よく「マップの縦軸は何を意味し，横軸は何を示しているのか？」という質問を受けますが，そのようなことはまったく意図していません。

ノードに記憶された値は，多次元座標空間内でのノードの座標値（ベクトル）ですから，結果的にマップのノード値の集合は，元データと同じ次元数（変量）を持つ行列データになっています。したがって，もし100万件のレコードを持つ元データを2000個のノードを持つマップでモデリングすると，（単純計算で）データ容量が500分の1に圧縮されることになります。（マルチメディアの情報圧縮技術に「ベクトル量子化」というのがあるのですが，それはSOMと親戚のようなものです。）

各ノードは，多次元データ空間内でのノードの周辺に位置するデータポイント（全レコードの部分集合）を代表しているので，すべてのレコードはいずれかのノードと対応するようになっています。したがって，マップのノード値を解析することによって，大規模データを近似的に効率よく解析することができるというメリットが生じます。これはSOMの（たくさんある）メリットの一つです。たとえば，Viscovery®ではSOM上でWard法のクラスタ分析を行います。これによって大規模データのクラスタリングをインタラクティブに調べることができます。

3．素朴な「客観的事実」信仰からの脱却

SOMを使う上で最もネックになるのが，「SOMはいろいろな様相を示すけれど，いったいどれがデータの本当の姿なのだろうか？」という疑問が湧くことです。ここでSOMを正しく使うための重要な考え方について述べます。すなわち，それは「（唯一絶対の真理に等しい）客観的な事実を認識する（するべきだ）」という幻想を捨てることです。現実的な問題に対処するために，我々は単に「よりよい認識」が得られさえすればよいのです。

SOMが意味していることは，「そもそも認識とは感覚信号（入力信号）の写像で

ある」（註：写像とは二つの集合の構成要素間で対応関係があること）ということです。もともと認識と実在は対応関係こそあれ，どのような認識も実在と同一であるはずがないのです。

　SOM は実在を科学するのではなく，認識を科学する道具だというべきでしょう。SOM の強みは「認識」の本質に迫っているところです。SOM は格子を多次元データ空間に沿わせていますが，格子のどのノードを多次元データ空間のどの部分に対応させるかについては，いく通りもやり方があり得ます。（学習されていない「生」の素材としての個別のノードそのものには何ら本質的な差異はなく（また，あるべきではなく），ノードが持つ値の並び方（順序）が SOM の本質です。）常識的に言っても「ものの見方は十人十色」ですが，SOM はその現実をそのままに表現していると言えます。SOM が多くの尊敬すべき科学的な人々から理解されにくいのは，「実在を科学すること」と「認識を科学すること」が混同されているからです。

　じつは，そもそもニューラルネットワークの研究は心理学から端を発しています。そして，それをさらに遡ると 19 世紀から 20 世紀初頭にかけて心理学・哲学において発達した「認識論」があります。今日でも SOM がヨーロッパのドイツ語圏を中心にして発達しているのは，ウィーン（Eudaptics の本拠地）を中心とする心理学・哲学の伝統に関係があります。もちろん SOM の専門家も普段はそこまで遡って意識はしていないでしょうし，また心理学や哲学をいくら勉強しても，それだけでは SOM のアイデアにたどり着くことは（天才でない限り）できません。

　しかし，伝統的な環境の中にいるのといないのとでは，思考の根本的なところに違いがあるようです。その根本的なところとは，つまり，実在と現象と認識を混同させないで，別々のものとしてはっきりと意識するということではないかと思います。

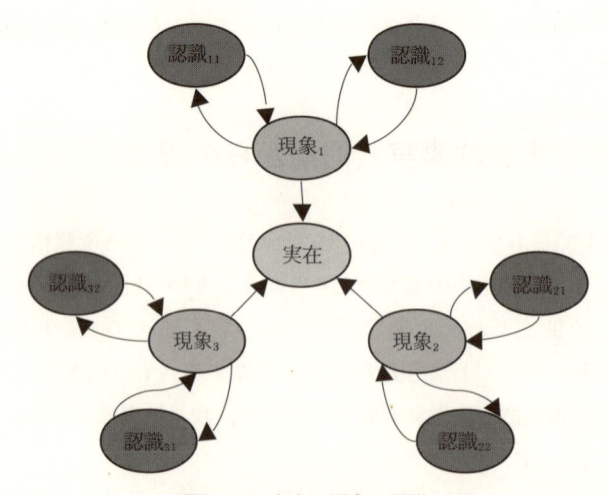

図 14.3　実在と現象と認識

3. 素朴な「客観的事実」信仰からの脱却

「実在」とは人間がそれを認識してもしなくても厳然と横たわっている「事実」そのものです。カントのいう「物自体」です。「現象」とは人間の意識に立ち現れる内容です。言い換えれば観測可能な事実です。SOM で言えば入力信号です。どのような入力信号も実在のすべてを表しているわけではありません。そして「認識」は，その「現象」をもとに構成される形式（構造・パターン）の適用であると考えられます。SOM は入力信号（現象）自身から形式（構造・パターン）が自己組織化して生成されることを表現しています。

ここで実在と現象，また現象と認識は連結していますが，実在と認識は直接つながっていないことに留意してください（図 14.3）。そして，一つの実在について無数の現象があり得ますし，一つの現象について無数の認識があり得ます。したがって認識は多様です。じつは，これは生命の種の保存という観点から言っても合理的なのです。もともと認識は画一化されるべきではなく，多様であるべきなのです。我々人間にとって可能なことは，現象と認識の間の関係をあれこれと吟味することによって，認識を（状況に応じて臨機応変に）よりよく再構成することです。我々人間が「客観的事実」に直接触れることはけっしてできないのです。

SOM が示すモデルは，（唯一絶対の）客観的事実であることを保証しているわけではありません。ここが従来の統計解析・多変量解析とは決定的に考え方の違うところです。SOM は「客観的な事実への認識」を与えるものではなく，様々な認識のあり方を客観化して示すことのできる道具なのです。SOM のマップがいろいろな様相を示すのは欠点ではなく，むしろ長所なのです。したがって，ユーザは，一つのプロジェクトでいくつものマップ（モデル）を作成して，その中からよりよいものを採択することができます。

そこで「どのようなマップがよいマップなのか」という問題が生じます。できるだけシンプルな構造を示すマップで，かつ，よりよく問題に適応する（より多くのケースに当てはまる）マップが，「よいマップ」ということになります。（これはポパーなどの科学哲学の観点から見ても妥当な評価の仕方と思われます。）場合によっては，SOM と他の最適化手法を組み合わせ，SOM で作成されたたくさんのモデルの中からよりよいものを選択することも有益です。ただし，少しずつパラメータを変えて何千通りものマップを作ったとしても，ほとんどのマップには本質的な違いはないので，実際に作成するマップの数は 10 数個程度で，たいていの問題は解決できるはずです。つまり直交表による実験計画法が使えます。

そして，さらには異なるモデルを示す複数のマップを併用して，つまりアンサンブルで問題に適用することができます。SOM を有効に活用する極意はこのへんにあります。

4. 対話による知識発見

　実験計画法などのマップの最適化は，一定の手順を踏めば特別な熟練を必要とせずに合理的な結果を得ることができます。しかし，熟練したViscovery®ユーザは，得られたマップを観察して変数の重要度を増減する（すなわち対話的にマップを作成する）ことによって，最適なマップを探索することもできます。Viscovery®の場合，マップ作成時にユーザが調整する主要な項目は，「変数選択」（どの変数を学習に寄与させるか）と「重要度係数（変数の重要度：Priority factor）」と「ノード数」，「張力」です。中でも，最も本質的な調整は「変数選択」と「重要度係数」です。

　Viscovery®でないオリジナルのSOMの場合，このほかにマップの初期値を与える乱数や学習率係数α（学習の各段階におけるノード値の更新幅で学習の進行に伴い減少していく）によっても，マップの結果が異なります。SOMの実用性を問題視する意見の多くは，ほとんどこのことに由来しているのですが，実際には，「線形の初期化」や「バッチSOMアルゴリズム」などの改良によって，これらの問題はすでに解決済みです。Viscovery®では，きわめて高いロバスト性が実現されているので，ユーザは変数の重要度に関心を集中させてデータマイニング・プロセスを進めることができます（図14.4）。

　ほとんどの実測データでは，変数ごとに尺度が異なるので，SOMにデータを入力する際には，これを同じ尺度に合わせる（正規化の）ためのデータ前処理が必要です。この基本的な処理はViscovery®が自動で行いますが，重要度係数の設定はユーザが意図的に行います。それは各変数に係数を掛けることであり，すなわち正規化されたデータ空間を「変形」することを意味します。このことは上記の「客観的事実」の問題と絡んで理解されにくいSOMの活用法の一つです。旧来の考え方からすると，とても科学的な方法とは思えないに違いありません。

　しかしながら，「認識」という観点からはこれが当たり前なのです。渡辺慧著『認識とパタン』（岩波新書）という古典的名著の中に，「醜い家鴨の仔の定理」というのがあって，純粋な論理の上ではすべての2物の間での類似度はすべて同じになることが示されています。すなわち，物事の判別が可能になるように類似度に差をつけるためには，どの述語的特性を他の述語的特性よりも重要とするかが与えられる必要があります。すべての「認識」は暗黙的にそのような情報の取捨選択，重み付けがされた結果です。つまり，それはSOMの上では「変数選択」と「重要度係数」です。通常では暗黙的に行われる情報の取捨選択，重み付けを明示的に行い，その結果を比較することによって潜在的な知識を発見するのがSOMの本当の使い方です。

　SOMを使った実際的な知識発見のテクニックにはいろいろあるので，少ない紙数

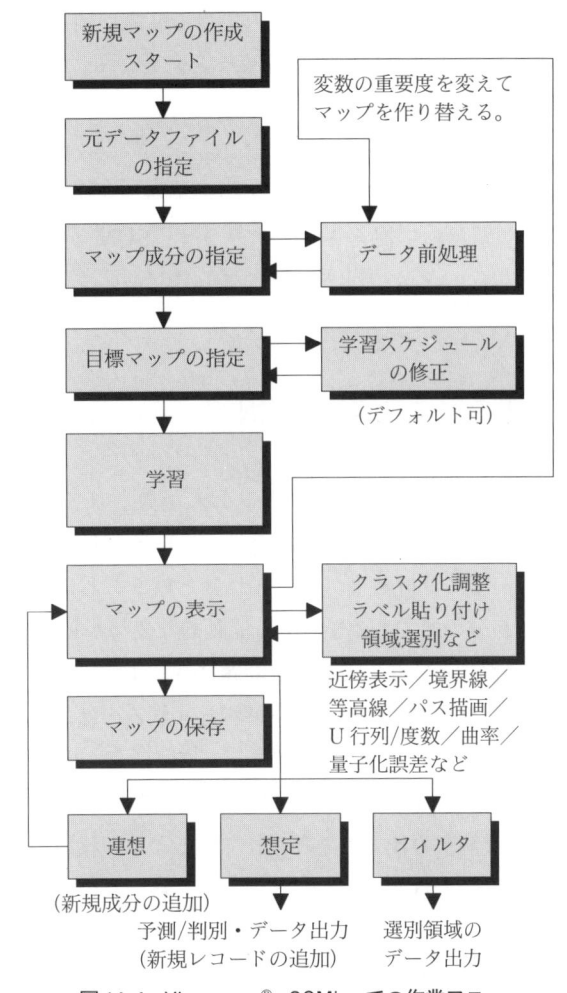

図 14.4 Viscovery® SOMine での作業フロー

でそのすべてを紹介することはできません。しかし，そのすべての基本は「客観性」についてのこれまでの素朴な信念を捨てるところから始まります。くれぐれも SOM の結果を「客観的なクラスタリング」だと誤解しないでください。そのようなものはもともと存在しておりません。SOM は「認識」の一例一例を表現しているだけです。ユーザは受身で SOM から計算結果としての客観的な知識が与えられるわけではありません。能動的に SOM と対話してください。対話のカギは「変数選択」と「重要度係数」です。

　古来より哲学で「弁証法」というのが論じられてきました。いろいろな哲学者があまりにいろいろなことを言っているので，残念ながら「弁証法」の定義は一定しておりません。しかし，おおよそのことで言えば「対話」であり，つまり，それは複数の

異なる意見が相互作用することによって，より高次な認識に到ることができる，という論法です。日本でも「3人寄れば文殊の知恵」と言います。SOMを効果的に活用するには，まず根底にこのような発想を持つべきです。

今日，KDD（Knowledge Discovery in Database：データベースからの知識発見）ということが，様々な学会で関心の的になっています。つまり，それはまだまだ学術的に研究されるべき問題として捉えられております。SOMから発想すると，KDDプロセスは弁証法であるべきなのですが，そのことに気づいている人は意外と少ないかも知れません。

5. 要素マップの見方と変数選択

Viscovery®ではSOMと統計学を融合する工夫がなされてはいますが，普通のSOMでは単にデータを要約したノード値が集まっているだけです。データに一定の「計算式」を適用して一意に分析結果が与えられるということは意味していません。SOMのユーザには，自分の頭でものを考える能動的な姿勢が必要です。

そこで「マップの解釈」ということがよく問題にされます。これは非常にデリケートな問題です。多変量解析でも「解析結果を解釈しすぎるのは，ロールシャッハ・テストと同じことで好ましくない」と言われます。このことはSOMについても当てはまります。一般にSOMのマップの読み方についての基準が明確にされていないので，学会でもいろいろな解釈の仕方が発表されているのが現状です。なかには極度に神秘的な主張がされる場合すらあるかもしれません。最悪なのはSOMの結果からいろいろと勝手な解釈をして，その解釈を客観的事実とすり替えて主張をすることです。これはSOMの問題点（正確にいうとSOMの使い手の問題）と言えなくもありません。

しかしながら，本章の最初に述べたように，「SOMはデータ空間のモデリングだ」ということを念頭においてマップを見ると，余計な解釈をすることは避けられるはずです。言い換えれば，マップ自体がデータに関する一つの可能な解釈（モデル）を示しているわけですから，それをさらに解釈しなおす必要はないのです。あるがままに読み取ればよいだけなのです。

SOMのマップを読むのに重要なのが「要素マップ」（component map：変数成分のマップ）です。巷の本では「SOMはオブザベーション（データレコード）をポジショニングしたマップしか得られない」と書かれていることがありますが，それは完全に間違いです。SOMは元データの次元数（変数の数）と同じ次元数を持ったノード値の集合ですから，ノード値から各変数成分だけ抽出して視覚化するマップを作成することができます。それが要素マップです。Viscovery®の要素マップでは，各変

数の値の高いノードを赤色で，低いノードを青色で表示し，その中間を色相の順序に従って着色しています（図14.5）。

　要素マップを見て，まず「マップの左上は変数Aが高くBが低い，マップの右下は変数Aが低くBが高い」などというように，あるがままに読み取ればよいわけです。同時に，Viscovery®ではクラスタの境界線を表示させることができますから，読み取った結果から各クラスタの特徴を同定することができます。たとえば多店舗展開している企業の店舗の売上データですと，「クラスタAは都心型で高収益の店舗，クラスタBは郊外型で高収益の店舗，クラスタCは都心型で低収益の店舗」というような解釈がなされるわけです。

　さらに要素マップでは，変数同士の相関が読み取れます。値の高いところと低いところの形（位置関係）が同じようになっていると相関があり，逆の形になっていると負の相関がある，ということになります。人によれば相関係数という形で明確な数値で表されていないことに不満を持つかもしれませんが，相関係数は表面的な数値の大小だけでしか判断できませんが，SOMの場合は，「このへんは傾向が一致しているが，このへんは一致していない」など見たままでより多くの情報が得られます。

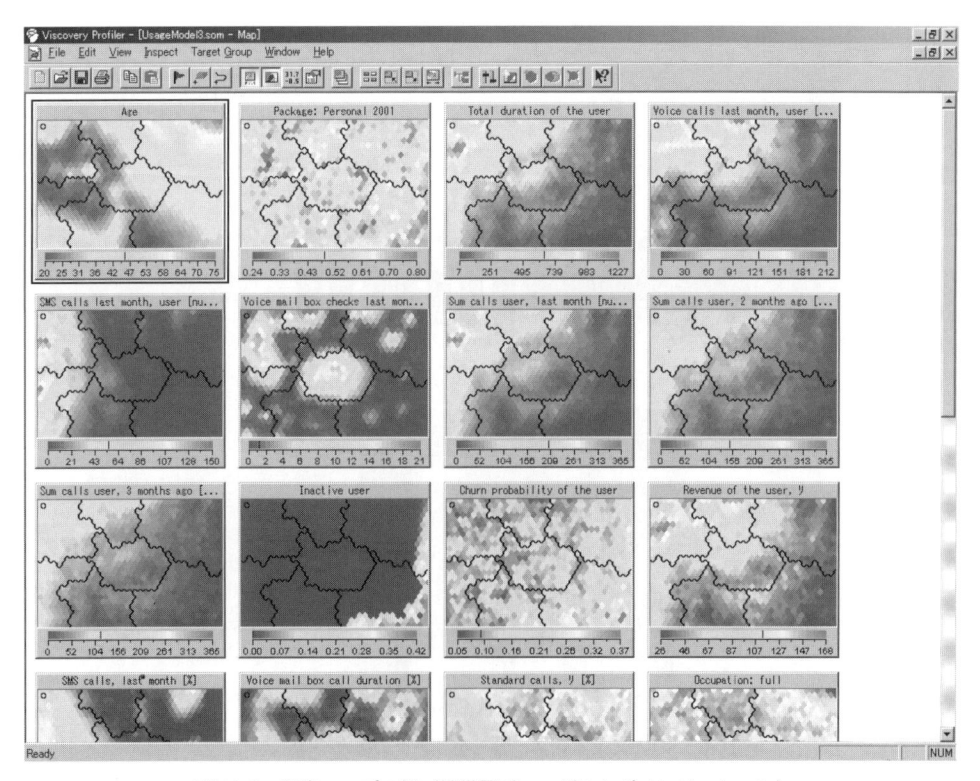

図14.5　要素マップの例（携帯電話ユーザのセグメンテーション）

そして，要素マップの値の高いところ低いところが，ある程度まとまって明確な傾向を示している変数は，マップの順序付け（秩序の生成）により強く寄与しており，要素マップが散り散りになっている変数は，マップの順序付けにあまり寄与していません。変数選択および重要度係数設定の一つの方法として，順序付けに強く寄与している変数により大きな重要度係数を与え，あまり寄与していない変数には小さな重要度係数を与えます。すなわち順序付けに強く寄与している変数を主要変数とします。重要度係数は，"1"を基準として，重要度の高い場合は1より大きな値，重要度の低い場合は"0"から"1"の間の小数を与えます。重要度係数を"0"としてデータを入力する場合，その変数はSOMに提示され要素マップが作成されますが，マップの順序づけにはまったく寄与しません。これは予測問題のときに重要な意味を持ってきます。

6．顧客行動モデリング

さて，SOMはどんなことに使えるのか，具体的な応用について述べます。結果的にSOMのマップは，ノードが持つベクトルがその類似性（距離）によってきれいに並んでいます。つまり，近くにあるノード同士は類似したベクトルを持っています。たとえば，小売業の顧客の購買データをSOMで学習すると，似た購買行動を示す顧客が近くのノードに対応するように，顧客がマップ上に並ぶことになります（図14.6）。

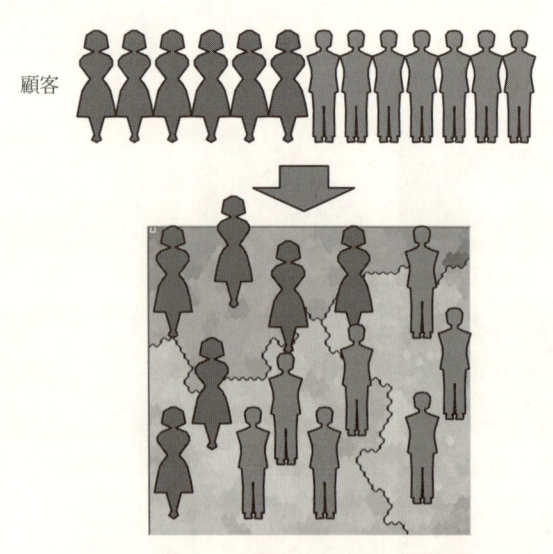

図14.6　SOMによる顧客行動モデリングの概念

図14.7は，あるCDショップの顧客の購買データをマップにしたものです。顧客各人が上位100人のアーティストについて，過去にいくらのCD代金を支払ったかというデータに基づいています。したがってマップのノードには，実際の顧客が対応しています。顧客IDをマップにラベルづけすることもできますが，顧客IDを眺めても何もわからないので，この場合は，要素マップ（すなわち，この場合はアーティスト）の値の高いところ（局所的な最大値）にアーティスト名をラベル付けしました。したがって，ラベル付けされた周辺には，そのアーティストに強く反応する顧客がいることを意味します。

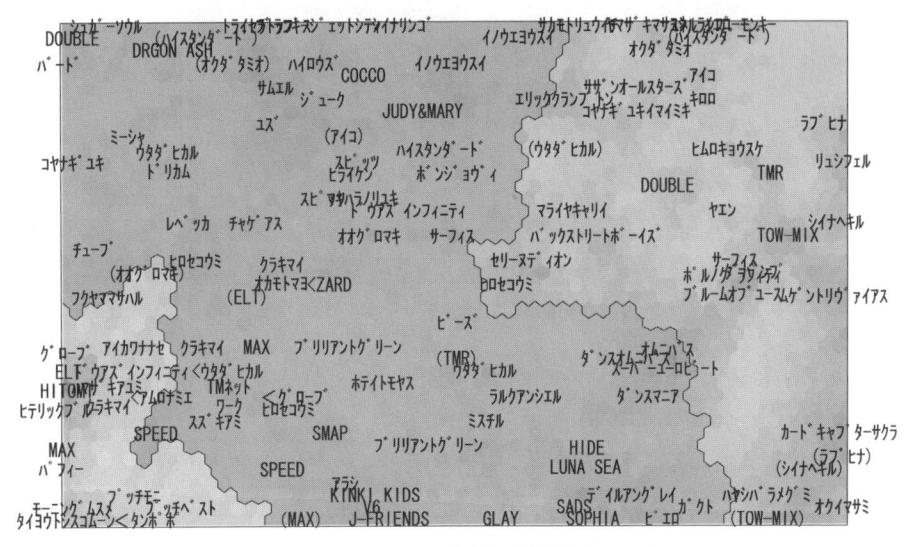

図14.7 CDショップ顧客の購買行動マップ

結果として図14.7のマップは，音楽業界の地図になっています。ラベル付けされたアーティスト名を眺めると，マップの各領域の顧客がどのような音楽的嗜好を持っているかが掴めます。たとえばアイドル・ファンの領域，女性ボーカル・ファンの領域，ロックバンド・ファンの領域，洋楽ファンの領域などが見て取れます。また，各アーティストの要素マップの形を見比べることによって，アーティスト間の相関（競合）が読み取れます。こうした知見は，CDショップのみならず，レコード会社やマスコミ各社，広告業界などにも重要なはずです。

SOMを使って特定商品のキャンペーンを計画するのは，じつに直感的で単純明快です。たとえば浜崎あゆみの新譜キャンペーンを行うには，浜崎あゆみをよく買っている顧客のノードとその近傍のノードの顧客にキャンペーンを行えばよいのです。ここで近傍には2種類あります。マップ上の位相的近傍とデータ空間での近傍です。マップ上の位相的近傍は，マップ上での隣接するノードです。一方，データ空間での近

傍は Viscovery® の近傍表示機能を使うと赤い点で表示されます。さらに領域選別機能とフィルタ機能を併用すると，近傍の顧客をデータから抽出することができます。

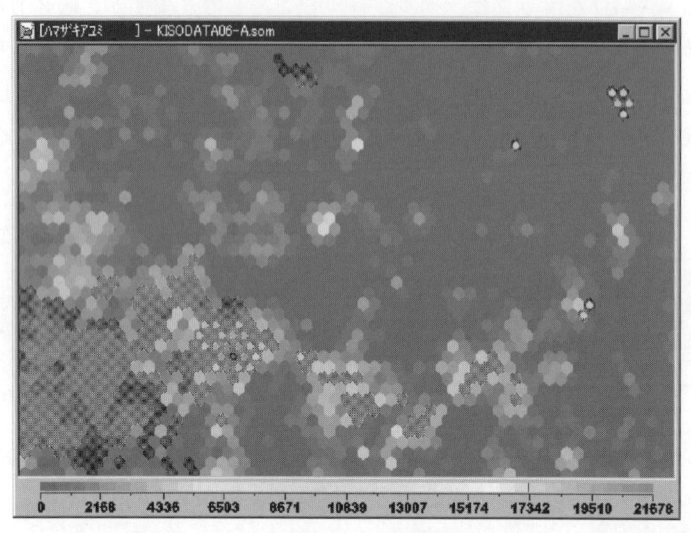

図 14.8　浜崎あゆみの要素マップ

近傍領域の顧客は，仮に浜崎あゆみの CD を購入したことがなくても，購買行動の全体的なパターンが浜崎あゆみのファンと類似していることを意味します（図14.8）。つまり，浜崎あゆみの「隠れファン（潜在顧客）」です。今日ミリオン・セラーの新譜 CD は，予約をしない限り入手が困難です。隠れファンは，アーティストに興味を持ちながらも，購入の機会を逸している可能性があります。アーティストの隠れファンを同定して的確なキャンペーンを行うことは，CD ショップの売上を確実に伸ばします。

　Eudaptics 社の本拠地であるヨーロッパ市場では，すでに大手の金融機関，小売業，通信事業の CBM（Customer Behavior Modeling：顧客行動モデル）のソリューションとして導入が進んでいます。ヨーロッパでもこの数年，CRM ブームがありましたが，現在では CRM から CBM へとトレンドが変わっています。米国の調査会社 META Group のレポートは，CBM 市場における Viscovery® のデータ視覚化機能の優位性にとくに注目しています。

第15章　役に立つS-PLUSの関数と利用法

とても身近なデータマイニングツールであるExcelでも，その機能を使いこなせばかなりの分析ができることがおわかりいただけたと思います。初心者の方ならそれだけでも十分だと思います。

しかし，さらに高度な分析を習得していくためにはやはり，Excelでは限界があります。そこで本書ではS-PLUSの事例も紹介してきました。本章では，より高度な分析を習得することを目指される方に向けて，統計ソフトS-PLUSに搭載されている大変便利な関数を紹介します。

統計パッケージS-PLUSは一見複雑で面倒なデータマイニングをいとも簡単にやってくれるいろいろ役に立つ関数をサポートしています。

より高いレベルを目指す方のための導入書として，活用してください。

なお，#以下は筆者のコメントです。

1．Excelデータを読み込む

ExcelなどのデータをコピーしてそのままS-PLUSのデータとすることが簡単にできます。Excelで対象データをコピーし，S-PLUSで以下のようにすると，

>年月データ<-read.table("clipboard", header＝T)

データが年月データとしてS-PLUSに入ります。

年月データ

年月	データ
1991年7月	599.3
1991年8月	606.5
1991年9月	620.0
1991年10月	621.8
1991年11月	621.8
1991年12月	639.0
1992年1月	687.7
1992年2月	699.5
1992年3月	736.5
1992年4月	776.2
1992年5月	744.6
1992年6月	711.2
1992年7月	701.3
1992年8月	729.2

2．グラフを描く

（1） 棒グラフを描く関数
＞cname＜-c("390円","500円","630円")
＞barplot(c(2.90,0.4,5),name＝cname)

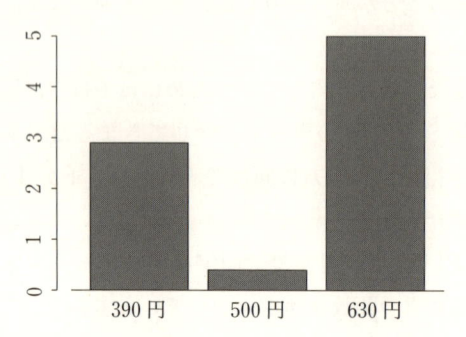

（2） 散布図を描く関数
＞pairs(hald[,c(1,2,5)])# hald は「3．行列データの計算」に出てきます。

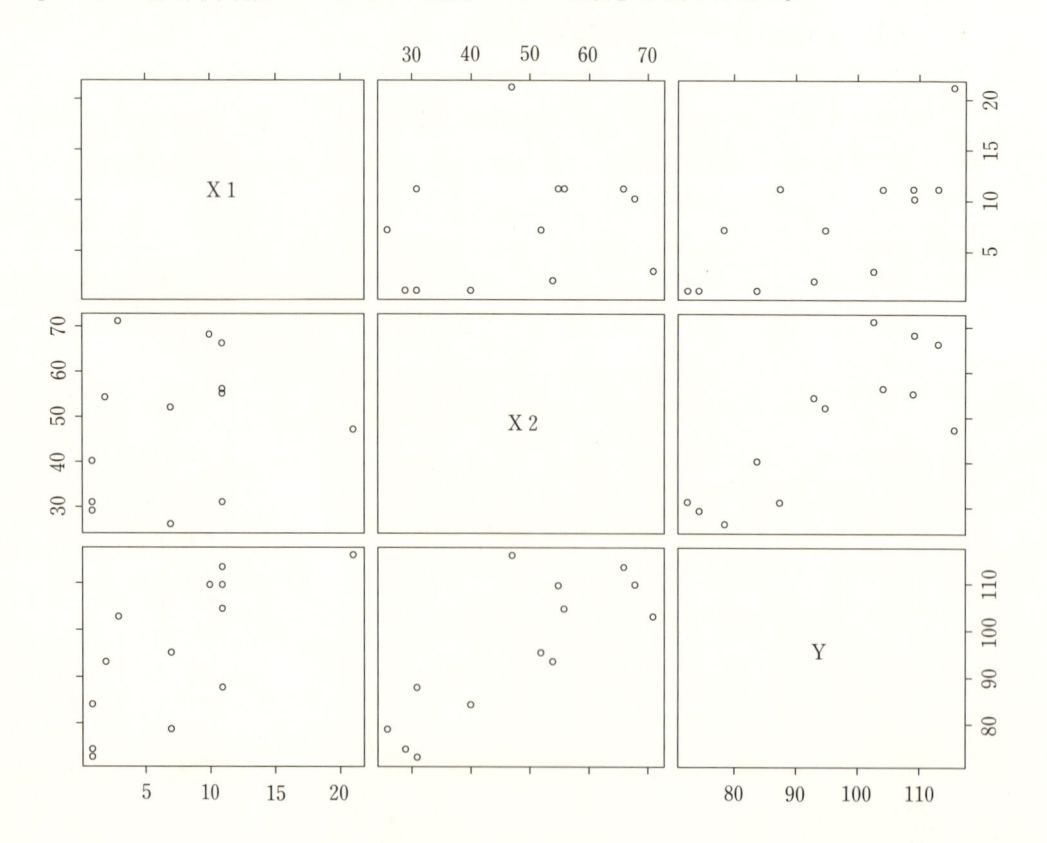

2．グラフを描く

（3） ヒストグラムを描く関数

＞hist(rnorm(1000))#正規乱数を1000発生してヒストグラムを描きます。

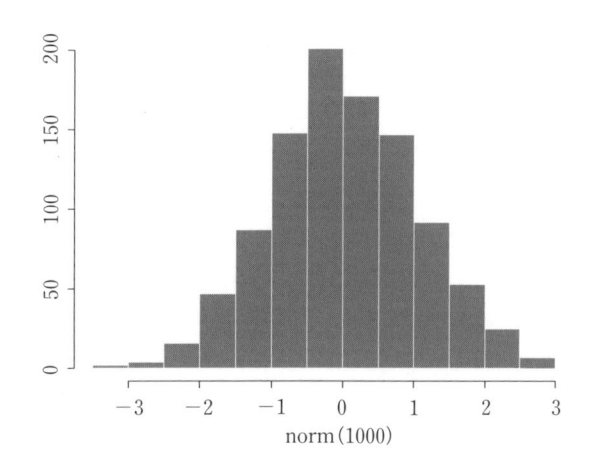

（4） 折れ線グラフを描く関数

plot(y,pch＝"＊",type＝"b")

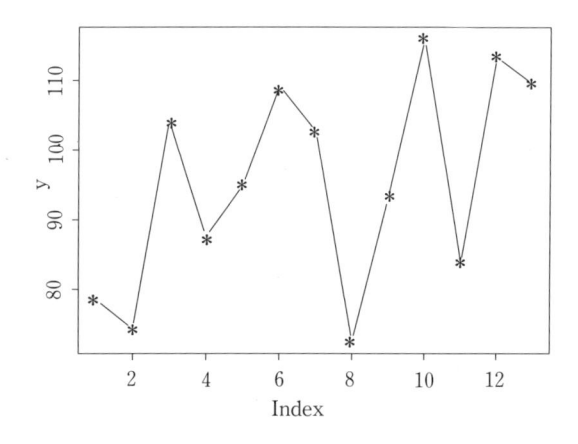

（5） 幹葉図（stemleaf）を描く関数

＞stem(rnorm(100,10,3))#平均10標準偏差3の正規乱数を100発生させ幹葉図を描きます。結果は次のようになります。

N＝100　Median＝10.58343
Quartiles＝8.19089, 12.4772
Decimal point is at the colon

```
 3 : 3
 4 : 01239
 5 : 2459
 6 : 013456
 7 : 01113669
 8 : 133346677
 9 : 1233446
10 : 12223445566799
11 : 0001112335568
12 : 0023334555889
13 : 013557
14 : 013
15 : 3344444
16 : 0489
```

上からデータが 3.3, 4.0, 4.1, 4.2, … であることがわかります。幹葉図の利点はヒストグラムのような形状グラフを描き，しかも元のデータが読み取れることです。

3．行列データの計算

以下の hald のデータを使って説明します。

	X1	X2	X3	X4	Y
r 1	7	26	6	60	78.5
r 2	1	29	15	52	74.3
r 3	11	56	8	20	104.3
r 4	11	31	8	47	87.6
r 5	7	52	6	33	95.0
r 6	11	55	9	22	109.2
r 7	3	71	17	6	102.7
r 8	1	31	22	44	72.5
r 9	2	54	18	22	93.1
r 10	21	47	4	26	115.9
r 11	1	40	23	34	83.8
r 12	11	66	9	12	113.3
r 13	10	68	8	12	109.4

各変数の平均を求める

関数 apply を使います（#以下はコメントです）。

>apply(hald,2,mean)#2 は列を示します（1 は行です）。mean は平均を意味します。
```
      X1        X2        X3      X4        Y
 7.461538  48.15385  11.76923   30   95.35385
```
>apply(hald,2,median)# median は中央値を意味します。

	X1	X2	X3	X4	Y
	7	52	9	26	95

>apply(hald,1,median)# 1 は行を示します。

r1	r2	r3	r4	r5	r6	r7	r8	r9	r10	r11	r12	r13
26	29	20	31	33	22	17	31	22	26	34	12	12

4．クラスター分析

クラスター分析のデンドログラム（樹形図）を作ります。

ソースは以下のようになります。

>dendorogram
function(X)
{plclust(hclust(dist(X)))
}

実行例は以下のようになります。

>dendorogram(x)
$X:
 [1] 1 4 10 2 12 11 6 5 9 13 3 7 8
$Y:
 [1] 7.747679 3.935595 −4.431570 7.747679 9.671886 −4.431570 6.866668 3.935595
 6.866668 9.671886 15.679968
[12] −4.431570 −4.431570
$Xn:
 [1] 10.50000 7.50000 4.50000 9.75000 6.75000 1.50000 12.50000 3.75000 11.12500
 2.62500 8.93750 5.78125
$Yn:
 [1] 2.44949 2.44949 10.81665 13.74773 13.74773 14.62874 16.55295 22.56103
 24.93993 34.59769 38.32754 71.26009

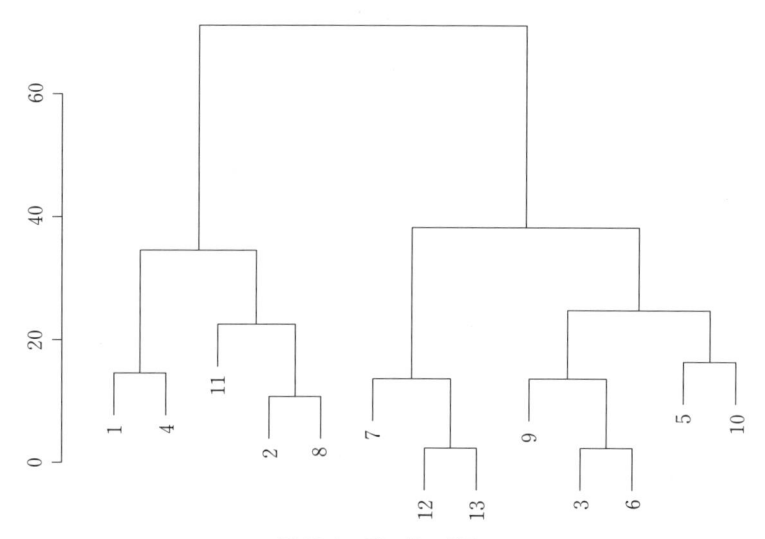

図15.1　デンドログラム

5. 不等間隔の2次の直交多項式を求める

不等間隔の2次の直交多項式を求めるには，以下のように実行します．

```
>poy2
function(X)
{
        u<-x-mean(X)
        u2<-u^2-(mean(u^3)/mean(u^2))*u-mean(u^2)
        cbind(u, u2)
}
>poy2(Y)
                u               u2
 [1,]   -16.8538462       31.18576
 [2,]   -21.0538462      179.44068
 [3,]     8.9461538     -105.52302
 [4,]    -7.7538462     -169.00323
 [5,]    -0.3538462     -209.69427
 [6,]    13.8461538       18.94291
 [7,]     7.3461538     -135.76496
 [8,]   -22.8538462      253.77850
 [9,]    -2.2538462     -209.69657
[10,]    20.5461538      266.85101
[11,]   -11.5538462     -105.54783
[12,]    17.9461538      159.98787
[13,]    14.0461538       25.04315
```

ここで相関係数を求めるには以下のようにします．

cor(poy2)(Y))

その実行結果は，

```
             u               u2
u    1.000000 e+000   8.983028 e-016
u2   8.983028 e-016   1.000000 e+000
```

となっています．ここから，単位行列になっていることがわかります．

6. 偏相関係数を求める

偏相関係数を求める関数は，以下のようになります．

```
>partial
function(X)
{pc<-  -pen((X))/sqrt(diag(pen((X))))%o% sqrt(diag(pen((X))))
        round(pc, 3)
}
>pen
function(X)
{
        p<-qrr(x, perm.ok=F)
        Q<-p$q
        R<-p$r
        Apen<-t(R)%*% solve(R%*%t(R))%*% solve(t(Q)%*%Q)%*%t(Q)
        Apen
}
```

```
qrr
function(x, perm.ok=T)
{
        xqr<-qr(x)
        rank<-xqr$ra
        pivot<-xqr$pivot
        r<-xqr$qr[1:rank,  ,drop=F]
        r[col(r)<row(r)]<-0
        if(!perm.ok)
                r<-r[, order(pivot)]
        q<-qr.qy(xqr, diag(nrow(X)))[, 1:rank, drop=F]
        list(q=q, r=r, rank=rank, pivot=pivot)
}
```

例えば，データ hald の相関係数を求めるには

cor(hald)

を実行します。

その結果は，

	Y	X1	X2	X3	X4
Y	1.0000000	0.7311235	0.8150369	−0.5301910	−0.8222154
X1	0.7311235	1.0000000	0.2285795	−0.8241338	−0.2454451
X2	0.8150369	0.2285795	1.0000000	−0.1392424	−0.9729550
X3	−0.5301910	−0.8241338	−0.1392424	1.0000000	0.0295370
X4	−0.8222154	−0.2454451	−0.9729550	0.0295370	1.0000000

となりました。

偏相関係数を求めるには

partial(hald)

を実行します。

その結果は，

	[,1]	[,2]	[,3]	[,4]	[,5]
Y	−1.000	0.591	0.223	0.045	−0.091
X1	0.591	−1.000	−0.879	−0.821	−0.715
X2	0.223	−0.879	−1.000	−0.947	−0.949
X3	0.045	−0.821	−0.947	−1.000	−0.957
X4	−0.091	−0.715	−0.949	−0.957	−1.000

\>

となります。

7．回帰式で予測する

回帰式の予測は，以下のような関数になります。

```
>pred
function(x, y, z)# x が説明変数，y が被説明変数，z が予測したい説明変数
{
        cbind(1, z)%*% lsfit(x, y)$co
}
```

実際に実行すると，例えば以下のようになります。

```
>pred(x[,c(1,2)], y, x[10:13,c(1,2)])
        [,1]
r 10   114.4944
r 11    80.4657
r 12   112.3504
r 13   112.2021
```

8. 回帰分析関数を作る

回帰分析関数を作るには，以下のようにします。

```
>solve(t(cbind(1,X))%*%(cbind(1,X)))%*%t(cbind(1,X))%*%y
        [,1]
     65.655600
X 1   1.545980
X 2   0.467783
X 3   0.097293
X 4  -0.183592
>
```

これは

```
>lsfit(X,Y)$co
```

の実行結果である

Intercept	X 1	X 2	X 3	X 4
65.6556	1.54598	0.4677829	0.09729261	-0.1835916

と同じ結果となっています。

このように，S-PLUS では簡単に関数を作ることができます。ほかにも，有用な関数を簡単にご紹介します。

9. Mallows の説明変数規準 Cp を用いて最適な説明変数を求める

```
>cpue
function(x, y)# x が説明変数，y が被説明変数
{       m<-leaps(x, y)# leaps という関数を使用しています。
        m$label[m$Cp==min(m$Cp)]
}
>cpue(x,y)
[1]  "X1,X2,X4"#が最適な説明変数
```

10. 行列データの任意の行・列の併合

```
>gmall
function(x, a, b)#Xが行列データ，aが行を併合する指示ベクトル，bが列を併合する指示ベクトル
{   tapply(c(t(x)), list(rep(1, ncol(x))%o%a, rep(b, nrow(x))), sum)
```

}
>gmall(x,1:13,c(1,1,1,2))#行はこのままで，列は 1，2，3 列を併合
     1 2
 1 39 60
 2 45 52
 3 75 20
 4 50 47
 5 65 33
 6 75 22
 7 91 6
 8 54 44
 9 74 22
10 72 26
11 64 34
12 86 12
13 86 12
>gmall(x,1:13,c(1,2,1,2))#行はそのままで，1 列と 3 列を併合，2 列と 4 列を併合
     1 2
 1 13 86
 2 16 81
 3 19 76
 4 19 78
 5 13 85
 6 20 77
 7 20 77
 8 23 75
 9 20 76
10 25 73
11 24 74
12 20 78
13 18 80
>gmall(x,c(1,1,1,1,1,1,2,2,2,2,2,2,2),c(1,2,1,2))#1 行 6 行まで併合，7 行から 13 行まで併合，1 列と
                                           # 3 列を併合，2 列と 4 列を併合
     1   2
 1 100 483
 2 150 533

11．万能分散分析関数

>anovaall
function(data, dmat, expression)
{
        fac<-design(dmat, factor.names=LETTERS[1:ncol(dmat)])
        data.fac<-data.frame(fac, data)
        summary.aov(aov(paste("data～ ", expression), data.fac))
}

事 例

>18#Ｌ8 直交表
      [,1] [,2] [,3] [,4] [,5] [,6] [,7]
 [1,]   1   1   1   1   1   1   1
 [2,]   1   1   1   2   2   2   2
 [3,]   1   2   2   1   1   2   2
 [4,]   1   2   2   2   2   1   1
 [5,]   2   1   2   1   2   1   2

```
[6,]   2  1  2  2  1  2  1
[7,]   2  2  1  1  2  2  1
[8,]   2  2  1  2  1  1  2
>
>anovaall(c(1,2,1,4,3,4,2,5),l8,"A+B+D")
            Df   Sum of Sq   Mean Sq    F Value    Pr(F)
       A    1       4.5       4.500      7.2     0.0550406
       B    1       0.5       0.500      0.8     0.4216483
       D    1       8.0       8.000     12.8     0.0232152
 Residuals  4       2.5       0.625
```

要因Aは危険率5.5％，Dは2.3％で有意であることがわかります．

12．万能回帰分析関数

```
>lsfitall
function(x, y)
{
        n<-nrow(x)
        k<-ncol(x)
        co<-pen(cbind(1, x))%*%y
        estm<-cbind(1, x)%*%co
        res<-y-estm
        r2<-cor(y, estm)
        rres<-res/y * 100
        sawa<-1-((1-r2^2)*(n-1)*(n-2))/(n-k-1)/(n-k-2)
        haga<-1-((1-r2^2)*(n-1)*(n+k+1))/(n-k-1)/(n+1)
        aic<-n * log(1-r2^2)+2 * k
        ueda<-1-((1-r2^2)*(n+k+1))/(n-k-1)
        list(co=co, estm=estm, res=res, r2=r2, rres=rres, aic=aic, sawa=sawa, haga=haga,
ueda=ueda)
}
```

13．0,1データを作る

```
>vm
function(vec, n)
{   n1<-length(vec)
        X<-matrix(rep(0, n * n1), ncol=n)
        for(i in 1:n)
            X[vec==i, i]<-1
        X
}
>
```

事　例

```
>q1
[1]  1 2 3 1 2 3 1 2 3
>q2
[1]  1 2 1 2 1 2 1 2 1
>cbind(vm(q1,3),vm(q2,2))
      [,1] [,2] [,3] [,4] [,5]
[1,]   1    0    0    1    0
```

```
[2,]    0    1    0    0    1
[3,]    0    0    1    1    0
[4,]    1    0    0    0    1
[5,]    0    1    0    1    0
[6,]    0    0    1    0    1
[7,]    1    0    0    1    0
[8,]    0    1    0    0    1
[9,]    0    0    1    1    0
```

14．ソート

```
>Y
 [1]  78.5  74.3 104.3  87.6  95.0 109.2 102.7  72.5  93.1 115.9
[11]  83.8 113.3 109.4
>sort(Y)#小さい順にソートする
 [1]  72.5  74.3  78.5  83.8  87.6  93.1  95.0 102.7 104.3 109.2
[11] 109.4 113.3 115.9
>rev(sort(Y))#大きい順にソートする
 [1] 115.9 113.3 109.4 109.2 104.3 102.7  95.0  93.1  87.6  83.8
[11]  78.5  74.3  72.5
```

行列のソート

データ hald の1列（X 1）をソートします。

```
>hald[order(hald[,1]),]
      X1   X2   X3   X4      Y
 r 2    1   29   15   52   74.3
 r 8    1   31   22   44   72.5
 r 11   1   40   23   34   83.8
 r 9    2   54   18   22   93.1
 r 7    3   71   17    6  102.7
 r 1    7   26    6   60   78.5
 r 5    7   52    6   33   95.0
 r 13  10   68    8   12  109.4
 r 3   11   56    8   20  104.3
 r 4   11   31    8   47   87.6
 r 6   11   55    9   22  109.2
 r 12  11   66    9   12  113.3
 r 10  21   47    4   26  115.9
```

15．分散分析を段階的に行い最適なモデルを求める

表 15.1 のようなデータがあります。これらの説明要因として，最適な組合せを S-PLUS を利用して求めます。

以下のように指定すれば，自動的に AIC（赤池の情報量規準）を用いて最適な要因を求めてくれます。

表 15.1 計画行列とデータ

水の量	入れるもの	米の量	とぐ回数	平均
目盛より 2 mm 少なめ	入れない	3 合	3 回	9.75
目盛より 3 mm 少なめ	昆布	3 合	3 回	8.25
目盛より 4 mm 少なめ	昆布	3 合	2 回	8.25
目盛より 2 mm 少なめ	備長炭	3 合	4 回	8.50
目盛より 3 mm 少なめ	備長炭	3 合	3 回	8.75
目盛	入れない	3 合	2 回	8.25
目盛	昆布	3 合	4 回	8.00
目盛より 2 mm 少なめ	昆布	3 合	2 回	9.25
目盛より 3 mm 少なめ	備長炭	3 合	3 回	9.75
目盛より 4 mm 少なめ	入れない	3 合	4 回	8.25
目盛より 2 mm 少なめ	入れない	3 合	2 回	9.00
目盛より 1 mm 少なめ	備長炭	5 合	3 回	10.00
目盛より 1 mm 少なめ	備長炭	3 合	3 回	10.00
目盛より 1 mm 少なめ	備長炭	4 合	3 回	9.75
目盛より 2 mm 少なめ	備長炭	4 合	3 回	9.75
目盛より 1 mm 少なめ	備長炭	5 合	3 回	8.75
目盛より 1 mm 少なめ	昆布と備長炭	4 合	3 回	9.75
目盛	昆布と備長炭	3 合	3 回	10.00
目盛より 1 mm 少なめ	入れない	3 合	3 回	9.50
目盛	昆布	3 合	3 回	9.50
目盛	入れない	3 合	3 回	9.00
目盛より 1 mm 少なめ	備長炭	3 合	3 回	10.00

```
>oisii<-aov(formula＝平均～水の量＋入れるもの＋米の量＋とぐ回数, data＝おいしいご飯)
>step(oisii)$anova
Start: AIC＝6.9758
 平均～水の量＋入れるもの＋米の量＋とぐ回数
Single term deletions
Model:
 平均～水の量＋入れるもの＋米の量＋とぐ回数
scale: 0.2051714
              Df   Sum of Sq      RSS         Cp
     <none>                    2.051714   6.975827
     水の量    4    1.945875   3.997589   7.280331
  入れるもの   3    0.826840   2.878554   6.571639
     米の量    2    0.561008   2.612722   6.716149
   とぐ回数    2    2.846069   4.897783   9.001210
```

15. 分散分析を段階的に行い最適なモデルを求める

Step: AIC＝6.5716
平均～水の量＋米の量＋とぐ回数
Single term deletions

Model:
平均～水の量＋米の量＋とぐ回数
scale: 0.2051714

	Df	Sum of Sq	RSS	Cp
〈none〉			2.878554	6.571639
水の量	4	2.049571	4.928125	6.979839
米の量	2	0.290455	3.169009	6.041409
とぐ回数	2	3.089363	5.967917	8.840316

Step: AIC＝6.0414
平均～水の量＋とぐ回数
Single term deletions

Model:
平均～水の量＋とぐ回数
scale: 0.2051714

	Df	Sum of Sq	RSS	Cp
〈none〉			3.169009	6.041409
水の量	4	2.002866	5.171875	6.402903
とぐ回数	2	3.136943	6.305952	8.357666

Stepwise Model Path
Analysis of Deviance Table

Initial Model:
平均～水の量＋入れるもの＋米の量＋とぐ回数

Final Model:
平均～水の量＋とぐ回数

Step	Df	Deviance Resid.	Df	Resid. Dev	AIC
1			10	2.051714	6.975827
2-入れるもの	3	0.8268402	13	2.878554	6.571639
3 -米の量	2	0.2904553	15	3.169009	6.041409

＞

次に，分散分析を行います。

＞anova(aov(formula＝平均～水の量＋入れるもの＋米の量＋とぐ回数, data＝おいしいご飯))
Analysis of Variance Table

Response: 平均

Terms added sequentially(first to last)

	Df	Sum of Sq	Mean Sq	F Value	Pr(F)
水の量	4	3.966775	0.991694	4.833489	0.0197770
入れるもの	3	1.154432	0.384811	1.875557	0.1976143
米の量	2	0.253738	0.126869	0.618355	0.5582182
とぐ回数	2	2.846069	1.423034	6.935833	0.0128999
Residuals	10	2.051714	0.205171		

　　ここで，危険率（有意水準）の小さい「水の量」と「とぐ回数」を要因として指定すると，

```
> anova(aov(formula＝平均〜水の量＋とぐ回数, data＝おいしいご飯))
Analysis of Variance Table
```

Response: 平均

Terms added sequentially(first to last)

	Df	Sum of Sq	Mean Sq	F Value	Pr(F)
水の量	4	3.966775	0.991694	4.694024	0.01173655
とぐ回数	2	3.136943	1.568472	7.424110	0.00573847
Residuals	15	3.169009	0.211267		

となります。すぐ上が分散分析表になっています。

16．多変量解析

（1）正準相関分析

ビジネス環境として，以下のようなデータがあります。このデータで正準相関分析を行います。

No.	首都圏への距離	インターチェンジ数	貨物送料	商業地地価	賃金
1	47.0	100.0	53.2	44.0	46.1
2	46.8	78.7	56.1	52.9	49.4
3	64.2	53.9	52.9	17.9	34.1
4	60.7	84.4	52.9	49.1	47.7
5	45.1	87.7	53.2	47.8	52.6
6	48.9	71.9	40.6	48.4	53.7
7	65.4	52.8	52.9	0.2	34.1
8	62.3	50.5	52.9	23.6	34.1
9	38.7	48.2	53.2	50.1	50.0
10	62.7	52.8	52.9	46.4	34.1
11	59.6	51.6	52.9	53.4	56.1
12	63.8	46.0	52.9	40.4	34.1
13	63.4	52.8	52.9	49.7	34.1
14	64.8	60.7	52.9	5.8	34.1
15	61.3	50.5	52.9	50.3	34.1
16	46.8	48.2	49.3	52.6	57.0
17	42.2	53.9	50.0	49.6	51.7
18	61.1	51.6	52.9	53.1	34.1
19	59.8	49.4	52.9	48.2	34.1
20	61.5	44.9	52.9	38.6	34.1
21	60.5	47.1	52.9	50.7	34.1
22	48.9	77.6	40.6	54.7	53.7
23	63.0	48.2	52.9	51.5	34.1
24	62.1	48.2	52.9	51.5	34.1
25	61.7	48.2	52.9	48.9	34.1
26	62.9	48.2	52.9	9.9	34.1
27	35.4	56.1	20.0	56.7	58.7
28	60.3	48.2	52.9	48.4	34.1
29	46.0	47.1	50.0	54.6	55.3
30	47.4	47.1	56.1	56.8	51.4

16．多変量解析

正準相関分析は，以下のように行います．

```
>cancor(ビジネス環境[,1:2], ビジネス環境[,3:5])
$cor:
 [1]   0.8711357    0.2339237

$xcoef:
           [,1]         [,2]
[1,]  -0.01993287  -0.009358535
[2,]   0.00127874  -0.013602786

$ycoef:
           [,1]         [,2]         [,3]
[1,]  -0.003378580  -0.02072631   0.023223737
[2,]   0.001268639   0.01017106   0.008926768
[3,]   0.017040504  -0.01737242   0.001284538

$xcenter:
首都圏への距離　インターチェンジ数
      55.81           56.88333

$ycenter:
貨物送料      商業地地価     賃金
50.91333      43.52667    42.10333
```

（2）判別分析

以下のデータで判別分析を行います．

判別データ [,c(2:4)]

No.	グループ	X1	X2
1	a	1	1
2	a	1	2
3	a	1	3
4	a	2	1
5	a	2	2
6	a	2	3
7	a	3	1
8	a	3	2
9	a	3	3
10	b	5	6
11	b	5	7
12	b	5	8
13	b	6	6
14	b	6	7
15	b	6	8
16	b	7	6
17	b	7	7
18	b	7	8
19	c	9	3
20	c	9	4
21	c	9	5
22	c	10	3
23	c	10	4
24	c	10	5
25	c	11	3
26	c	11	4
27	c	11	5

このデータの散布図は以下のようになりました。

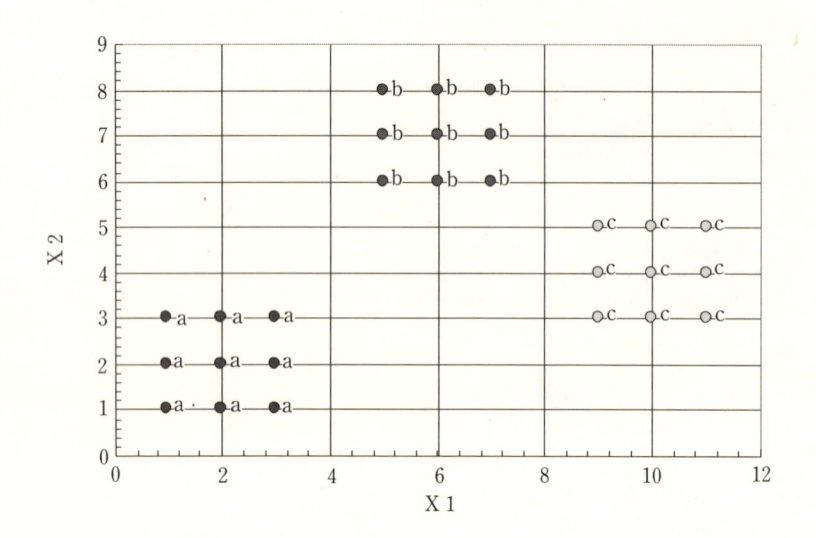

操作は統計―多変量解析―判別分析と指定します。実行結果は以下のようになります。

```
* * * Discriminant Analysis * * *
Call:
discrim (グループ～X1＋X2, data＝判別データ, family＝
        Classical(cov.structure＝"homoscedastic"), na.action＝
        na.omit, prior＝"proportional")
Group means:
    X1   X2   N    Priors
a   2    2    9    0.3333333
b   6    7    9    0.3333333
c   10   4    9    0.3333333

Covariance Structure: homoscedastic
     X1    X2
X1   0.75  0.00
X2         0.75

Constants:
     a           b           c
-6.431946   -57.76528   -78.43195

Linear Coefficients:
           a          b          c
X1    2.666667   8.000000   13.33333
X2    2.666667   9.333333   5.33333

Tests for Homogeneity of Covariances:
        Statistic   df   Pr
Box.M   0           6    1
adj.M   0           6    1
```

16. 多変量解析

Tests for the Equality of Means:
Group Variable:グループ

	Statistics	F	df 1	df 2	Pr
Wilks Lambda	0.009	108.38	4	46	$0.0000\,e+000$
Pillai Trace	1.776	95.18	4	48	$0.0000\,e+000$
Hotelling-Lawley Trace	22.333	122.83	4	44	$0.0000\,e+000$
Roy Greatest Root	17.441	209.29	2	24	$6.6613\,e-016$

* Tests assume covariance homoscedasticity.
F Statistic for Wilks' Lambda is exact.
F Statistic for Roy's Greatest Root is an upper bound.

Hotelling's T Squared for Differences in Means Between Each Group:

	F	df 1	df 2	Pr
a-b	117.875	2	23	$8.161000\,e-013$
a-c	195.500	2	23	$3.700000\,e-015$
b-c	71.875	2	23	$1.276771\,e-010$

95% Simultaneous Confidence Intervals Using the Sidak Method:

	Estimate	Std.Error	Lower Bound	Upper Bound	
a.X 1-b.X 1	-4	0.408	-4.97	-3.03	* * * *
a.X 2-b.X 2	-5	0.408	-5.97	-4.03	* * * *

(critical point:2.3869)

	Estimate	Std.Error	Lower Bound	Upper Bound	
a.X 1-c.X 1	-8	0.408	-8.97	-7.03	* * * *
a.X 2-c.X 2	-2	0.408	-2.97	-1.03	* * * *

(critical point:2.3869)

	Estimate	Std.Error	Lower Bound	Upper Bound	
b.X 1-c.X 1	-4	0.408	-4.97	-3.03	* * * *
b.X 2-c.X 2	3	0.408	2.03	3.97	* * * *

(critical point:2.3869)
* Intervals excluding 0 are flagged by ' * * * * '

Mahalanobis Distance:

	a	b	c
a	0.00000	54.66667	90.66667
b		0.00000	33.33333
c			0.00000

Kolmogorov-Smirnov Test for Normality:

	Statistic	Probability
X 1	0.2092268	0.1627439
X 2	0.2092268	0.1627439

Plug-in classification table:

	A	b	c	Error	Posterior.Error
a	9	0	0	0	0.0000000
b	0	9	0	0	0.0000743
c	0	0	9	0	0.0000743
Overall				0	0.0000495

(from=rows, to=columns)

Rule Mean Square Error: $6.319457\,e-008$
(conditioned on the training data)

Cross-validation table:

	a	b	c	Error	Posterior.Error
a	9	0	0	0	0.0000000
b	0	9	0	0	0.0000582
c	0	0	9	0	0.0000582
Overall				0	0.0000388

(from=rows, to=columns)

restart() ignored in wrapup

もう一つの判別分析の関数で実行します。コマンド指定します。

>discr(判別データ[,c(3:4)],c(9,9,9))#グループ数が9,9,9なのでc(9,9,9)と指定します。
$cor:#正準相関係数
 [1] 0.9725079 0.9112092 0.0000000
$vars:
         [,1]   [,2]
[1,] 1.1307598 -0.407218
[2,] 0.4072183   1.130760

$groups:
         [,1]   [,2]   [,3]
[1,] -0.7710767 -0.2685286 0.5773503
[2,] 0.1529858 0.8020360 0.5773504
[3,] 0.6180908 -0.5335077 0.5773502

(3) 主成分分析

主成分分析を行います。

首都圏への距離	インターチェンジ数	ホテル数	会議数	新規登記企業の割合	中小企業向け貸出し残高	貨物送料	商業地地価
47.0	100.0	100.0	96.6	51.8	52.2	53.2	44.0
46.8	78.7	76.9	87.6	49.5	44.9	56.1	52.9
64.2	53.9	69.7	42.7	92.8	67.2	52.9	17.9
60.7	84.4	60.1	60.6	45.5	45.2	52.9	49.1
45.1	87.7	55.3	69.6	55.1	44.2	53.2	47.8
48.9	71.9	72.1	69.6	55.1	46.9	40.6	48.4
65.4	52.8	74.5	60.6	78.2	67.2	52.9	0.2
62.3	50.5	45.7	51.7	93.5	67.2	52.9	23.6
38.7	48.2	88.9	69.6	49.8	44.4	53.2	50.1
62.7	52.8	45.7	51.7	56.3	67.2	52.9	46.4
59.6	51.6	52.9	60.6	51.7	45.3	52.9	53.4
63.8	46.0	45.7	60.6	50.0	67.2	52.9	40.4
63.4	52.8	43.3	51.7	45.6	67.2	52.9	49.7
64.8	60.7	62.5	42.7	68.6	67.2	52.9	5.8
61.3	50.5	45.7	51.7	45.6	67.2	52.9	50.3
46.8	48.2	62.5	69.6	50.9	43.8	49.3	52.6
42.2	53.9	55.3	69.6	55.6	45.7	50.0	49.6
61.1	51.6	43.3	42.7	48.7	67.2	52.9	53.1
59.8	49.4	43.3	42.7	56.2	67.2	52.9	48.2
61.5	44.9	45.7	42.7	66.1	67.2	52.9	38.6
60.5	47.1	43.3	42.7	54.6	67.2	52.9	50.7
48.9	77.6	45.7	60.6	43.1	46.9	40.6	54.7
63.0	48.2	43.3	42.7	49.3	67.2	52.9	51.5

62.1	48.2	43.3	42.7	50.0	67.2	52.9	51.5
61.7	48.2	43.3	42.7	52.3	67.2	52.9	48.9
62.9	48.2	55.3	51.7	68.0	67.2	52.9	9.9
35.4	56.1	79.3	69.6	55.7	42.1	20.0	56.7
60.3	48.2	43.3	42.7	49.9	67.2	52.9	48.4
46.0	47.1	60.1	60.6	49.3	44.2	50.0	54.6
47.4	47.1	52.9	60.6	46.7	42.7	56.1	56.8

（日経パソコン：2000年新春特別号）

データは上の表のようになっています。

実行結果は以下のようになります。

* * * Principal Components Analysis * * *
Standard deviations:
 Comp.1   Comp.2   Comp.3   Comp.4   Comp.5   Comp.6   Comp.7
24.57396 19.30486 11.06905 7.371848 6.216609 5.301992 4.664245
 Comp.8
2.910459

The number of variables is 8 and the number of observations is 30

Component names:

"sdev" "loadings" "correlations" "scores" "center" "scale"

"n.obs" "terms" "call" "factor.sdev" "coef"

Call:
princomp(x=〜., data=ビジネス環境, scores=T, cor=F,
        na.action=na.exclude)

Importance of components:
	Comp.1	Comp.2	Comp.3
Standard deviation	24.5739551	19.3048642	11.0690511
Proportion of Variance	0.4829456	0.2980449	0.0979871
Cumulative Proportion	0.4829456	0.7809905	0.8789776
	Comp.4	Comp.5	Comp.6
Standard deviation	7.37184819	6.21660865	5.30199168
Proportion of Variance	0.04346112	0.03090688	0.02248155
Cumulative Proportion	0.92243871	0.95334559	0.97582714
	Comp.7	Comp.8	
Standard deviation	4.66424477	2.910458582	
Proportion of Variance	0.01739846	0.006774402	
Cumulative Proportion	0.99322560	1.000000000	

ここで，主成分分析結果をグラフ化します。

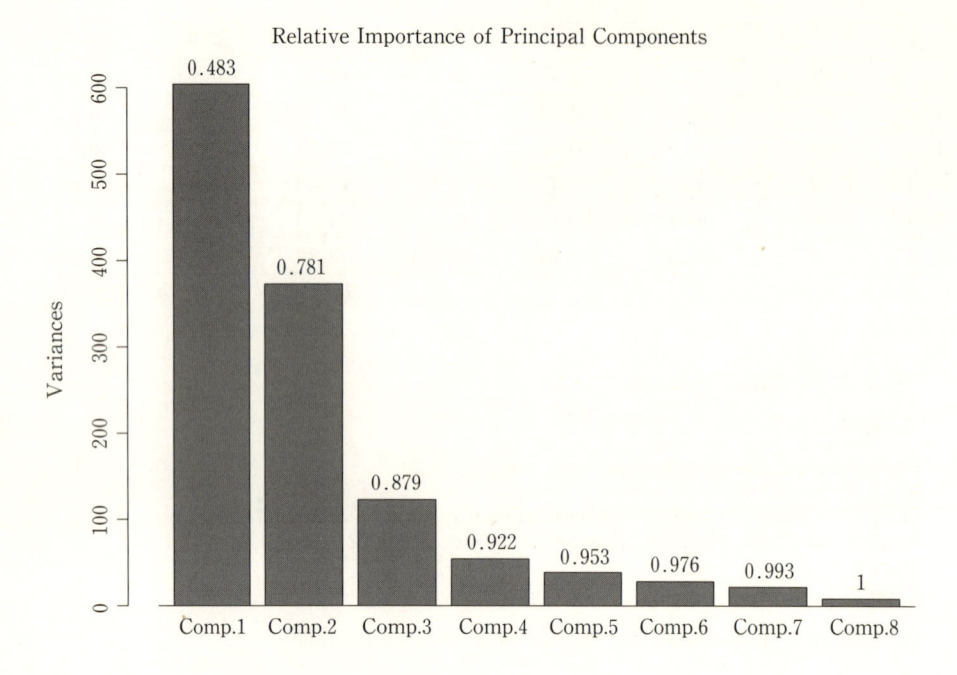

230　第15章　役に立つ S-PLUS の関数と利用法

Relative Importance of Principal Components

各主成分ごとの，各要因への影響をグラフ化します。

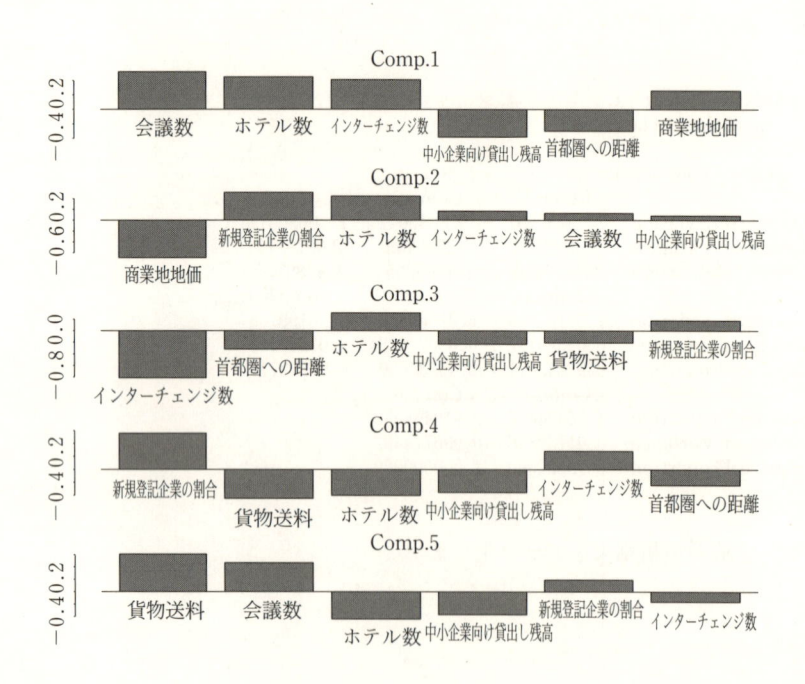

ここで，第1主成分を横軸，第2主成分を縦軸にしてグラフ化してみます。
このように，簡単に見やすくすることが可能です。

16．多変量解析

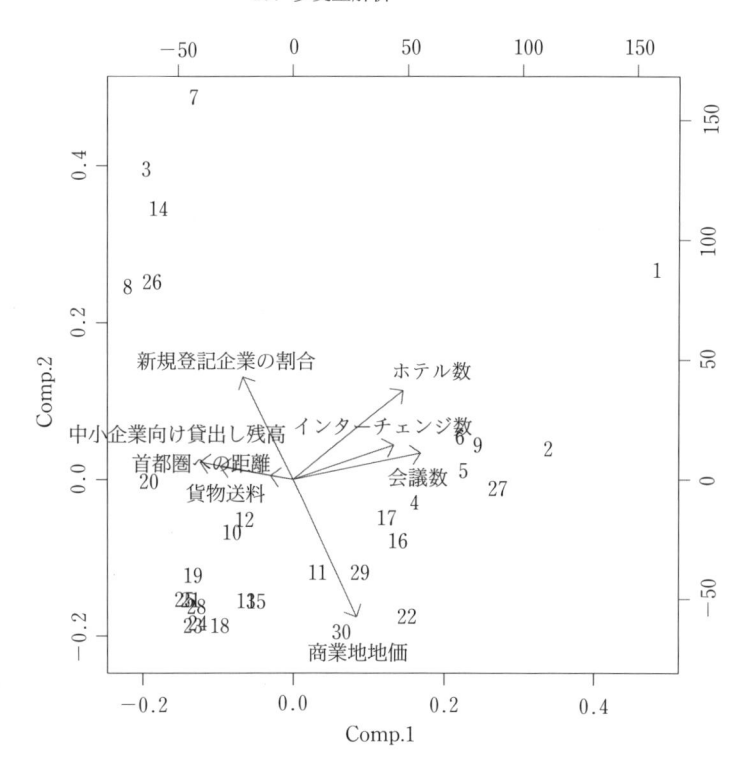

[グラフ: Comp.1 vs Comp.2 のバイプロット。変数ベクトル：新規登記企業の割合、ホテル数、中小企業向け貸出し残高、インターチェンジ数、首都圏への距離、会議数、貨物送料、商業地地価。サンプル点：1〜30]

（4） 双対（そうつい）尺度法

　　西里静彦博士提唱の双対尺度法は林知己夫博士提唱の数量化理論3類，フランスの統計学者の提唱した対応分析と同じ手法です。

(注)詳細は参考文献：西里静彦「質的データの数量化」，朝倉書店（残念ながら絶版のようです），上田太一郎「データマイニング事例集」，共立出版などを参照ください。

データを読込み，双対尺度法にかけ結果をグラフに描きます。

```
●dualplot
function(X)
{p<-rdual(X)
        iplot(p[,1], p[,2])
}
>rdual
function(X)
{p<-dual2u(X)
        rbind(p$rs, p$cs)
}
>dual2u
function(X)
{dr<-apply(X, 1, sum)/sum(X)
        dc<-apply(X, 2, sum)/sum(X)
        dr<-1/sqrt(dr)
        dc<-1/sqrt(dc)
        y<-diag(dr)%*%(X/sum(X))%*%diag(dc)
        ysvd<-svd(y)
```

```
        list(cor＝ysvd$d[2], rscore＝ysvd$u[, 2:3] * dr, cscore＝ysvd$v[, 2:3] * dc)
}
>iplot
function(X, Y)
{plot(X, Y, type＝"n")
        text(X, Y, label＝1:length(X))
}
```

事　例

データは以下のようになっています．缶コーヒーの評価アンケートの結果です（①から⑮は説明のため付けました）．

	認知度⑪	メーカが好き⑫	CMが好き⑬	品質が良い⑭	購入意向⑮
ジョージア①	99	24	51	25	31
サントリーコーヒー②	96	21	40	25	30
ポッカコーヒー③	96	13	12	20	13
J.O.④	91	12	18	17	16
ネスカフェ⑤	91	11	14	17	22
UCCブラック無糖⑥	91	16	8	25	12
キリンジャイブコーヒー⑦	90	17	14	20	18
UCCオリジナル⑧	89	18	6	23	18
ダイドー⑨	87	10	7	12	9
ブレンデイー⑩	84	8	6	8	13

上のデータをExcelのデータから読み込み，そのまま双対尺度法で実行してグラフに描かせるには以下のようにします．

● dualplot(read.table("clipboard", header＝T))
（注）缶コーヒー＜-read.table("clipboard", header＝T)
　　　dualplot（缶コーヒー）
　と指定したのと同じです．

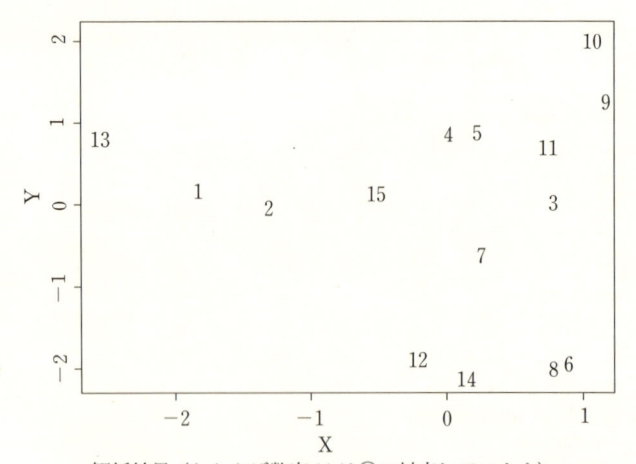

解析結果（たとえば数字11は⑪に対応しています）

演 習 問 題

本書の内容が理解できているかどうかをチェックするため，テストを作りました。どの程度本書の内容が理解できているかを客観的に把握してみてください。

1．データマイニング基礎理解度テスト

以下の文中の【　】の解答欄から選択肢を選び，埋めることで文章を完成させてください。

(1) データマイニングとは通常
【　① 企業の　② 定性的な　③ 膨大な　】データを採掘し宝物である，知識，仮説などを見つける手法・プロセスのことです。

(2) したがって，データマイニングは【　① データウェアハウス　② データベース　③ ORACLE　】と対になって使われるのが特徴です。

(3) 代表的なデータウェアハウスには EssBase, RedBrick,【　① Clementine　② DIA-PRISM　③ SPSS　】などがあります。

(4) データマイニングの代表的な手法に【　① 統計手法　② ネットワーク　③ ナレッジマネジメント　】があります。

(5) そのなかでも回帰分析は非常に多く使われています。
回帰分析は Excel でサポートされています。Excel で使えるようにするには，【　① アドイン　② マクロ　③ 編集　】を使用します。

(6) 回帰分析があれば，数量化理論2類モデル，判別分析モデル，【　① クラスター分析　② 主成分分析　③ 数量化理論1類モデル　】などが解析可能です。

(7) 双対尺度法は【　① データ　② アンケート　③ クロス表　】の解析に有効な，
【　① 西里静彦　② 田口玄一　③ 赤池弘次　】が提案した手法です。Excel ではサポートしていないので，アドオンソフトを使います。

(8) Excel でクロス表を求めるには【　① 分析ツール　② ピボットテーブル　③ 編集　】を用います。

(9) 相関係数 r はある量とある量との【　① 線形　② 従属的　③ 独立的　】な関係度を表す物差しです。r は【　① 0　② 10　③ −1　】と1の間の値をとります。0のときは相関がないといいます。

(10) ある量とある量との関係をグラフで見るには【　① ヒストグラム　② 円グラフ　③ 散布図　】が適切です。

(11) クロス表をグラフで見るには【　① ステレオグラム　② 散布図　③ 円グラフ　】が適

(12) Excel の回帰分析で扱える説明変数の個数は最大【 ① 32 ② 8 ③ 16 】までです。

解 答
(1)③, (2)①, (3)②, (4)①, (5)①, (6)③, (7)③, ①, (8)②, (9)①, ③, (10)③, (11)①, (12)③,
(配点：1～10は8点, 11～14は5点, 合計100点)

2．多変量解析理解度テスト

次に, 多変量解析の理解度テストも作成しました. こちらも確認のために利用してください.

以下の文章の【 】内の解答肢を選んで, 文章を完成させてください.

(1) 1930年代頃から発展した統計解析手法の一つに,
【① 双対尺度法 ② 数量化1類 ③ 数量化2類 ④ 多変量解析法 ⑤ 回帰分析】
があります. 現在ではコンピュータ, とりわけパソコンの急激な普及に支えられて, 広い分野で使用されています.

(2) 多変量解析法は多くのデータの関連性を同時にとらえ分析し, 情報, 知見, 仮説, 課題等を見つける手法です. 関連度の指標（モノサシ）として, 例えば
【① 相関係数 ② しきい値 ③ 判別分析 ④ 双対尺度法 ⑤ 回帰分析】
があります.

(3) 多変量解析を目的とデータの種類により分類してみると, 多くの説明変数で一つの外的基準（被説明変数）を説明する分析手法を
【① 主成分分析 ② クラスター分析 ③ ファジー理論 ④ 分散分析 ⑤ (重) 回帰分析】
と呼びます.

得られた式の妥当性を表す指標としては
【① 相関係数 ② 重相関係数 ③ 相関比 ④ 微係数 ⑤ 変動係数】
があり, この値が1に近いほどよいと言われていますが, 予測の観点から見ると必ずしもそうとは言えません.

赤池（弘次）のAIC（情報量規準）とか
【① フィッシャー ② 田口（玄一） ③ 竹内（啓） ④ 林（知己夫） ⑤ 佐和（隆光）】
の予測用重相関係数を用いて最適な（予測に強い）モデル式（回帰式）を求めることが肝要です.

特に説明変数が定性的データとなっている場合を, 林の
【① 数量化1類 ② 数量化2類 ③ 数量化3類 ④ 数量化4類 ⑤ 数量化5類】
と呼んでいます.

(4) 外的規準が良品と不良品といった二つのグループで与えられていて, 説明変数データからできるだけ二つのグループを明確に判別（分類）するような関数を求め, 新しいデータが

得られたとき，どちらのグループに判別されるのか予測しようとする分析法が

【① (重)回帰分析　② クラスター分析　③ 正準相関分析　④ 判別分析　⑤ 分散分析】

です。

説明変数が定性的データとなっている場合を林の

【① 数量化1類　② 数量化2類　③ 数量化3類　④ 数量化4類　⑤ 数量化5類】

と呼んでいます。

(5)表計算ソフト Excel には

【① 双対尺度法　② 数量化1類　③ 数量化2類　④ 多変量解析法　⑤ 回帰分析】

がサポートされています。

実はこの回帰分析法があれば，重回帰分析法はもちろん，数量化1類，2グループの場合の判別分析，数量化2類が可能であることは注目すべきでしょう。さらに実験計画法データの解析も可能ですので，大いに有効活用してください。

(6)多くの変数データから，できるだけ少ない（2から3個の）新しい視点（の軸）を求める手法が

【① 主成分分析　② クラスター分析　③ ファジー理論　④ 分散分析　⑤ 回帰分析】

です。日経新聞の企業等の評価に使用されています。

(7)【① 主成分分析　② クラスター分析　③ ファジー理論　④ 分散分析　⑤ 回帰分析】

は多変量データをもとに，サンプルあるいは変数を数個のクラスター（かたまり）に分類する手法です。

(8)顧客のクレーム，不満，評価等，アンケートデータやそれをまとめたクロス表（分割表とも呼ぶ）を分析する手法に

【① フィッシャー　② 田口（玄一）　③ 竹内（啓）　④ 林（知己夫）　⑤ 佐和（隆光）】

の数量化3類があります。これは西里静彦の

【① 双対尺度法　② クラスター分析　③ 正準相関分析　④ 判別分析　⑤ 分散分析】

とも呼ばれます。同じ日本人が別々に開発したところが興味深いところです。

解　答

(1)④, (2)①, (3)⑤, ②, ⑤, ①, (4)④, ②, (5)⑤, (6)①, (7)②, (8)④, ①

3．ラベル付き散布図を描く

表1　年代別外食利用率（%）

	ファミリーレストラン	レストラン
20代	38.0	21.0
30代	51.0	14.1
40代	41.0	23.1
50代	24.5	28.2
60代以上	19.5	51.0

表1は各年代ごとに，ファミリーレストラン，および従来のレストランを利用した利用率を集計したものです。

この表を，ラベル付き散布図で表してみてください。どんな仮説が得られますか？

解答例と解説

ラベル付き散布図を描くと，以下のようになります。

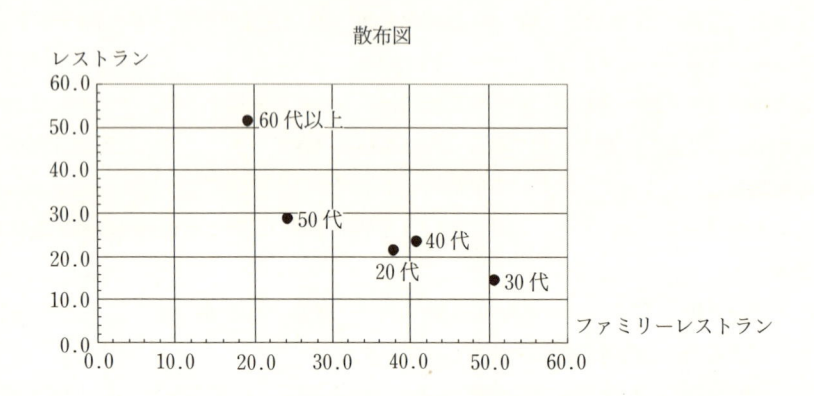

散布図

（縦軸：レストラン，横軸：ファミリーレストラン。60代以上が約(20, 51)，50代が約(23, 29)，40代が約(42, 24)，20代が約(38, 22)，30代が約(51, 15)にプロットされている）

上のように，比較的直線的にならんでいることがわかります。

ここから，従来のレストランを多く利用している人はファミレスをあまり利用しない，また，ファミレスを利用している人は従来のレストランをあまり利用しない傾向がある，ということがわかります。

このような傾向は，両者が競合関係（生活者を取り合う関係）にあるときによく現れます。

やはり，ファミレスと従来のレストランは明らかに競合しているようです。

次に，各年代の分布状況を見ると面白いことに気づきます。

まず，比較的若い年代の方がファミレスを多く利用し，高い年代の方が従来のレストランを多く利用していることがわかります。

しかし，もっともファミレスを多く利用しているのは20代ではなく，実は30代です。次は40代，20代は3位となりました。

現実を考えてみると，20代は独身で比較的可処分所得が高く，しかもデートなどでおしゃれな従来のレストランを利用するのに対し，30代になると家族も増え，可処分所得もそれほど増えず，そこまでおしゃれにこだわることも少なくなり，ファミレスに行っているのかもしれません。そう考えると，「多少高めだが，おしゃれで，美味しい料理が食べれる」従来のレストラン，「手ごろな価格で，身近で楽しめる」ファミリーレストラン，という構図で競合し，生活者がそれぞれの特徴をもとに選んでいっているのではないか，という仮説ができそうです。

また，少し飛躍しますがファミレス利用率が最も高い「30代」のファミレス潜在市場は大きく，30代のニーズに的をしぼったファミレスを展開するなどの発想もわいてきます。

4．最適な回帰式を求める(1)

下の表2のYを求める最適な回帰式を求めてください。

ただし，X1，X2，X3，X4は説明変数とします。

表2　データ

No.	X1	X2	X3	X4	Y
1	7	26	6	60	78.5
2	1	29	15	52	74.3
3	11	56	8	20	104.3
4	11	31	8	47	87.6
5	7	52	6	33	95.0
6	11	55	9	22	109.2
7	3	71	17	6	102.7
8	1	31	22	44	72.5
9	2	54	18	22	93.1
10	21	47	4	26	115.9
11	1	40	23	34	83.8
12	11	66	9	12	113.3
13	10	68	8	12	109.4

解答と解説

最適な回帰式は以下のようにして求めます。

まず，全説明変数を用いて回帰分析を実行します。

概要

回帰統計	
重相関 R	0.991
重決定 R^2	0.982
補正 R^2	0.974
標準誤差	2.448
観測数	13

Ru＝　0.960

分散分析表

	自由度	変動	分散	観測された分散比	有意 F
回帰	4	2667.72	666.9299	111.3112	4.78 E-07
残差	8	47.93262	5.991578		
合計	12	2715.652			

	係数	標準誤差	t	P-値
切片	65.66	70.12144	0.936313	0.376512
X1	1.55	0.745306	2.074288	0.071749
X2	0.47	0.724309	0.645833	0.536468
X3	0.10	0.755253	0.128821	0.900679
X4	−0.18	0.709563	−0.25874	0.802369

すると，上記のように X3 の P-値（危険率）が高いことがわかります。そこで，X3 を除いて X1，X2，X4 を説明変数として，再度回帰分析を行います。

その結果は以下のようになりました。

概要

回帰統計	
重相関 R	0.991
重決定 R^2	0.982
補正 R^2	0.976
標準誤差	2.310
観測数	13
Ru=	0.967

分散分析表

	自由度	変動	分散	観測された分散比	有意 F
回帰	3	2667.62	889.2068	166.615	3.34 E-08
残差	9	48.03205	5.336895		
合計	12	2715.652			

	係数	標準誤差	t	P-値
切片	74.48	14.15113	5.263168	0.000519
X 1	1.45	0.11707	12.39693	5.83 E-07
X 2	0.38	0.185725	2.03519	0.072325
X 4	−0.27	0.173395	−1.56799	0.151328

再度 P-値（危険率）を確認します。すると，三つの説明変数のうち P-値が最も高いのは X4 だとわかります。そこで，X4 を除いて X1，X2 を説明変数として回帰分析を行います。

概要

回帰統計	
重相関 R	0.989
重決定 R^2	0.977
補正 R^2	0.973
標準誤差	2.473
観測数	13
Ru=	0.964

分散分析表

	自由度	変動	分散	観測された分散比	有意 F
回帰	2	2654.499	1327.25	217.0365	5.79 E-09
残差	10	61.15328	6.115328		
合計	12	2715.652			

	係数	標準誤差	t	P-値
切片	52.56	2.349433	22.37114	7.16 E-10
X 1	1.47	0.124657	11.7933	3.44 E-07
X 2	0.66	0.047124	14.02489	6.66 E-08

ここで，X1とX2のP-値を比較します。P-値が上記のようにEを用いて表示されて比較しにくい場合，Eで表されているセルを選択後右クリックし，「セルの書式設定」を選択し，「表示形式」を「数値」にすると，Eを使わずに数値で表され，簡単に比較できるようになります。

すると，X1の方がP-値が高いことがわかります。そこで，X2だけで回帰分析を実行します。その結果は以下のようになります。

概要

回帰統計	
重相関 R	0.815037
重決定 R^2	0.664285
補正 R^2	0.633766
標準誤差	9.103868
観測数	13

分散分析表

	自由度	変動	分散	観測された分散比	有意 F
回帰	1	1803.968	1803.9677	21.76590902	0.0006877
残差	11	911.6846	82.88042		
合計	12	2715.652			

	係数	標準誤差	t	P-値
切片	57.41182	8.515599	6.7419586	0.0000319153
X2	0.787933	0.168889	4.6653948	0.0006876640

ここで，説明変数選択規準 Ru をそれぞれのケースで求めます。

$$Ru = 1 - \frac{(1-重相関係数^2) * (データ数＋X範囲で指定した列数＋1)}{データ数－X範囲で指定した列数－1}$$

すると，

4変数のとき　Ru＝0.960，

3変数のとき　Ru＝0.967，

2変数のとき　Ru＝0.964，

1変数のとき　Ru＝0.542，

となるので，Ruが最も高い3変数のときを最適とします。

そこで，3変数（X1, X2, X4）のケースで要因分析を行います。ただし，元データは0, 1データではありませんから，数量化理論1類の時のように単純に係数を比較するだけでの要因分析はできません。

そこで，このようなケースではそれぞれの説明変数の与えている影響の大きさとしてt値を用い，要因の影響度を比較します（なぜt値か，という質問が当然出てきますが，それについては説明が難解となるため初心者向けの本書には向いていないと考えます。そのため，

その理由は本書では割愛します)。

t値で要因ごとの影響度を見ると，下のようになっていることがわかります。

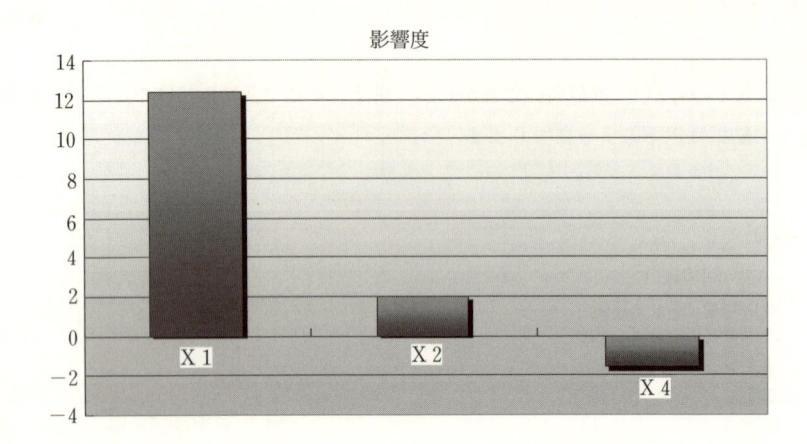

影響度のグラフ（X1が約12.5，X2が約2，X4が約-1.5）

t値による比較を行った上記のグラフが，影響度をそのまま表しています。絶対値が最も大きいX1が，もっとも影響を与えていることがわかります。

このように，元データが0，1のみのデータでなく，係数で比較することができないデータの場合，t値で影響度を比較できます。これは現実に直面する問題を解析する際に非常に有用な手法ですので，是非覚えてください。

〈参 考〉

S-PLUSの関数cpueを用いて最適な説明変数を選択してみます。

```
>cpue(hald[,1:4],hald[,5])
[1]"X1,X2,X4"
X1,X2,X4
```

となりました。

5．最適な回帰式を求める(2)

表3は，年齢，血圧，年収のデータをまとめたものです。年齢・血圧・年収のデータで年収を被説明変数，年齢・血圧を説明変数として最適な回帰式を求めてください。

表3　データ

No.	年齢	血圧	年収
1	25	88	410
2	47	93	1108
3	55	97	1182
4	39	89	697

5	36	91	752
6	28	89	466
7	22	88	348
8	48	93	1032
9	53	97	944
10	41	92	785
11	43	96	946
12	24	88	401
13	32	90	494
14	51	95	1098
15	47	93	778
16	36	90	913
17	33	89	707
18	52	96	1135

解答と解説

二つの説明変数で回帰分析を実行すると以下のようになります。

概要

回帰統計	
重相関 R	0.932
重決定 R^2	0.868
補正 R^2	0.850
標準誤差	106.671
観測数	18

分散分析表

	自由度	変動	分散	観測された分散比	有意 F
回帰	2	1120536	560268.1	49.23795	2.56 E-07
残差	15	170681.8	11378.79		
合計	17	1291218			

	係数	標準誤差	t	P-値
切片	10.45	1657.324	0.006306	0.995051
年齢	24.75	6.224915	3.976495	0.001216
血圧	−2.19	20.47018	−0.10682	0.916351

血圧の回帰係数が負になっています。しかも P-値（危険率）は 91.6％にもなっています。そこで，説明変数を年齢だけで回帰分析を実行します。

概要

回帰統計	
重相関 R	0.932
重決定 R^2	0.868
補正 R^2	0.859
標準誤差	103.323
観測数	18

分散分析表

	自由度	変動	分散	観測された分散比	有意 F
回帰	1	1120406	1120406	104.949	1.96 E-08
残差	16	170811.6	10675.73		
合計	17	1291218			

	係数	標準誤差	t	P-値
切片	-166.26	96.34247	-1.72568	0.103662
年齢	24.14	2.356524	10.24446	1.96 E-08

二つの説明変数のとき，Ru は 0.815，

一つの説明変数のとき，Ru は 0.835，

この結果，最適な回帰式は Ru がもっとも高い，説明変数が年齢だけのときとなります。
このときの回帰式は　年収＝－166.26＋24.14×年齢　となります。

ちなみにこの問題は，第3章の最後につけた囲み記事の中でも「見かけの相関」の事例として解説しています。そちらも併せて読まれると，理解が深まると思います。

6．一対比較データを回帰分析で解析する

第10章の表10.1のデータを回帰分析で解析し，サーストン法と同じ結果になることを示しなさい。

解答と解説

野球	サッカー	陸上競技	結果	説明
1	-1	0	0.417	5/12 のこと
1	0	-1	0.083	1/12 のこと
0	1	-1	0.250	3/12 のこと

1行目は野球からみて，サッカーとは12人中5人が好きと答えたので 5/12＝0.417，2行目，3行目も同様にして結果欄を作ります。

説明変数をサッカー，陸上競技，被説明変数を結果として回帰分析を実行すると以下のようになります。

(注)野球＋サッカー＋陸上競技＝0 となるので1列削除しました。

概要

回帰統計	
重相関 R	1
重決定 R²	1
補正 R²	65535
標準誤差	0
観測数	3

分散分析表

	自由度	変動	分散	観測された分散比	有意 F
回帰	2	0.0555556	0.027777778	0	#NUM!
残差	0	2.484 E-32	65535		
合計	2	0.0555556			

	係数	標準誤差	t	P-値
切片	0.583333	0	65535	#NUM!
野球	0			
サッカー	0.166667	0	65535	#NUM!
陸上競技	0.5	0	65535	#NUM!

野球の回帰係数は 0 とします。

野球，サッカー，陸上競技の回帰係数はそれぞれ 0.00，0.16667，0.50 となります。これと −0.8，−0.235，1.035 を比較します。偏差値に直して比較してみます。

S-PLUS では以下のようにすると簡単に偏差値が求まります。

```
>scale(c(0,0.167,0.5)) * 10+50
            [,1]
[1,]    41.26567
[2,]    47.82624
[3,]    60.90809
>scale(c(-0.8,-0.235,1.035)) * 10+50
            [,1]
[1,]    41.48756
[2,]    47.49947
[3,]    61.01298
>
```

ほぼ同じ値であることがわかります。

7．ホームページの訪問者数の予測

表 4 は，あるホームページの日別訪問者数を集計したデータです。

それぞれの日別の訪問者数に加え，経過日，曜日を説明変数として集計しています。

ここで，1 月 31 日の訪問者数が何人であるかを予測してください。

解答例と解説

まず，時系列データを折れ線グラフで視覚化してみます。

明らかに，説明変数の「曜日」によってきれいな傾向がでているのがわかります。また，わずかですが日数が経過して右にいくほど，訪問者数が増えているようです。

表4　ホームページ訪問者数

		ホームページ訪問数
1月4日	月	749
1月5日	火	922
1月6日	水	1041
1月7日	木	1034
1月8日	金	983
1月9日	土	767
1月10日	日	686
1月11日	月	1179
1月12日	火	1041
1月13日	水	1042
1月14日	木	1078
1月15日	金	738
1月16日	土	718
1月17日	日	659
1月18日	月	1030
1月19日	火	1048
1月20日	水	1021
1月21日	木	982
1月22日	金	977
1月23日	土	727
1月24日	日	687
1月25日	月	1039
1月26日	火	1027
1月27日	水	1287
1月28日	木	1258
1月29日	金	1047
1月30日	土	899

　では，このデータを重回帰分析で分析し，予測を行ってみましょう．曜日は定性データですので，数量化理論1類を利用して定量化した上で分析します．また，経過日数を入れて訪問者数の増加効果も計算に入れます．

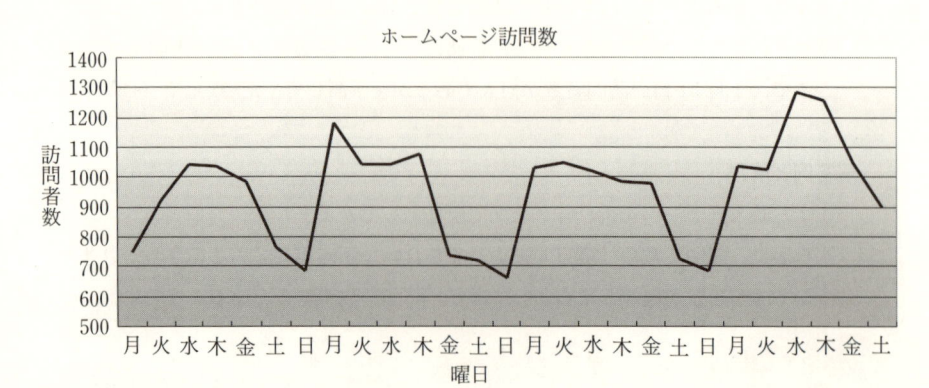

まず，曜日を 0，1 データで表し，経過日数を「経過数」として入れると，表 5 のようになります。

表 5 作り直したデータ

		ホームページ訪問数	経過数	月	火	水	木	金	土	日
1月4日	月	749	1	1	0	0	0	0	0	0
1月5日	火	922	2	0	1	0	0	0	0	0
1月6日	水	1041	3	0	0	1	0	0	0	0
1月7日	木	1034	4	0	0	0	1	0	0	0
1月8日	金	983	5	0	0	0	0	1	0	0
1月9日	土	767	6	0	0	0	0	0	1	0
1月10日	日	686	7	0	0	0	0	0	0	1
1月11日	月	1179	8	1	0	0	0	0	0	0
1月12日	火	1041	9	0	1	0	0	0	0	0
1月13日	水	1042	10	0	0	1	0	0	0	0
1月14日	木	1078	11	0	0	0	1	0	0	0
1月15日	金	738	12	0	0	0	0	1	0	0
1月16日	土	718	13	0	0	0	0	0	1	0
1月17日	日	659	14	0	0	0	0	0	0	1
1月18日	月	1030	15	1	0	0	0	0	0	0
1月19日	火	1048	16	0	1	0	0	0	0	0
1月20日	水	1021	17	0	0	1	0	0	0	0
1月21日	木	982	18	0	0	0	1	0	0	0
1月22日	金	977	19	0	0	0	0	1	0	0
1月23日	土	727	20	0	0	0	0	0	1	0
1月24日	日	687	21	0	0	0	0	0	0	1
1月25日	月	1039	22	1	0	0	0	0	0	0
1月26日	火	1027	23	0	1	0	0	0	0	0
1月27日	水	1287	24	0	0	1	0	0	0	0
1月28日	木	1258	25	0	0	0	1	0	0	0
1月29日	金	1047	26	0	0	0	0	1	0	0
1月30日	土	899	27	0	0	0	0	0	1	0

ここで，回帰分析の実行のために，日曜日の列を削除します。

すると，表 6 のようになります。

演習問題

表6 回帰分析準備完了後のデータ

月日	曜日	ホームページ訪問数	経過数	月	火	水	木	金	土
1月4日	月	749	1	1	0	0	0	0	0
1月5日	火	922	2	0	1	0	0	0	0
1月6日	水	1041	3	0	0	1	0	0	0
1月7日	木	1034	4	0	0	0	1	0	0
1月8日	金	983	5	0	0	0	0	1	0
1月9日	土	767	6	0	0	0	0	0	1
1月10日	日	686	7	0	0	0	0	0	0
1月11日	月	1179	8	1	0	0	0	0	0
1月12日	火	1041	9	0	1	0	0	0	0
1月13日	水	1042	10	0	0	1	0	0	0
1月14日	木	1078	11	0	0	0	1	0	0
1月15日	金	738	12	0	0	0	0	1	0
1月16日	土	718	13	0	0	0	0	0	1
1月17日	日	659	14	0	0	0	0	0	0
1月18日	月	1030	15	1	0	0	0	0	0
1月19日	火	1048	16	0	1	0	0	0	0
1月20日	水	1021	17	0	0	1	0	0	0
1月21日	木	982	18	0	0	0	1	0	0
1月22日	金	977	19	0	0	0	0	1	0
1月23日	土	727	20	0	0	0	0	0	1
1月24日	日	687	21	0	0	0	0	0	0
1月25日	月	1039	22	1	0	0	0	0	0
1月26日	火	1027	23	0	1	0	0	0	0
1月27日	水	1287	24	0	0	1	0	0	0
1月28日	木	1258	25	0	0	0	1	0	0
1月29日	金	1047	26	0	0	0	0	1	0
1月30日	土	899	27	0	0	0	0	0	1

これで回帰分析の準備ができました。Excelの回帰分析機能で分析を実行してみます。分析結果は以下のようになりました。

概要

回帰統計	
重相関 R	0.869020378
重決定 R²	0.755196417
補正 R²	0.665005623
標準誤差	101.8929741
観測数	27

分散分析表

	自由度	変動	分散	観測された分散比	有意 F
回帰	7	608533.1331	86933.3	8.373320437	0.000106405
残差	19	197261.3854	10382.18		
合計	26	805794.5185			

	係数	標準誤差	t	P-値
切片	578.1458333	68.98186959	8.381127	8.33849 E-08
経過数	7.084821429	2.573186178	2.753326	0.012643437
月	339.6287202	78.08747434	4.349337	0.000345316
火	342.7938988	77.91770339	4.399435	0.000308115
水	423.9590774	77.83267904	5.447057	2.95819 E-05
木	407.124256	77.83267904	5.230762	4.7606 E-05
金	248.2894345	77.91770339	3.18656	0.004858331
土	82.7046131	78.08747434	1.059128	0.302821248

ここで，各曜日ごとの影響度指数を出してみます。数量化理論1類の場合は説明変数が0か1かだけで計算されていますから，影響度指数は係数と等しくなります。その結果，影響度指数は図のようになりました（日曜は，影響度指数＝0としました）。

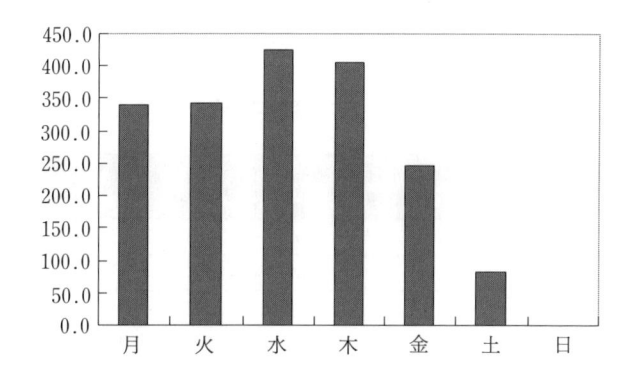

この結果から水曜が最も訪問者数が多く，次いで木曜が多くなっていることがわかります。

では，これらの説明変数で訪問者数を求める計算式を出してみると，

$$訪問者数 = 曜日 \begin{cases} 月曜 & 339.6 \\ 火曜 & 342.8 \\ 水曜 & 424.0 \\ 木曜 & 407.1 \\ 金曜 & 248.3 \\ 土曜 & 82.7 \\ 日曜 & 0 \end{cases} + (経過日数) \times 7.1 + 578.1 （切片）$$

となります。

これで解析ができました。これを用いて，1月31日のデータを予測してみます。1月31日は経過日数が28，そして日曜ですから，データは以下のようになります。

		ホームページ訪問数	経過数	月	火	水	木	金	土	日
1月31日	日	?	28	0	0	0	0	0	0	1

このデータを，上の訪問者数を求める式にあてはめると，

訪問者数 = 0 （曜日）+ 7.1 × 28 （経過数）+ 578.1 （切片）= 776.9

と予測できました。

実際のデータは801人でしたから，相対誤差は (801 − 776.9)/801 = 3.0％となり，なかなかの精度です。

8．アンケートの結果を解析する(1)

表7はこの1年間に通販で買ったもののアンケートデータ結果です。

表7　この1年間に通販で買ったもの

単位；%

	衣料品	家庭用品・雑貨	化粧品・薬品・健康食品	食料品	服飾雑貨	チケット・旅行などサービス	保険	その他
20代	87.3	85.5	52.7	27.3	25.5	3.6	5.5	21.8
30代	82.4	82.4	49.0	29.4	10.8	12.7	11.8	14.7
40代	82.4	70.6	56.9	39.2	9.8	13.7	5.9	8.0
50代以上	70.0	72.5	52.5	37.5	10.0	7.5	5.0	7.5

（リビング生活研究所：「くらしHOW」2001.4.1）

このデータを解析してください。解析の方法は，自由です。

解答例と解説

顔グラフを描くと以下のようになります。

20代，30代はそれぞれ特徴的な顔をしていますが，40代と50代は比較的似た顔になっています。

| 20代   30代   40代   50代以上

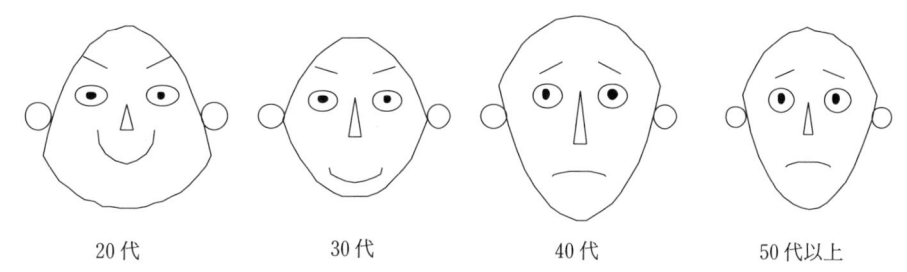

凡例：(1)顔の幅＝衣料品，(2)耳の位置＝（なし），
　　(3)顔の高さ＝化粧品・薬品・健康食品，
　　(4)顔上半分の楕円の離心率＝食料品，
　　(5)顔下半分の楕円の離心率＝服飾雑貨，
　　(6)鼻の長さ＝チケット・旅行などサービス，
　　(7)口の中心位置＝保険，(8)口の曲率＝その他，
　　(9)眉の角度＝家庭用品・雑貨，(10)口の長さ＝（なし），
　　(11)目の高さ＝（なし）

次に，双対尺度法にかけると結果は以下のようになります。

関係図1	第1固有値に対応する固有ベクトル	第2固有値に対応する固有ベクトル
20代	−0.04672	0.01032
30代	0.00559	−0.04865
40代	0.02868	0.01103
50代以上	0.01748	0.03013
衣料品	−0.00062	−0.00321
家庭用品・雑貨	−0.00505	−0.00608
化粧品・薬品・健康食品	0.01113	0.02045
食料品	0.03259	0.0362
服飾雑貨	−0.07821	0.03063
チケット・旅行などサービス	0.07399	−0.06329
保険	0.01513	−0.12468
その他	−0.07196	−0.03942

これをグラフにすると以下のようになります。

この結果を見ると，左ほど若く，右にいくほど高年齢になっています。

また，上のほうが「気軽に買える日用品」であり，下のほうにいくほど「慎重に選ばなければいけない商品」になっていることもわかります。

以上より次の仮説を得ました。

仮説；年代により買っているものが大きく違う

250　　　　　　　　　　　演 習 問 題

20代は服飾雑貨，その他の「気軽に買えるもの」であり，「興味がわくもの」を通販で購入している。

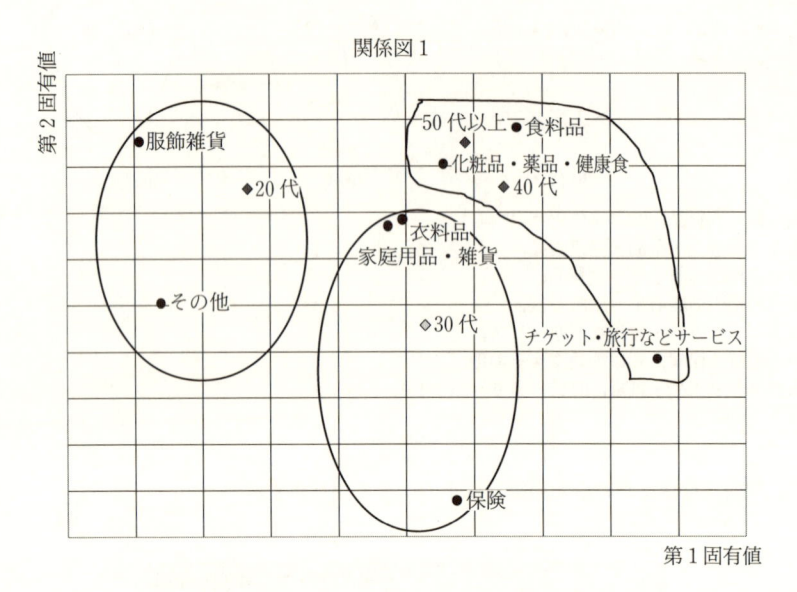

関係図1

第2固有値／第1固有値

（関係図1：服飾雑貨，20代，その他／50代以上，食料品，化粧品・薬品・健康食，40代／衣料品，家庭用品・雑貨，30代，チケット・旅行などサービス／保険）

30代は衣料品，家庭用品・雑貨，保険などを幅広く購入している。これは忙しい年代であるため，「時間の節約のため」に通販を利用していると思われる。商品の中身は比較的「慎重に選ばなければいけない商品」も含まれている。

40代以上は食料品，化粧品・薬品・健康食品，チケット・旅行などサービスを購入している。これは実際に足を運ぶことがおっくうになり，「自分で実際に行く代わりに通販を利用していると思われる。

マーケティングでは，通販市場では忙しい30代が最大規模の市場，次に大きな市場が40代ということがよく言われているのですが，30代と40代では購入する商品が大きく違い，特性が大きくあることがこの結果からわかります。

9．アンケートデータを解析する(2)

表8，表9は，単語の意味がわかる比率（％）を性別，年齢別に調査したデータです。

表8　男性

男性	カリスマ	コーディネータ	コメンテータ	パネリスト	ノンバンク	コンテンツ	アイコン	ダウンロード	ゲノム	ハイブリッド
16-19歳	77.8	51.1	57.8	17.8	15.6	22.2	57.8	71.1	31.1	48.9
20-29歳	64.4	55.9	65.3	30.5	44.9	37.3	59.3	66.1	30.5	57.6
30-39歳	65.1	72.8	76.9	54.4	68.6	39.1	55.6	66.3	33.1	63.9
40-49歳	56.6	61	63.7	46.7	65.9	27.5	50.5	52.2	23.6	54.9
50-59歳	48.6	54.2	52.8	39.4	66.7	19.4	32.9	31.5	19.4	42.1
60歳以上	30.2	31.4	29.6	23.4	44.7	13	11.8	13.6	15.4	25.4

演習問題

表9 女性

女性	カリスマ	コーディネータ	コメンテータ	パネリスト	ノンバンク	コンテンツ	アイコン	ダウンロード	ゲノム	ハイブリッド
16-19歳	43.8	52.1	47.9	12.5	16.7	6.3	29.2	43.8	12.5	12.5
20-29歳	68.7	69.5	68.7	35.1	47.3	25.2	43.5	58.8	16	31.3
30-39歳	60.5	75.1	73	43.2	58.4	15.1	41.1	42.2	19.5	34.6
40-49歳	55.6	60.6	59.1	34.8	47.5	8.1	23.2	25.3	10.1	19.2
50-59歳	42.6	53.9	52.6	30.9	49.6	5.7	11.7	8.7	6.5	15.2
60歳以上	17.8	26.8	25.3	12.3	25	1.2	1.8	4.2	3.9	3.9

文化庁:「平成12年度国語に関する世論調査」

このデータを解析してください。どのような仮説が得られるでしょうか?
もちろん,解析の仕方は自由です。

解答例と解説

まず,概要を把握するために顔グラフを描いてみます。男性の顔グラフはそれぞれ下のようになりました。

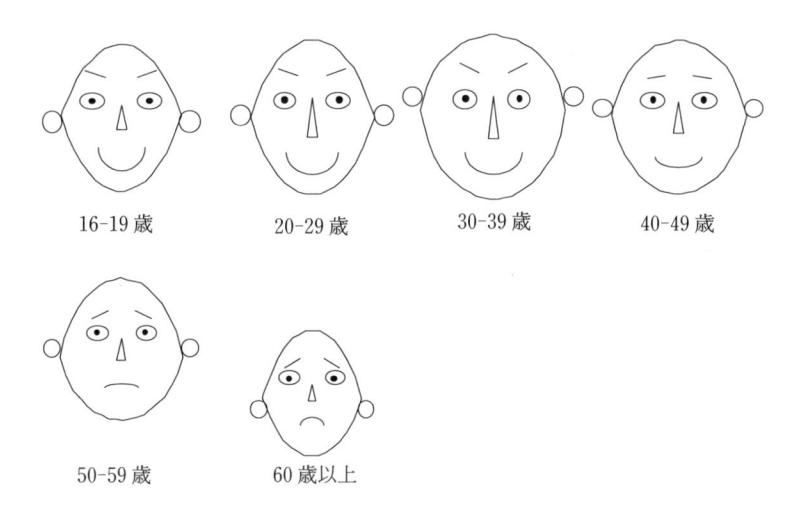

16-19歳   20-29歳   30-39歳   40-49歳

50-59歳   60歳以上

凡例:(1)顔の幅=カリスマ,(2)耳の位置=コーディネータ,
(3)顔の高さ=コメンテータ,
(4)顔上半分の楕円の離心率=パネリスト,
(5)顔下半分の楕円の離心率=ノンバンク,
(6)鼻の長さ=コンテンツ,(7)口の中心位置=アイコン,
(8)口の曲率=ダウンロード,(9)眉の角度=ゲノム,
(10)口の長さ=ハイブリッド,(11)目の高さ=(なし)

30代がとても大きく,元気な顔をしていることがわかります。これは凡例を見てもわかるように,30代が全体的に認知率の数値が高いことを表しています。

また,年をとり50代,60代となるにつれ,全体的に認知度が低くなっていることがわか

ります。

次に，女性についても同じように顔グラフを描いてみましょう。

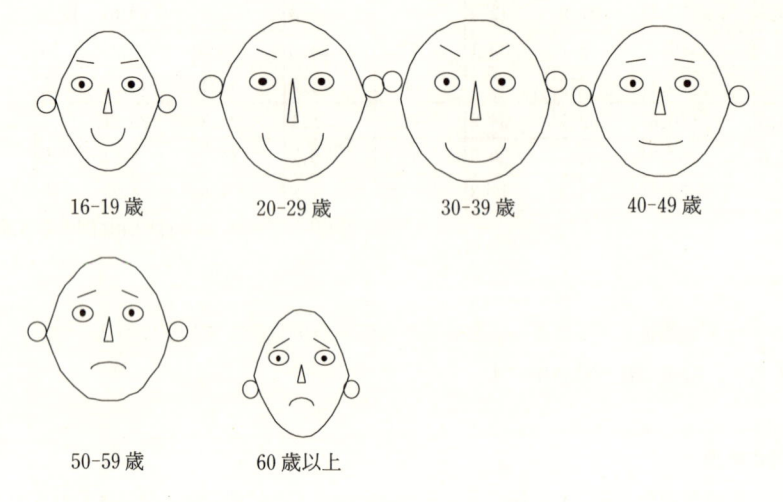

16-19歳　　20-29歳　　30-39歳　　40-49歳

50-59歳　　60歳以上

凡例：(1)顔の幅＝カリスマ，(2)耳の位置＝コーディネータ，
(3)顔の高さ＝コメンテータ，
(4)顔上半分の楕円の離心率＝パネリスト，
(5)顔下半分の楕円の離心率＝ノンバンク，
(6)鼻の長さ＝コンテンツ，(7)口の中心位置＝アイコン，
(8)口の曲率＝ダウンロード，(9)眉の角度＝ゲノム，
(10)口の長さ＝ハイブリッド，(11)目の高さ＝（なし）

女性の顔グラフを見てみると，20代と30代が非常に似ていることがよくわかります。30代がもっとも大きく，笑った顔をしていることは男性と同じですが，20代の顔が男性よりも笑っているのが特徴です。女性のほうが，単語の習得が早いのでしょうか。

次に，双対尺度法での分析も行ってみましょう。分析結果は以下のようになります。

面白い傾向が読み取れます。

まず，男性は左下，女性は右上に集まる傾向が読み取れます。このことから，それぞれの単語のうち左下のものほど男性によく知られている単語，右上ほど女性によく知られている単語だといえます。

つまり，「コーディネータ」や「コメンテータ」，「カリスマ」などは女性によく知られている単語であり，「コンテンツ」，「ハイブリッド」，「ゲノム」などは男性によく知られている単語であることがわかります。

次に，左にいくほど年齢が低く，右にいくほど年齢が高いこともわかります。

つまり，単語でも「ダウンロード」や「アイコン」は若い人によく知られている単語であり，「パネリスト」や「ノンバンク」は年齢の高い人によく知られている単語であることがわかります。

このように，一般の単語でも「若い男性によく知られる傾向がある単語」のように，認知

関係図1

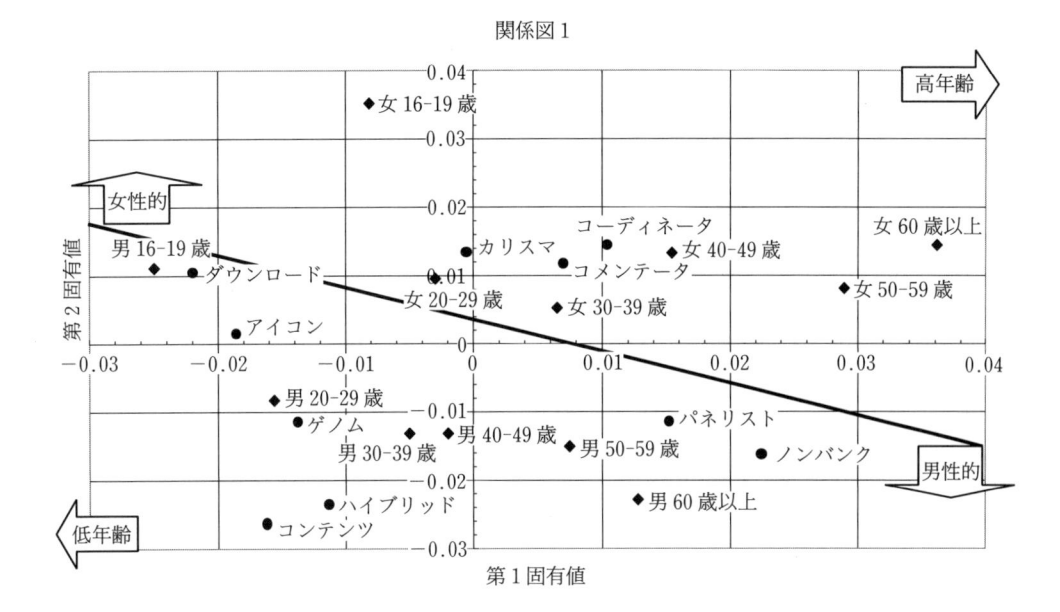

[散布図: 横軸 第1固有値 (低年齢 ← → 高年齢), 縦軸 第2固有値 (女性的 ↑, 男性的 ↓)]

プロット項目：女16-19歳、男16-19歳、ダウンロード、アイコン、カリスマ、コーディネータ、コメンテータ、女40-49歳、女60歳以上、女20-29歳、女30-39歳、女50-59歳、男20-29歳、ゲノム、男30-39歳、男40-49歳、男50-59歳、パネリスト、ノンバンク、ハイブリッド、コンテンツ、男60歳以上

度に特性があることがわかります。この分析手法はブランドの認知度，理解度調査結果の解析などにもよく用いられるものです。

いかがでしょう？　どの単語の意味を正確にいえますか？

自分がマップのどのあたりに位置するのか，調べてみるのも面白い作業です。この作業によって，自分が市場の中のどの位置にいるのかを感覚でなく，データから客観的に把握することが可能になります。

「感覚」と「現実」のズレ（誤差）は，どのぐらいありましたか？　最初のうちは，ズレは大きいと思います。

しかし，このような作業を繰り返していくうちに，だんだんと市場を分析する「感覚」そのものが矯正されていき，正確になっていきます。この作業を「感覚」のトレーニングと呼んでいます。

馴れてくると，自分が市場の中でどのようなポジションにいるのかを感覚でもかなり正確に把握できるようになっていきます（たまに間違えますが）。

その正確な「現場感」を手に入れるためには，数多く実践することが必要です。

10．受注高を予測する

表10はある会社の受注高データです。経過月11の受注高を予測しなさい。

ヒント：下図のように散布図を描いて見ましょう。販促実施をどう表すかです。

演習問題

表10 受注高データ

経過月	受注高	備考
1	11	
2	14	
3	13	
4	16	
5	24	販促実施
6	17	
7	16	
8	21	
9	23	
10	24	
11	?	販促実施

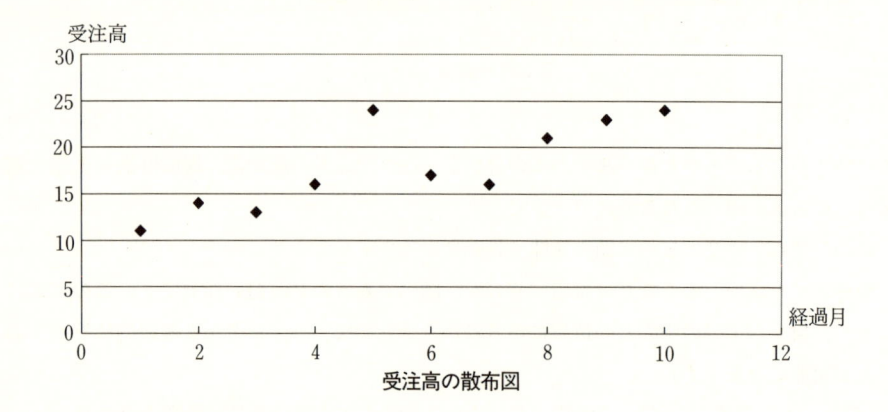

受注高の散布図

解答例と解説

受注高は経過月が増えると増加しているようです。まず，経過月と受注高を散布図に描いて，増加の傾向をみます。

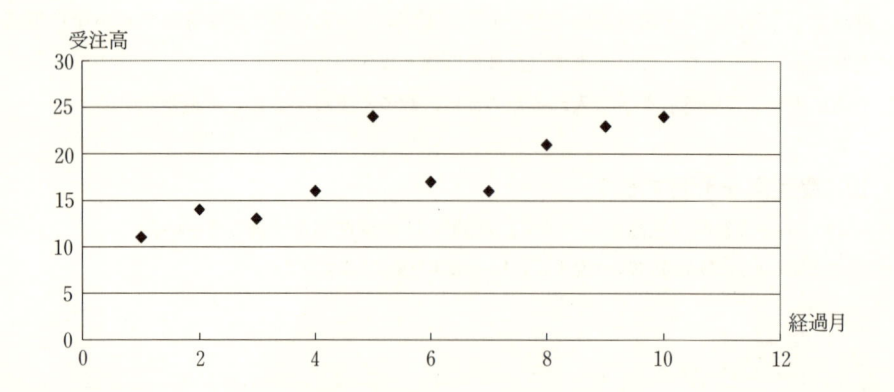

経過月が増えると受注高が増加していることがグラフからわかります。経過月は受注高増加の要因になっているということです。しかし，グラフをよく見ると，経過月5の受注高が非常に多いことがわかります。元のデータを見ると経過月5は販促実施を行った月です。販促実施も受注高増加の要因になっていることがわかります。

ここで，各要因の影響を定量的に表せる回帰分析を利用して分析，予測することを考えてみます。受注高を説明する説明変数は「経過月」と「販促実施」にします。

「経過月」は定量的なデータなのでそのまま回帰分析できますが，「販促実施」は定性的なデータです。このままでは回帰分析できません。

そこで，数量化理論1類を利用します。「販促実施」を0, 1データで表すわけです。該当していれば1，そうでなければ0として作成した表が，表11になります。

表11 販促実施を0,1データで表す

経過月	販促実施	受注高
1	0	11
2	0	14
3	0	13
4	0	16
5	1	24
6	0	17
7	0	16
8	0	21
9	0	23
10	0	24

この表をもとにして，回帰分析を実行します。

回帰統計	
重相関 R	0.958406
重決定 R^2	0.918543
補正 R^2	0.89527
標準誤差	1.544138
観測数	10

分散分析表

	自由度	変動	分散	観測された分散比	有意 F
回帰	2	188.2095	94.10473	39.46745	0.000154
残差	7	16.69054	2.384363		
合計	9	204.9			

	係数	標準誤差	t	P-値
切片	9.797297	1.077015	9.096718	3.98 E-05
経過月	1.336486	0.170291	7.848253	0.000103
販促実施	7.52027	1.630412	4.612498	0.002448

結果より式を作成します。

【受注高】y＝9.80＋1.34＊【経過月】＋ $\begin{cases} 7.52 & (販促実施) \\ 0.00 & (なし) \end{cases}$

経過月 11 の受注高を予測するので，経過月に 11 と販促実施を式に代入すると
受注高＝9.80＋1.34＊11＋7.52＝32.06≒32 となります。

これで，予測ができました。

11．携帯電話代を分析する

表 12 は 1 カ月の携帯電話代です。

表12　携帯電話代

No.	年代	性別	携帯電話代（円）
1	20代	男性	5,970
2	20代	女性	5,160
3	20代	男性	5,610
4	20代	女性	4,080
5	30代	女性	2,730
6	30代	男性	5,070
7	30代	女性	3,180
8	30代	女性	4,170
9	30代	男性	6,330
10	40代	女性	3,180
11	40代	男性	5,970
12	40代	男性	8,040
13	40代	男性	4,080
14	50代以上	女性	2,100
15	50代以上	女性	3,900
16	50代以上	女性	2,370
17	50代以上	女性	3,360

携帯電話代（円）を年代と性別で表す式を求めてください。
また，それぞれの影響度指数も求めてください。

解答例と解説

説明変数を「年代」と「性別」にして，携帯電話代を表す式を作ります。

回帰分析を実行しますが，このままでは説明変数が定性的なデータのため，回帰分析を実行することができません。そこで「年代」と「性別」を 0，1 データで表します。それにより，表 13 ができあがります。

表13 「年代」と「性別」を0, 1データで表す

20代	30代	40代	50代以上	女性	男性	携帯電話代(円)
1	0	0	0	0	1	5970
1	0	0	0	1	0	5160
1	0	0	0	0	1	5610
1	0	0	0	1	0	4080
0	1	0	0	1	0	2730
0	1	0	0	0	1	5070
0	1	0	0	1	0	3180
0	1	0	0	1	0	4170
0	1	0	0	0	1	6330
0	0	1	0	1	0	3180
0	0	1	0	0	1	5970
0	0	1	0	0	1	8040
0	0	1	0	0	1	4080
0	0	0	1	1	0	2100
0	0	0	1	1	0	3900
0	0	0	1	1	0	2370
0	0	0	1	1	0	3360

情報が冗長になってしまうので，各要因（アイテム）から1水準（カテゴリ）ずつ削除します。ここでは，「50代以上」と「男性」を削除しました。削除した水準の回帰係数は0になります。各要因から1列削除した表が表14です。

表14 1水準削除後のデータ

20代	30代	40代	女性	携帯電話代（円）
1	0	0	0	5970
1	0	0	1	5160
1	0	0	0	5610
1	0	0	1	4080
0	1	0	1	2730
0	1	0	0	5070
0	1	0	1	3180
0	1	0	1	4170
0	1	0	0	6330
0	0	1	1	3180
0	0	1	0	5970
0	0	1	0	8040
0	0	1	0	4080
0	0	0	1	2100
0	0	0	1	3900
0	0	0	1	2370
0	0	0	1	3360

では，回帰分析を実行します．

回帰統計	
重相関 R	0.814409
重決定 R^2	0.663263
補正 R^2	0.551017
標準誤差	1074.532
観測数	17

分散分析表

	自由度	変動	分散	観測された分散比	有意 F
回帰	4	27290667	6822667	5.90902	0.00726
残差	12	13855428	1154619		
合計	16	41146094			

	係数	標準誤差	t	P-値
切片	5005.551	824.652	6.069894	5.59 E-05
20代	1235.975	821.6803	1.504204	0.158386
30代	534.2797	763.0216	0.700216	0.497144
40代	830.2119	893.0117	0.929676	0.370863
女性	−2073.05	625.6167	−3.31361	0.006183

回帰分析の結果より，携帯電話代を表す式を求めます．

式は

$$\text{【携帯電話代】} Y = 5005.55 + \begin{bmatrix} 1235.98 \text{（20代）} \\ 534.28 \text{（30代）} \\ 830.21 \text{（40代）} \\ 0.00 \text{（50代以上）} \end{bmatrix} + \begin{bmatrix} -2073.05 \text{（女性）} \\ 0.00 \text{（男性）} \end{bmatrix}$$

となりました．

次に影響度指数を求めます．影響度指数は回帰係数のレンジ（最大値−最小値）になりますから，

年代のレンジは　1235.98−0.00＝1235.98，

性別のレンジは　0.00−(−2073.05)＝2073.05，

となります．グラフは以下のようになります．

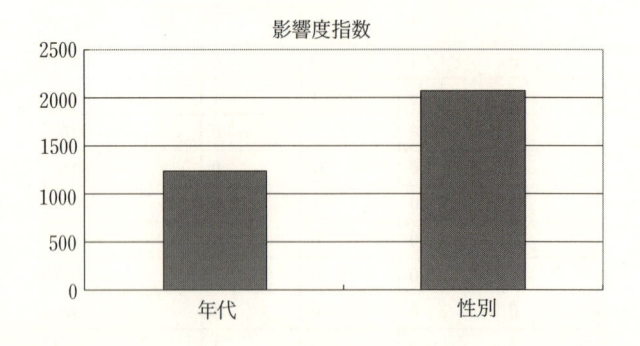

影響度指数

（年代: 約1235.98，性別: 約2073.05 の棒グラフ）

12. パソコン価格を分析する

表 15 はパソコンのスペックと価格の一覧表です。

表 15　パソコンのスペックと価格の一覧表

製品名	メモリ(MB)	ハードディスク (GB)	価格 (円)
inspiron 7500	128	25.0	530800
LaVieNXLA 500 J	128	18.0	499800
VAIOPCG-XR 9 G	96	18.1	449800
FMV-BIBLO	64	12.0	314800
DynabookSS 3380	64	8.1	278000
メビウスノート	128	8.1	268000
FLORAPriusnote	64	6.4	229800
ProsigniaNotebook	64	6.0	229800
ThinkPad 1421	64	4.8	199800

価格を表す最適な回帰式を求めてください。

解答例と解説

価格を表す回帰式を求めます。まずメモリとハードディスクの両方を説明変数として回帰分析を実行します。

表 16　メモリとハードディスクを説明変数とした回帰分析の結果

回帰統計	
重相関 R	0.981709
重決定 R^2	0.963754
補正 R^2	0.951671
標準誤差	27721.78
観測数	9

分散分析表

	自由度	変動	分散	観測された分散比	有意 F
回帰	2	1.23 E+11	6.13 E+10	79.76665	4.76 E-05
残差	6	4.61 E+09	7.68 E+08		
合計	8	1.27 E+11			

	係数	標準誤差	t	P-値
切片	103009.2	29736.87	3.464024	0.013401
メモリ (MB)	410.03	434.747	0.943146	0.382015
ハードディスク (GB)	16389.6	1932.456	8.481231	0.000147

次にP-値（危険率）の大きい説明変数メモリをはずして，ハードディスクだけを説明変数として，回帰分析を実行します．

表17　ハードディスクを説明変数とした回帰分析の結果

回帰統計	
重相関 R	0.9789688
重決定 R^2	0.9583798 → R^2
補正 R^2	0.9524341
標準誤差	27502.153
観測数	9 → データ数

説明変数の個数

分散分析表

	自由度	変動	分散	観測された分散比	有意 F
回帰	1	1.22 E+11	1.22 E+11	161.1877	4.35 E-06
残差	7	5.29 E+09	7.56 E+08		
合計	8	1.27 E+11			

	係数	標準誤差	t	P-値
切片	124600.50	18828.59	6.617622	0.000299
ハードディスク（GB）	17645.028	1389.813	12.69597	4.35 E-06

それぞれのRu（説明変数選択規準）を求めます．

Ruの式は，

$1-(1-R^2)\times(データ数＋説明変数の数＋1)/(データ数－説明変数の数－1)$

です．
説明変数がメモリとハードディスクの式のRu
$=1-(1-0.964)\times(9+2+1)/(9-2-1)=0.928$，
説明変数がハードディスクの式のRu
$=1-(1-0.958)\times(9+1+1)/(9-1-1)=0.935$，
Ruが最大のものを最適な回帰式としますので，説明変数はハードディスクのみになり，表17の係数から次の式が完成します．

その結果，価格を求める最適な回帰式は

【価格】y＝124600.50＋17645.03×【ハードディスク】

となります．ハードディスクの容量がこの時点のPC市場では重要であり，価格に反映されていたのでしょう．

参 考 文 献

1) 石井吾郎：実験計画法の基礎，サイエンス社（1972）
2) 西里静彦：質的データの数量化―双対尺度法とその応用―，朝倉書店（1982）
3) 坂元慶行：カテゴリカルデータのモデル分析，共立出版（1985）
4) 刀根　薫：ゲーム感覚意志決定法―AHP入門―，日科技連（1986）
5) 渋谷政昭，柴田里程：Sによるデータ解析，共立出版（1992）
6) 市川　紘：階層型ニューラルネットワーク，共立出版（1993）
7) J.M.チェンバース，T.J.ヘイスティ編，柴田里程訳：Sと統計モデル，共立出版（1994）
8) Phil Spector：An Introduction to S and S-Plus, Duxbury Press（1994）
9) Brian S.Everitt：A Handbook of Statistical Analyses using S-PLUS, CHAPMAN&HALL（1994）
10) 神田範明編：商品企画七つ道具，日科技連（1995）
11) 後藤秀夫：市場調査マニュアル，日本マーケティング教育センター（1996）
12) 後藤秀夫：市場調査ケーススタディ，日本マーケティング教育センター（1996）
13) Michael J.A.Berry & Gordon Linoff：Data Mining Techniques for Marketing, Sales and Customer Support, John Wiley & Sons（1997）（SASインスティテュートジャパン，江原淳，佐藤栄作共訳：データマイニング手法営業，マーケティング，カスタマーサポートのための顧客分析，海文堂（1999））
14) Christohper Westphal, Teresa Blaxton：Data Mining Solutions, John Wiley & Sons（1998）
15) 後藤秀夫：市場調査ベーシック，日本マーケティング教育センター（1998）
16) 本多正久：マーケティング調査とデータ解析，産能大学出版部（1988）
17) 上田太一郎：パソコンを用いたデータマイニング活用マニュアル，日本ビジネスレポート（1998）
18) 上田太一郎：データマイニング事例集，共立出版（1998）
19) 上田太一郎：データマイニング実践集，共立出版（1999）
20) 徳高平蔵他：自己組織化マップの応用，海文堂（1999）
21) 森　行生：シンプル・マーケティング，翔泳社（2000）
22) 上田太一郎：データマイニング入門講座，企業診断，2000年1月号～2001年3月号
23) 上田太一郎：Excelでできるデータマイニング演習，同友館（2001）
24) 上田太一郎編：新版Excelでできるデータマイニング入門，同友館（2001）
25) 豊田秀樹：金鉱を掘り当てる統計学，講談社（2001）
26) ヴェナブルズ，B.D.リプリー，（伊藤幹夫他訳）：S-PLUSによる統計解析，シュプリンガー・フェアラーク東京（2001）
27) 柴田里程：データリテラシー，共立出版（2001）

28) 渡辺澄夫：データ学習アルゴリズム，共立出版（2001）
29) 福田剛志他：データマイニング，共立出版（2001）
30) 上田太一郎，石井敬子：Excelでできる上昇株らくらく発見法，同友館（2001）
31) 上田太一郎，石井敬子：簡単エクセルでデータ分析，日経 PC 21，2001年11月号
32) 森豊史，森行生：21世紀のモノ創り，70のヒント，毎日コミュニケーションズ（2001）
33) 中村　博：新製品のマーケティング，中央経済社（2001）
34) ドーン・イアコブッチ：ケロッグスクール　マーケティング戦略論，ダイヤモンド社（2001）
35) 森　行生：コンジョイント分析，㈱シストラット社ホームページ内　URL http://www.systrat.co.jp/theory/index.html

索　引

ア

アイテム ……………………………… 45, 257
赤池（弘次）………………………………… 234
アドイン …………………………………… 233
アンケート ………………………………… 85, 121
アンケート調査 …………………………… 81
アンケートデータ ………………………… 250
アンケート用紙 ………………… 86, 105, 106

イ

1次関数 ……………………………………… 67
1次元上のグラフ ………………………… 124
一対比較 …………………………………… 121
一対比較データ …………………………… 242
一対比較法 …………………… 122, 128, 131
一般逆行列 ……………………………… 50, 55
因果分析 …………………………………… 20
因子 ………………………………………… 83, 103

エ

影響度 …… 49, 52, 53, 94, 111, 112, 239, 240,
　　　247, 256, 258

オ

折れ線グラフ ……………………… 18, 57, 65, 243
折れ線グラフを描く関数 ………………… 213

カ

回帰係数 …………………………………… 28
回帰係数のレンジ ………………………… 62
回帰式 ……………………………………… 52
回帰式の予測 ……………………………… 213
回帰分析　21, 65, 108, 141, 142, 233, 235, 259
回帰分析関数を作る ……………………… 218
回帰分析用 L_{18} 直交表 ………………… 87
回帰モデルで考える ……………………… 153
外挿 ………………………………………… 13
階層型ニューラルネットワーク ………… 159
外的基準 …………………………………… 71
回答のやり方 ……………………………… 86
顔グラフ … 99, 100, 102, 119, 120, 193, 248,
　　　251, 252
各変数の平均を求める …………………… 210
隠れ層 ……………………………………… 159, 163
隠れ層のユニット数 ……………………… 166
隠れ層のユニット数の判別率 …………… 169
カテゴリ ……………………………… 45, 72, 257
カテゴリスコア …………………………… 49
カテゴリデータ化 ………………………… 72
株価を予測する …………………………… 17
カラー表示双対尺度法別解C …… 175, 176, 178
カラーラベル付き散布図 ………… 118, 192
関係式 ……………………………………… 11, 19
関係式を描く手順 ………………………… 11
幹葉図 ……………………………………… 214
幹葉図を描く関数 ………………………… 213
関連度のモノサシ ………………………… 14

キ

効いている説明変数 ……………………… 29
幾何平均 …………………………………… 126
危険率 ……………………………… 30, 31, 32
擬似相関 …………………………………… 44
逆行列 ……………………………………… 73
行列データの任意の行・列の併合 ……… 218
行列のソート ……………………………… 221
局所的な最適解 …………………………… 161
近似曲線の追加 …………………………… 68
近傍 ………………………………………… 210

ク

クラスター ………………………………… 189
クラスター分析 ……… 186, 187, 191, 195, 201,
　　　215, 235
クラスタリング …………………………… 201
グループ化（層別）……………………… 95
クロス表 …………………… 165, 175, 184, 233

ケ

傾向 ………………………………………… 57
結合荷重 …………………………………… 160, 163
検索 ………………………………………… 4

コ

小池將貴 …………………………………… 50
誤差 ………………………………………… 14
コストダウン ……………………………… 7
誤判定率 ………………………… 137, 141, 147
誤判別データの確認 …………………… 171
誤判別率 ……………………………… 147, 166
コミニュケーション強化 ………………… 7
固有ベクトル ……………… 178, 179, 183
コレスポンデンスアナリシス ………… 175
混合系 ………………………………… 84, 104
コンジョイント分析 … 79, 81, 84, 92, 101, 103, 120
コンセプト ……………………………… 121

サ

最小自乗法 ………………………………… 20
最大電力需要を予測する ……………… 56
最適化計算 ……………………………… 160
最適な回帰式 …… 22, 29, 37, 40, 41, 144, 237, 236, 238, 255
最適な回帰式を求める手順 …………… 29
最適なクロス集計表の作成 …………… 179
最適なクロス表 ……………………… 175, 184
最適なロゴは …………………………… 128
最適な説明変数の組合せ ……………… 144
細分化 …………………………………… 95, 112
作成されたニューラルネットモデル …… 164
サーストン法 …… 120, 122, 123, 125, 128, 242
サーティ教授 …………………………… 125
佐和（隆光） …………………………… 234
3水準系 ……………………………… 84, 104
散布図 … 10, 13, 20, 22, 25, 42, 67, 118, 135, 182, 194, 233, 254
散布図作成の操作手順 ………………… 10
散布図を描く関数 ……………………… 212

シ

視覚化する ……………………………… 111
時系列データ …………………… 4, 56, 57, 243
実験回数 ………………………………… 84
実験計画法 …………………………… 83, 84, 103
実験計画法データの解析 ……………… 235
自動予測システム ……………………… 55
シフトウェア ……………………………… 5
シフトウェア一覧 ………………………… 6

尺度 ……………………………………… 175
重回帰式 ……………………………… 28, 29, 37
重回帰分析 …………………… 22, 37, 87, 234
重回帰分析による予測 …………………… 76
重回帰分析を実行する …………………… 90
重相関係数 …………………… 35, 70, 234
自由度 …………………………………… 181
重要度 …………………………………… 89
樹形モデル ……… 133, 134, 141, 142, 144, 148, 196
樹形モデルによる分類結果 ……………… 137
樹形モデルの実行結果 ……………… 145, 150
樹形モデルの出力結果 ……………… 145, 149
樹形モデルの有用性 …………………… 151
主成分分析 ………………………… 228, 235
出力層 ………………………………… 159, 163
需要予測 …………………………………… 2
人工知能 ……………………………… 154

ス

水準 …………………………………… 83, 87, 104
数量化1類 ……………………………… 71
数量化2類 …………………………… 235
数量化3類 ……………………………… 175, 234
数量化理論 ……………………………… 45
数量化理論1類 …………… 45, 65, 150, 247, 255
数量化理論1類モデル ………………… 233
数量化理論2類モデル ………………… 233
数量化理論3類 ……………………… 231
ステレオグラム ………………………… 233

セ

正規分布 ……………………………… 124
正準相関分析 …………………… 224, 225
正の相関がある …………………………… 10
セグメント（グループ） ……………… 97
絶対評価と相対評価 …………………… 121
説明変数 ……………………………… 14, 22, 28
説明変数選択規準 ……… 35, 40, 143, 239, 260
説明変数に定性的データ，定量的データの両方がある場合 ……………………………… 148
0，1データ ……………… 220, 255, 256, 257
線形 ……………………………………… 233
線形近似 ……………………………… 68, 69
選択肢 …………………………………… 81, 84

ソ

相関 ………………………………………… 9

相関がある	$10, 27$
相関がない	21
相関係数	$17, 25, 66, 191, 194, 233, 234$
相関係数行列	$26, 43$
相関係数の計算手順	16
相関係数を求める	216
相関係数 r	14
相関係数 r の計算式	15
相関の有無の判定	27
相似法	$65, 66$
総称関数	170
相対誤差	$36, 64, 71, 78, 248$
双対尺度法	$175, 178, 231, 233, 235, 252$
ソート	221

タ

大域的な最適解	161
第1固有値	$178, 183$
第1固有ベクトル	181
対応分析	175
代替案	$121, 128$
田口玄一	$84, 104, 230$
竹内（啓）	230
多重共線性	44
多変量解析	$5, 234$
ダミー変数	45
単回帰	9
単回帰式	$11, 13, 14, 19$
単回帰分析	67
探索	4

チ

知識工学	5
知識の創出と共有	5
チャーノフ	100
調査票	95
調査票を設計する	83
超らく解析	$101, 102$
直線	19
直交表	$84, 104$

ツ

強い正の相関	14
強い負の相関	14

テ

定性的なデータ	145
定量データの予測	142
デザイン	121
デシジョンツリー	198
データウェアハウス	$4, 5, 200, 233$
データの基地	4
データの倉庫	4
データベース	4
データマイニング	$1, 2, 3, 4, 198, 233$
データマイニング概念図	5
データマイニングツール	5
データマイニングの現場	191
データマイニングの事例	7
デンドログラム	$189, 190, 196, 215$

ト

統計	5
統計手法	233
特性のカテゴリ	175
ドリルダウン	4

ナ

内挿	13
ナレッジマネジメント	5

ニ，ノ

2次元の格子（マップ）	199
西里静彦	$231, 233, 235$
2水準系	$84, 104$
2値（2群）判別	159
入力層	159
ニューラルネット	$5, 152$
ニューラルネットワーク	198
ノード	$201, 202, 204, 206$

ハ

外れ値	$191, 196$
パターン（特徴）	$57, 154, 203$
パターン認識	5
林知己夫	$45, 231, 234, 235$
万能回帰分析関数	$50, 53, 220$
万能回帰分析を適用したシステム	54
万能分散分析関数	219
判別分析	$147, 222, 226, 228, 235$
判別分析モデル	233
判別（分類）	137
判別モデル	159
判別率	147

ヒ

ヒストグラムを描く関数 …………………… 213
被説明変数 …………………………… 14, 22, 28
非線形 ……………………………………… 152, 154
非線形データ …………………………………… 133
ヒット商品や良いサービスのコンセプトを探る分析手法 ……………………………………… 101
標準化正規変数（標準正規変数） ………… 124
表側 ………………………………………………… 166
表側項目 ………………………………………… 175
表頭 ………………………………………………… 166
表頭項目 ………………………………………… 175

フ

フェース分析 …………………………………… 100
付加価値 …………………………………………… 13
不等間隔の2次の直交多項式 ……………… 216
負の相関がある ………………………………… 10
分散分析 ………………………………………… 221
分析ツール ………………………………………… 70
分類されたグループ（集団） ……………… 189

ヘ

偏差値 …………………………………………… 243
変数 ………………………………………………… 10, 13
偏相関係数 ……………………………………… 37, 216
偏相関係数を求める …………………………… 216

ホ

ポイント …………………………………………… 81
棒グラフを描く関数 …………………………… 212

マ

マップ ……………………………… 201, 203, 204, 206
マルチコ …………………………………………… 44

ミ

見かけの相関 …………………………………… 31, 42
見せかけの相関 ………………………………… 44
魅力度 ……………………………………………… 89

ヤ, ユ

役に立つ S-PLUS の関数 …………………… 211
ユニット数 ……………………………………… 163, 169
ユニット数の決め方 …………………………… 159
ユニット数を決める …………………………… 169

ヨ

要因 ………………………………… 45, 83, 87, 103
要因と水準 ……………………………………… 83, 104
要因分析 ……………………………… 32, 37, 49, 60, 62
要因分析をする ………………………………… 110
予測 … 2, 3, 13, 21, 29, 36, 37, 49, 56, 60, 64, 65, 71, 93, 172, 256
予測値 …………………………………………… 144
予測問題 …………………………………………… 65

ラ, ル

ラベル付き散布図 …………… 95, 96, 97, 102, 190
類似度 …………………………………………… 179

レ, ロ

レンジ …………………………………………… 49, 52
ロゴ ……………………………………………… 129, 130

ワ

割付け …………………………………………… 84, 104

欧文

addNnetMenus ………………………………… 158
AHP法 ……………………………… 122, 125, 128, 130
AIC（赤池の情報量規準） … 179, 180, 222, 234
anova ……………………………………………… 223, 224
anovaall ………………………………………… 219, 220
aov ………………………………………………… 222
apply ……………………………………………… 214
as. factor ……………………………………… 157

barplot ………………………………………… 52, 212
B. D. Ripley …………………………………… 157

cancor …………………………………………… 225
cbind ……………………………………………… 54
class ……………………………………………… 157
cor ………………………………………………… 216
cpue ……………………………………………… 218, 240
crosstabs ……………………………………… 165

dendorogram …………………………………… 215
DIAPRISM ……………………………………… 4, 5, 233
dimnames ………………………………………… 172
discr ……………………………………………… 228
discrim …………………………………………… 147, 226

索　引

Discriminant Analysis ······ *147*, *226*
dualplot ················· *231*, *232*

EssBase ··················· *5*, *233*
Excel ······················ *4*, *8*
Excelデータを読み込む ······ *211*
Excelの回帰分析で扱える説明変数の個数 ··· *234*
Excelの分析ツール ············ *15*

gmall ······················ *218*

help ······················· *158*
hist ······················· *213*

Linear Model ················ *150*
list ······················· *172*
lm ························· *150*
lsfit ················· *51*, *53*, *54*, *218*
lsfitall ············· *50*, *51*, *52*, *220*
L_{18}直交表 ········· *84*, *85*, *104*, *105*

Mallowsの説明変数規準 Cp ······ *218*
mean ······················· *214*
median ····················· *214*
MLP ······················· *155*

nnet ················· *157*, *158*, *160*, *161*
nnet. rep ··················· *161*
nnetの解説 ·················· *159*

pairs ······················ *212*
partial ················· *216*, *217*
pen ····················· *50*, *216*
plot ················· *170*, *173*, *213*
points ················ *170*, *171*, *173*
POSデータ ···················· *2*
poy 2 ······················ *216*
pred ······················· *217*
predict. nnet ··············· *173*

Principal Components Analysis ······ *229*
princomp ··················· *229*
p-値（危険率）······ *30*, *31*, *37*, *141*, *143*, *238*, *241*, *260*

qrr ···················· *50*, *217*

rbind ······················ *172*
read. table ·············· *156*, *211*
RedBrick ················ *4*, *5*, *233*
round ··················· *51*, *54*
Ru ························· *35*

SA ························ *130*
scale ······················ *243*
SD法 ······················· *121*
siftware ····················· *5*
solve ······················ *214*
SOM ················ *198*, *199*, *204*, *206*, *208*
S-PLUS ······················ *8*
stem ······················· *213*
step ······················· *222*
summary ···················· *163*

text ······················· *173*
tree ··············· *136*, *139*, *145*, *146*, *149*
Tree Model ······ *136*, *139*, *145*, *146*, *149*, *196*
t値 ················· *37*, *41*, *239*, *240*

Viscovery® ············ *198*, *204*, *206*
vm ························ *220*

W. N. Venables ·············· *157*

y切片 ······················ *28*

Z値 ······················· *124*

χ^2値 ···················· *180*

執筆者紹介

・上田　太一郎
データマイニングパートナー
データマイニングの普及のため東西奔走している。主な著書に「データマイニング事例集」，「データマイニング実践集」以上共立出版㈱，「新版 Excel でできるデータマイニング入門」，「Excel でできるデータマイニング演習」以上同友館，「パソコンによるデータマイニング活用マニュアル」，「タグチメソッド完全理解実践マニュアル」以上日本ビジネスレポート。
メールアドレス：ueda@datamining.jp

・福留　憲治
データマイニングのノウハウを駆使してマーケティングを行う，マーケティングの専門家
ニューラルネットや GA（遺伝的アルゴリズム）などの技術を，市場データ，顧客データの分析や，マーケティングプランの立案などに応用することで大きな成果をあげている。現在「マーケターのためのデータマイニング（仮題）」を執筆中。
メールアドレス：fukudomek@riskybrand.com

・天辰　次郎
㈱インタースコープ R＆D グループ
WEB を活用したマーケティング手法の開発を担当。
価値観やネット利用状況等を基にワン・トゥ・ワンマーケティングを実践するネット・スタイル・インデックス（NSX）の開発担当者。
メールアドレス：jiro@interscope.co.jp

・多田　薫弘
先端技術の事業機会ウォッチャーとして 80 年代から活動。定性的調査における仮説発見プロセスとその科学性の問題について長年苦労した結果，「概念は自己組織化する」との見解に到達。自己組織化マップ（SOM）の可能性に着目し，事業化に取り組んでいる。定性と定量を包括する新しい情報分析手法を開発中。
メールアドレス：contact@mindware-jp.com

・石井　敬子
㈲サヌック　データマイニングパートナー
日常生活のデータのマイニングに興味をもつ。共著に「Excel でできる上昇株らくらく発見法」同友館がある。
メールアドレス：ishii@sanuk.co.jp

データマイニングの極意 ― Excel と S-PLUS による 　実践活用ガイド ―	著　者　上田太一郎　Ⓒ 2002 　　　　福留憲治 　　　　天辰次郎 　　　　多田薫弘 　　　　石井敬子
2002 年 3 月15日　初版 1 刷発行 2005 年 9 月10日　初版 3 刷発行	発行者　南條光章 発　行　共立出版株式会社 　　　　東京都文京区小日向 4 丁目 6 番19号 　　　　電話　東京(03)3947-2511 番（代表） 　　　　郵便番号112-8700 　　　　振替口座 00110-2-57035 番 　　　　URL　http://www.kyoritsu-pub.co.jp/ 印　刷　壮光舎印刷 製　本　関山製本 　　　　　　　　　　　社団法人 　　　　　　　　　　　自然科学書協会 　　　　　　　　　　　会員
検印廃止 NDC 350.1 ISBN 4-320-01702-1	Printed in Japan

JCLS ＜㈱日本著作出版権管理システム委託出版物＞
本書の無断複写は著作権法上での例外を除き禁じられています．複写される場合は，そのつど事前に㈱日本著作出版権管理システム(電話03-3817-5670, FAX 03-3815-8199)の許諾を得てください．

"データに語らせる" 新シリーズ!!

データサイエンス・シリーズ 全12巻

[編集委員] 柴田里程・北川源四郎・清水邦夫・神保雅一・柳川 堯

膨大な情報量から必要な情報を高品位に抽出するための，的確なデータの理解と解析，データの流れにそって各段階で必要となる知恵と技法,理論背景を簡明に示すシリーズ．今後の発展に重要な基礎理論や，研究が進められている最先端のトピックを含め，データサイエンスの有用性と共に，面白さを味わっていただきたい．

1 データリテラシー
柴田里程 著　データサイエンス／データ／データの浄化と組織化／データのブラウジング／データの流通と蓄積／他 186頁・2625円(税込)

2 データサンプリング
神保雅一 編・北田修一・田中昌一・宮川雅巳・三輪哲久 著　データサンプリング／品質設計における実験計画／他…246頁・3465円(税込)

3 データマイニング
福田剛志・森本康彦・徳山 豪 著　データベース／相関ルール／数値属性相関ルール／決定木・回帰木／他………184頁・2835円(税込)

4 データモデリング
柴田里程・北川源四郎・柳川 堯・神保雅一・清水邦夫 著　データからのモデルへ／データモデリングの基本方針／混合モデル／他……続 刊

5 モデルヴァリデーション
北川源四郎・岸野洋久・樋口知之・山下智志・川崎能典 著　進化系統樹のモデルヴァリデーション／他…………224頁・3675円(税込)

6 データ学習アルゴリズム
渡辺澄夫 著　学習と確率／学習と統計的推測／複雑な学習モデル／学習の基礎理論／確率・統計の基礎知識／他…202頁・3465円(税込)

7 空間データモデリング
―空間統計学の応用―　間瀬 茂・武田 純 著
空間データモデリング／空間点過程によるモデリング／ギブス点過程／他 204頁・3150円(税込)

8 地球環境データ
―衛星リモートセンシング―　清水邦夫 編著
Landsatデータ／ADEOS/ILASデータ／TRMMデータ／他…………250頁・3675円(税込)

9 環境と健康データ
―リスク評価のデータサイエンス―
柳川 堯 著　リスク評価とは何か／モデルの生物学的背景／他……218頁・3675円(税込)

10 医学データ
―デザインから統計モデルまで―　丹後俊郎 著
データサイエンスと医学データ／生体情報として貴重な臨床検査／他…226頁・3675円(税込)

11 スポーツデータ
太田 憲・仰木裕嗣・木村 広・廣津信義 著
スポーツ科学とデータサイエンス／和弓の発射技術を解析する／他……196頁・3465円(税込)

12 ファイナンスデータ
三浦良造・大上慎吾 著　金融データの採集とクリーニング／ファイナンスのデータ分析，諸問題／各データの予備的分析／他……続 刊

【各巻】A5判・上製本・180～250頁

http://www.kyoritsu-pub.co.jp/　共立出版　★税込価格。価格は変更される場合がございます。